当代建筑造型构图技艺

Dangdai Jianzhu Zaoxing Goutu Jiyi

胡仁禄　胡明　著

中国建筑工业出版社

图书在版编目（CIP）数据

当代建筑造型构图技艺/胡仁禄等著．—北京：中国建筑工业出版社，2011.2
ISBN 978-7-112-12783-2

Ⅰ.①当… Ⅱ.①胡… Ⅲ.①建筑设计：造型设计 Ⅳ.① TU2

中国版本图书馆 CIP 数据核字（2010）第 258040 号

　　建筑造型构图技艺是建筑艺术创作的核心课题。本书旨在为建筑造型构图技艺中艺术创造力的培养和创新能力的迅速提高，提供一条清晰可循的理论与实践途径。撰写内容以现代建筑美学、建筑史学和审美心理学基本理论为导引，以形态构成学和艺术学基本原理的实践运用为核心，对当代建筑艺术创作的造型技艺问题进行了理论与实践的全面诠释，以便于读者深入领悟与实践应用。本书所涉实例五百余项，行文简明浅显，既可作为建筑创作理论的辅助教材，也可作为广大建筑设计人员进修提高的最新理论参考。

责任编辑：王玉容
责任设计：李志立
责任校对：刘　钰　王雪竹

当代建筑造型构图技艺

胡仁禄　胡　明　著

*

中国建筑工业出版社出版、发行（北京西郊百万庄）
各地新华书店、建筑书店经销
北京嘉泰利德公司制版
北京云浩印刷有限责任公司印刷

*

开本：880×1230 毫米　1/16　印张：$18\frac{1}{2}$　字数：518 千字
2011 年 10 月第一版　2011 年 10 月第一次印刷
定价：118.00 元
ISBN 978-7-112-12783-2
　　　（20054）

版权所有　翻印必究
如有印装质量问题，可寄本社退换
（邮政编码 100037）

• "建筑师的任务,仍然是使人类环境得到具体的形式,他的专业就是精通而且有能力去创作形式……"

——(挪威)诺伯格·舒尔茨

• "建筑师的地位何在?……他是一个传递空间美感的人,这是建筑艺术的实际意义。思索有意义的空间,并创造一个好的环境,这就是你的发明创造"。

——(美)路易斯·康

• "没有一定程度的技巧性技能,无论什么样的艺术作品也产生不出来。在其他条件相同的情况下,技巧越高,艺术作品也越好。最伟大的艺术力量要得到恰如其分的显示,就需要有与艺术力量相当的第一流的技巧"。

——(英)R.G.科林伍德

• "建筑的最高境界是艺术"。

——贝聿铭(I.M.Pei)

• 头脑里思考的形形色色的事物最终要用实物去造型,所以可以这样说:"建筑就是造型。"看得见的"造型"是根据看不见的"构思"形成的。如果说"构思"是世界观和价值观的反映,那么也就可以说:"建筑造型是形象化了的世界观和价值观"。换句话说,所谓建筑造型设计不过是将世界观和价值观形象化的工作,也就是"将构思出来的形象变成看得见的造型的工作"。因此,这个过程中还存在一个"手法"或"技巧"的问题。

——(日)建筑规划设计译丛.住宅Ⅱ

前 言

世纪之初，我国举办的多项重大人类盛典性活动，和相伴而生的各地文化建设热潮，为我国建筑艺术创作的繁荣与发展，提供了空前广阔的设计实践舞台和难得的发展机遇期，同时也吸引了世界各地优秀建筑师趋之若鹜的参与。尤其是，2008北京国际奥运建筑群和同期国家重大建筑配套项目的建成，更使我国建筑业在建造技术水平上达到了百年发展的巅峰。建成项目所展现的新颖建筑形象，无论在造型艺术形式上，或在结构、材料和设备技术上都处于世界前列，它标志着我国建筑创作环境已迎来了百花争艳、多元发展的新时代。然而，当今我国建筑市场的繁荣与开放，也同时迎来了建筑设计领域的国际竞争，并出现了国内重要大型公共建筑项目，几乎多数皆由国外建筑师和设计机构竞得设计权的尴尬局面。这种局面不能不引起社会各界的深切关注、遗憾和忧虑。尽快提升我国建筑设计的国际竞争力，自然成为我国建筑界当前颇为迫切的任务。

竞争力的核心是创新能力，不仅是科学技术的创新，而且包括文化艺术的创新，它是我国当前国家创新发展战略的重要组成部分。当前我国建筑设计行业的国际竞争力的相对薄弱，也集中表现在设计创新能力的缺失上。设计创新能力不仅依托于科技水平的不断提高，而且更依托于教育水平的发展进步。唯有在建筑教育上重视艺术创造力和创新意识的培养，在设计评价理论与体系上重视创新实践的激励，才能从根本上增强我国建筑创作人才在国际竞争中的实力。

建筑创作具有双重性特点，它既是一种工程设计，也是一种艺术创作。作为工程设计，主要致力于解决功能技术要求，需要创作者切实掌握相关先进科技手段的实践运用，形成创作的"硬实力"；而作为艺术创作，则主要致力于满足复杂多元的社会审美需求，需要真切地把握社会生活脉动的形象表达，形成创作的"软实力"。这是构成建筑设计创新能力不可或缺的两个重要方面，也是当代建筑创作必须具备的文化素养和职业技能。

随着社会信息化、经济全球化的加速，和国际文化交流的激增，已使建筑创作的艺术价值愈加受到社会的高度重视。同时，也对建筑艺术创作所需的"软实力"提出了更高的要求，并被迅速推向建筑设计创新和国际竞争力博弈的最前沿。因而，当今建筑创作的艺术属性已被极大地提升，并已成为促进当代建筑科技发展的重要动力。不断提高建筑设计的艺术创作水平既是建筑创作的永恒之道，也已是我国建筑界提升国际竞争力的首要发展战略。为了改变以往艺术创作能力的培养完全依靠求学者内在"悟性"的自省"修炼"过程，以致使求学者长期处于朦胧、徘徊或盲目跟风模仿的困境，对之提供适当的理论指导实为必要。本书拟为广大求学者提供具有相应实践指导意义的综合性造型理论参考。本书撰写以现代建筑美学，建筑史学和审美心理学基本理论为导则，以形态构成学和艺术学基本原理的实践运用为核心，结合作者在领受建筑教育、执业设计实践和完成设计教学研究等专业生涯中，长期潜心研修的心得体会，对当代建筑艺术创作中的造型技艺问题进行了理论与实践的全面诠释，以期为渴求自身艺术创造力培育和建筑创新能力不断提高的年轻一代学子和建筑师，廓清一条真切可循的理论与实践途径。

全书共分七章，前两章以当代建筑美学相关理论，简要阐明建筑造型在建筑艺术创作中的核心地位,以及造型技艺在建筑创新中的重要作用,以求确立正确的建筑艺术创作观念;中段三章为本书核心内容,主要以形态构成学和艺术学基本原理为理论架构,深入分析了造型创作思维中两种不同的艺术理念和相应构图技法的实践运用;最后两章通过解析当代建筑创作实践中造型创新与变异的各种思潮和倾向,借以启示对创新途径和审美取向的理论思考,并通过对近年国内外重大建筑评价案例的分析解读,引导读者从审美心理学角度正确理解社会评价中的相关现象和理论问题,借以启发创新取向的正确选定和有效实施。由于本书涉及内容甚广,引用创作实例图量极大,难以全数自备,恕不免引借相关现刊图像资料,在此谨向有关原图作者的谅解深表感谢。限于作者学识水平与篇幅,对于建筑创作中诸多复杂理论与实践问题,本书尚不能全面论及,甚至恐有挂一漏万之虞,敬请读者和同仁批评指正。

目 录

前 言

一、绪论——建筑造型的技艺价值 1
 （一）建筑造型是建筑艺术的直观表现 1
 （二）建筑造型是设计理念的形象表达 2
 （三）建筑造型创新是促进变革的直接动力 4
 （四）建筑造型品质是职业技能的重要标志 5

二、建筑造型的艺术特性 7
 （一）物质技术的依存性——
    内外互动的制约因素 7
  1. 内部制约因素 8
  2. 外部制约因素 8
 （二）视觉表现的多维性——
    艺术形象的观赏特征 9
 （三）艺术形象的抽象性——
    抽象与象征的表达方式 11
  1. 抽象与象征的艺术表现 11
  2. 现代抽象艺术的历史关联 12
 （四）审美时空的相融性——
    跨越时空的亲和共生 14
  1. 造型审美的亲时性与历时性特征 14
  2. 造型审美的亲地性和跨地性特征 15
 （五）艺术品格的兼容性 16
  1. 多元化的造型理念 17
  2. 个性化的造型技艺 20
  3. 时态化的艺术形象 22

三、造型构图的创作理念 30
 （一）赋形思维理念——
    趋向形式美的表现 30
  1. 建筑形式美的基本表象 30
  2. 建筑形式美创造的艺术属性 36
  3. 建筑形式美创造的审美取向 37

 （二）表意思维理念——趋向艺术美的表现 41
  1. 建筑艺术美的意蕴内涵 41
  2. 建筑艺术美的本质特征
   （或一般品格） 44
  3. 建筑艺术美的审美效应 46

四、赋形思维的构图技艺 49
 （一）形式构成要素与形式美表现的实质 49
  1. 形式的构成要素 49
  2. 形式美表现的实质内涵 59
 （二）建筑形态要素的造型运用 73
  1. "点"要素的造型构图 73
  2. 线状形的造型构图 78
  3. 面状形的造型构图 85
  4. 立体形的造型构图 91
  5. 建筑质感与肌理的造型运用 103
  6. 建筑色彩的造型运用 106
 （三）建筑形式结构的造型运用 116
  1. 建筑形式结构的组成方式 116
  2. 规则典型的结构图式 117
  3. 变异转义的结构图式 124
 （四）完形与非完形的造型构图 133
  1. 两类造型美感的视觉形态 133
  2. 完形心理学美学理论的相关诠释 134
  3. 造型构图理念由"完形"向
   "非完形"演变的审美意义 137
  4. 当代建筑"非完形"造型构图的
   探索发展 138

五、表意思维的构图技艺 154
 （一）观察体验——表意题材的形成 154
  1. 社会实践的深入体验——
   审美感受的源流 154
  2. 审美感受的积聚深化——
   表意题材的形成 155

3. 表意题材的选择与类型——
　　　　立意构思的素材　　　　　　　156
（二）立意构思——创作意象的建构　　159
　　1. 立意构思的基本任务——
　　　　创作主题与结构的确定　　　　160
　　2. 立意构思的思维特征与要求　　160
　　3. 立意构思中的灵感思维　　　　161
　　4. 主题构思法的实践应用　　　　163
（三）意象造型（直觉造型）——
　　　创作意象转化的中介　　　　　164
　　1. 意象的审美功能　　　　　　　165
　　2. 创作意象的构成和特性　　　　166
　　3. 意象造型（直觉造型）的中介作用　169
（四）构图表达——形式语言的造型运用　177
　　1. 构图表达的造型创作机能　　　177
　　2. 构图表达的形式语言——
　　　　建筑造型语言（建筑语言）　　178
　　3. 建筑造型语言运用的语言学方法——
　　　　建筑形式作为广义的语言形式　179
　　4. 建筑造型语言运用的符号学方法——
　　　　建筑形式作为语言的象征符号　182
　　5. 建筑造型语言的演进发展　　　198

六、当代建筑造型的创新与变异　　204
（一）创作观念的多元化共存　　　　204
　　1. 新现代主义风格　　　　　　　204
　　2. 后现代主义风格　　　　　　　206
　　3. 解构主义风格　　　　　　　　211
　　4. 新都市主义风格　　　　　　　212
　　5. 新地区主义风格　　　　　　　213
　　6. "高科技"派风格　　　　　　　216
　　7. 环境生态派风格　　　　　　　219
（二）造型语言的个性化表现　　　　220
　　1. 抽象雕塑性表现　　　　　　　220
　　2. 工艺特色性表现　　　　　　　222

　　3. 结构逻辑性表现　　　　　　　223
　　4. 外形装饰性表现　　　　　　　228
　　5. 情感回归性表现　　　　　　　229
　　6. 有机仿生性表现　　　　　　　233
　　7. 流行时尚性表现　　　　　　　236
　　8. 新奇怪异性表现　　　　　　　237
（三）视觉形象的概念化与数字化变异　242
　　1. 视觉形象的信息与媒介意义　　242
　　2. 建筑造型与概念艺术　　　　　242
　　3. 建筑造型与数码艺术　　　　　245

七、当代建筑造型的审美格局　　251
（一）审美需求的思维转变　　　　　251
　　1. 造型意象的价值取向转变　　　251
　　2. 造型语言的非理性化倾向　　　251
　　3. 造型表现的个性化追求　　　　253
　　4. 社会人文新思维的探索需求　　254
（二）审美意识的软化倾向　　　　　256
　　1. 审美软化的社会文化背景与原由　256
　　2. 审美软化的内涵与表象　　　　257
　　3. 审美软化的社会效应　　　　　262
（三）审美评价的歧见与争议　　　　263
　　1. 纽约电报电话公司总部
　　　　大楼（1984年）　　　　　　 264
　　2. 华盛顿国家美术馆东馆（1978年）265
　　3. 波特兰市波特兰大厦（1982年）267
　　4. 休斯敦最佳产品展销厅（1978年）269
　　5. 新奥尔良意大利广场（1978年）270
　　6. 华盛顿越战退伍军人纪念碑
　　　　（1982年）　　　　　　　　 272
　　7. 北京·国家大剧院（2007年）　276
　　8. 北京·国际奥林匹克运动会同期
　　　　重要建筑（2008年）　　　　 279

主要参考文献　　　　　　　　　　287

一、绪论——建筑造型的技艺价值

建筑总是以一种有形的实体而存在于世的。为人们提供社会生活所需要的各种庇护空间，是它最基本的物质功能属性。正如我国古代哲学家老子所云："凿户牖以为室，当其无，有室之用"，阐明了建筑产生于空间需求的本质。然而，人类是地球上独具思维能力的高等物种，在从事物质生产活动的同时，总是伴随着复杂的精神生产活动。人类社会的建筑活动也不例外，人们在精心构建所需庇护空间，获取其功能价值的同时，对构成空间外壳的物质实体形象往往也倾注了极大的关注，并寄托了种种精神价值的追求，这就是人类特有的对建筑外部形态的审美创造活动。对一般人群来说，建筑审美活动通常是以自发、被动的方式发生的，但对于从事建筑设计的职业群体而言，则必须以自觉、主动的方式来进行。必须将自发、被动的实践体验提升为自觉、能动的创造理论，变被动的感受为能动的追求，这就是设计者在审美创造活动中必须不断研究的建筑造型技巧与创作理论问题。建筑造型构图的技艺即是指其造型构图中的一般技法与相应的艺术思维。

本书所述，建筑造型系指构成建筑视觉形态的美学形式，也可以说是能被人们直观感知的建筑功能空间的物化形式。任何情况下，建筑实践都会创造出一个有形的建筑实体，但却不一定都是具有美学形式的建筑实体，因而这里所谓的建筑视觉形态的美学形式应是专指建筑造型的艺术形象，而不是泛指只按一定实用功能和物质技术条件构建的一般构筑形态。建筑造型自然应既指建筑艺术形象的表达形式，又指建筑造型艺术的整体创作过程。建筑造型是建筑形式和形式美的核心问题，而所谓建筑形式即是建筑实体与空间形式的统一体。也可以说，实体与空间是建筑形式这枚硬币的正背两面。建筑造型的构图技法与艺术理论在建筑艺术的发展史上和创作实践中，具有极其重要的理论指导意义。归纳起来，主要可体现在以下四个方面：

（一）建筑造型是建筑艺术的直观表现

中外美学家历来认为，建筑是一门实用功能与审美功能相结合的艺术。以艺术门类的感知形态来区分，建筑与雕塑、绘画一样，同属视觉造型艺术。当然，建筑与雕塑、绘画相比，在表现形式上仍有着重大区别，它在视觉造型上的艺术特性将在后文中详述。诚然，建筑艺术同样具有其他艺术门类所具有的艺术共性，这就是指艺术的形象性、反映性和表现性的普遍属性。其中，形象性是艺术区别于其他社会意识形态的重要标志，是艺术创造活动的外在表现。正如德国哲学家黑格尔指出"在艺术领域里，不像在哲学领域里，其创造的材料不是思想观念而是现实的外在形象"，形象的创造对建筑艺术更具独特意义。建筑艺术的形象性是指建筑师依据场所环境条件、运用空间造型手段，将物化的形态要素（如几何要素、色彩要素和材质肌理要素等）建构形成的整体视觉表象，也就是进行建筑造型创造的成果。因此可以说，建筑造型是建筑艺术的形象性表达，也就是通过创造形象来实现审美价值的艺术创作活动过程。

通过建筑造型过程创造的艺术形象，当然也与其他门类的艺术形象一样，具有反映社会现实生活，表现创作主体意识的精神功能，展现着建筑所具有的基本艺术属性。可以概括地说，建筑是空间化的社会生活缩影，凝固化的历史文化信息，物质化的思想观念载体。正因如此，社会生活的发展与变革、文化艺术观念的转变与更新，以及科学技术的进步与发展都会推动建筑艺术的演变和发展，并在建筑艺术的发展史上留下众多造型独特的建筑艺术

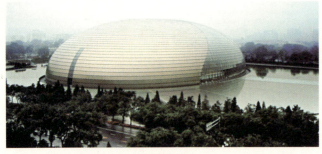
(a)俯视外景

(b)沿长安街外景

图1-1 建筑艺术的直观表现（1）——北京国家大剧院（2007，保尔·安德鲁）
由钛合金和玻璃构成的巨大穹顶，在湖水环抱与映照下熠熠生辉，宛若一颗精美的珍珠，又似初升的太阳。其独特的造型，展现了当代建筑创造的浪漫艺术景象。

（a）剧院远景

（b）水上近景

（c）鸟瞰全景

图1-1 建筑艺术的直观表现（2）——（澳）悉尼歌剧院（1975，约翰·伍重）
外观形似白色船帆，又如珍奇贝壳的独特建筑形象，创造了一幅令人神往的现代海港城市的新景象。其直观所具的艺术魅力，已使它成为澳大利亚国家的标志性形象。

形象，成为当今人们学习研究建筑造型艺术的宝贵资源。事实表明，中外建筑史上一些深得人们喜爱和赞颂的杰作，其经久不衰的魅力并不是表现在它的实用功能价值上，而是表现在它们的建筑艺术形象的审美价值上。在当今信息化的时代中，建筑造型作为最直觉的视觉形象，已成为信息传播和消费的重要需求，具有越来越重要的社会文化价值和经济价值。尤其是当今商业社会在市场的推动下，"形象消费"不仅是市场发展的驱动力，而且也逐渐成为精神文化的价值尺度，适应市场需求的建筑艺术形象迅速复制流行，已成为当今建筑艺术活动的特殊现象（图1-1）。

（二）建筑造型是设计理念的形象表达

建筑造型作为艺术对象，同其他相关艺术门类一样，对社会现实生活的反映不仅具有外在的客观性，同时还具有能动反映设计者主体意识的内在主观性。人们从中不仅可以透视自然、社会和人生的情景，而且还可以窥见作者心理的形象表达，解读

(a) 外观透视　　　　　　　　　　　　　　(b) 鸟瞰全景

图1-2　设计理念的形象表达（1）——2010上海世博会中国馆
建筑外观通体红色，并仿照我国传统木结构建筑特征的视觉造型，形象地表达了设计者在现代工程技术条件下，探索当代中国建筑创新之道的设计理念。

(a) 内院外景　　　　　　　　　　　　　　(b) 入口前庭夜景

图1-2　设计理念的形象表达（2）——苏州博物馆新馆（2006，贝聿铭）
该建筑造型充分表达了作者寻求运用现代建筑设计手法，创造出一个能与传统城市空间环境有机整合，并具有鲜明时代特征的艺术创新设计理念。

作者的主观情思、审美取向和个性人格。正如现代建筑大师弗兰克·赖特认为，"建筑艺术是体现在他自己世界中的自我意识，有什么样的人，就有什么样的建筑"。在遵循建筑艺术规律的基础上，建筑造型设计就自然成为展现主体创作观念的主要舞台，从而使建筑艺术形象不仅具有了一般形式美的审美品格，而且还可进一步提升为具有艺术美的高级审美品格的建筑形象。显然，要创造能让人心动的、具有感人力量的建筑艺术作品，必须从展现建筑艺术美的角度，形象地表达创作主体的设计创作理念。正因如此，创造艺术个性的表现和追求，在当代建筑的舞台上不乏其例（图1-2）。

图1-2　设计理念的形象表达（3）——深圳万科五园水景
该住区的规划设计为当今大量兴建的城市居住环境，创造了一个具有我国江南水乡特色的优雅美景，成功地表达了设计者富有诗意的设计理念。

(a) 临水景观

(b) 俯视外景

图 1-3 当代建筑的创新变革（1）——2008 北京奥运主场馆"鸟巢"
该建筑主体采用编织式钢结构，创造了似鸟巢般特有的复杂而新颖的结构体系和外观造型。

我们在这里强调建筑造型的艺术价值，赞赏为创造和追求艺术个性而留下不朽杰作的建筑大师，目的在于肯定建筑的艺术属性和艺术创作的主体性，而并不是意味着应忽视建筑的客观物质属性。就建筑艺术自身品格而言，创作的主体性恰恰存在于其客观的物质属性之中。弗兰克·赖特深刻地指出："建筑是人的想像力驾驭材料和技术的凯歌。"建筑作为一种具有特殊品格的视觉造型艺术，它应是物质功能与精神功能，技术发展与艺术创造，外在形式与内部空间，自然环境与社会需求，历史文化与现实生活实现多元整合的创作成果。创作主体的设计理念就形象地表现在创作成果所显示的整合要素和整合方式之中。

（三）建筑造型创新是促进变革的直接动力

建筑造型作为社会生活形态的视觉艺术形式，无论在哪个时代和历史时期都始终受到建筑师和社会公众的高度关注，建筑造型的艺术形式自然成为建筑师不同时期追求变革与创新的焦点。翻开建筑发展的历史画卷，可以最为直观地感受到，建筑造型在历史变迁中所经历的种种重大变化。客观的事实表明，建筑史上每次新思潮的兴起和建筑风格的演变，在很大程度上是由人们对现实中建筑造型形式的不满和革新求变的愿望而引发的。尽管每种新的建筑造型风格出现之初，皆会以种种严正响亮的理论宣言为先导，但其最终价值的肯定，仍然需以一种使人耳目一新的造型风格展示于世，而可令人心悦诚服。

从 20 世纪初开始的西方建筑思想的现代化变革，正是直接发端于对西方古典主义理论在建筑造型创作上的古板、拘谨、虚饰和繁琐等品性的不满，而兴起了在建筑造型上追求自由、简洁、明确和创新的现代主义的变革。然而，当现代主义建筑成为世界潮流，盛极而成国际式风格之时，开始显露出单调、乏味、僵化、缺乏个性和千篇一律等致命弱点，随着人们普遍的不满，引来了后现代主义建筑思潮的责难和创新变革。解构主义和新现代主义紧随其后，也以各自不同的理论宣言对现代主义进行了否定，并且各自都以独特造型创新的变革方式，来满足人们对建筑造型多样化、个性化和人情化的普遍性精神文化需求。20 世纪 90 年代以来，广谱多元的建筑思潮经过了异彩纷呈的造型风格表现之后，又开始逐渐向着建筑生态化、信息化、地域特色和可持续发展的共识聚焦，以满足人们对未来建筑发展的新期望。当代建筑造型在功能强大的数字化技术的有力支持下，其艺术形式的创新变革，近年来正以强劲的势头迅速发展，并蔓延于世界各地。这类建筑造型的创新特点，可以用不规则非标准、动态化、柔软化、流动性、随机性和复杂性等词汇来描述。似乎可以预言，这种以强大数字技术为基础的建筑造型的创新变革趋向，必将形成 21 世纪信息化社会建筑发展的主流（图 1-3）。

图1-3 当代建筑的创新变革（2）——上海浦东环球金融中心，2009

塔楼建筑平面由正方形依对角线45°斜向平行切割形成。其切割部位沿竖向呈抛物线形连续变化直至塔顶，从而构成了塔楼上部朝向旋转45°的复杂造型。它以其独特的造型和新的建筑高度，突破了世界超高层建筑史上常规的先例，创造了上海浦东金融中心的新地标。

（四）建筑造型品质是职业技能的重要标志

建筑造型既然是建筑艺术属性和主体观念意识的形象表达，并可归属于视觉造型艺术门类的一员，那么对于从事这项艺术创作活动的设计主体，在人才素质上也应有与从事其他艺术创造活动的人才相似的智能结构的要求。人的智能主要包括智力、才能和技能，只有将这些智能要素有机地联结在一起，才能形成一个完整的智能结构。艺术创造活动属于高级的智力劳动，要取得艺术创造的丰硕成果，建筑设计人员作为特定的艺术人才，必须重视提高自身的艺术智力，发展自己的艺术才能，和加强创作技能的训练，不断完善自身的智能结构。

艺术人才智力的提高应包括观察力、记忆力、想像力、思维力和创造力的提高，这是形成艺术创造力的基础。才能的发展包括个人天资的开发利用及其与智力的有效结合，它是基础智力在一定主体天资条件和客观环境条件下获得充分发挥的体现。艺术技能的训练应包括熟练且能创造性运用前人的艺术形式、方法、技巧创造作品的能力，以及直接使用某种技术、材料和其他艺术媒介来创造新的艺术形象的形式、方法及技巧的能力。自古以来，艺术就具有一定的技艺性，它是艺术生产的必要条件。著名美学家科林伍德指出："没有一定的技巧性技能，无论什么样的艺术作品也将产生不出来。在其他条件相同的情况下，技巧越高，艺术作品也越好。最伟大的艺术力量需要得到恰如其分的显示，就需要有与艺术力量相当的第一流的艺术技巧。"艺术创作要掌握能表现特定对象的技艺，就必须培养相应的技能。专门化的技能即可谓技巧。从智力、才能和技能全面完善自身的智能结构是主体在艺术创作实践中取得丰硕成果的首要素质条件。

建筑造型不仅是建筑设计创作最终生产的艺术形象，而且也是创作主体的艺术才华（包括艺术素养、艺术理念和艺术技能）在设计创作过程中的自主能动的运用和具体的展现。因此，建筑造型创作的成果自然成为建筑师职业技能水平的重要标志。没有基本的空间造型能力，要想成为称职的建筑师也是难以设想的。同时，没有卓越的建筑造型技巧，优秀的建筑艺术作品也是不可能产生的。因为建筑造型艺术不是说的艺术，而是要做出来看的艺术。设计所创造的建筑形象不仅反映着建筑自身的艺术价值，而且也反映着设计者自身的艺术修养和职业技能。因而，加强建筑造型技艺的训练，是提高设计者职业技能水平的基本要求，也是建筑师执业发展的重要基础。

建筑造型技艺培训的主要内容，大体上应包括艺术理念的创新，形态要素的运用，形式构图的组织和审美取向的选定等技巧性手法的研究把握。本书将从当今建筑设计创作的实践应用出发，对上述相应技艺问题分别在后续各章节中予以详述。由于建筑造型技艺兼具继承性、独创性和开放性的特点，本书力图通过剖析近年现代建筑中的优秀作品实例，总结归纳典型的造型理念和构图技法，以求在继承和分享前人的艺术形式、方法和技巧的基础上，更好地领悟当代建筑造型艺术发展的真谛和趋向，推动我国建筑设计创作在造型技艺与构图理论上更加广泛的探索与发展。

二、建筑造型的艺术特性

各门艺术对客观现实的反映方式不同，反映所运用的媒介手段不同，主观表现的形式和途径也不同，这就形成了它们各自不同的艺术特性。对所要从事的艺术特性的正确认识，有助于我们能动地把握艺术创造的方向和充分发挥艺术形式的特长，也有助于在多种艺术的相互比较和借鉴中推动艺术形式的发展。建筑造型作为视觉造型艺术门类中的一员，与其他艺术成员相比则有着以下不可忽视的主要特性：

（一）物质技术的依存性——内外互动的制约因素

中外美学家常比喻建筑为"石头的史书"、"混凝土的诗篇"和"钢铁与玻璃合奏的交响曲"，说明了建筑艺术历史对各种物质技术所存在的巨大依赖性。法国现代建筑大师勒·柯布西耶以自身创作的体验进一步阐明了建筑对物质技术的依存性及其艺术创作的纯粹性。他曾指出："受工程法则制约的工程师的美学与建筑艺术本来就是相互依赖、相互关联的两件事。'工程法则'使建筑与宇宙的自然规律协调起来，而建筑师则是通过他对形体安排所表现的一种艺术样式，来象征他个人精神表达的'纯创作'，达到了'纯精神'的高度"。这里所谓的"纯创作"与"纯精神"，就是在尊重客观物质结构与性能的基础上，经过造型艺术处理，使建筑产生丰富的视觉效果和审美意义。在柯布西耶大量运用简单几何形体的建筑形象中，我们可以感觉到他对现代混凝土材料、钢筋混凝土框架结构体系的美学特性完美的表现和诠释（图2-1）。他于20世

萨伏伊别墅剖面

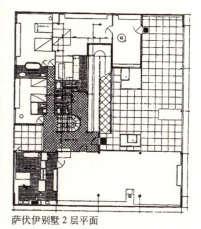
萨伏伊别墅2层平面

(a) 别墅外景及内院　　　　　　　　　　　(b) 平面及剖面图

图2-1　法国萨伏伊别墅（勒·柯布西耶，1930）
这是充分表现钢筋混凝土结构体系艺术特性的成功范例。

(a) 主立面　　　　　　　　　(b) 东侧面外景　　　　　　　　(c) 侧面外景

图 2-2　法国朗香教堂（勒·柯布西耶，1955）
教堂独特的建筑形象，充分展示了现代混凝土材料的可塑性特点，以及它在造型运用中特具的艺术表现力。

(1) 英国格林尼治千年穹顶（1999，理查德·罗杰斯）
用于容纳千禧年庆典活动的巨大穹顶，依托于当今先进的索膜结构，才得以在短期的快速建成。其穹顶周长 1km，直径 365m，中心高度 50m。它由超过 70km 的钢索悬吊在 12 根 100m 高的钢桅杆上，屋顶由带有 PTFE 涂层的玻璃纤维薄膜材料组成。

(2) 美国巴尔的摩 6 号码头音乐厅（1986，FTL-托德·达朗）
音乐厅屋盖运用了新颖的张拉式索膜结构，以其独特的造型效果赢得了人们普遍的赞赏，也为海港景色创造了一处迷人的视觉亮点。

图 2-3　物质的技术依存性

纪 50 年代设计的法国乡间的朗香教堂（图 2-2），更以粗犷而又柔美的独特的建筑形象，把现代混凝土材料的可塑性特性及其在造型上的艺术表现力，发挥得淋漓尽致。另一个以表现建筑结构自身形式美而著称的意大利结构大师和建筑家 P.L. 奈尔维也曾指出："建筑现象具有两重意义，一方面是由服从客观要求的物理结构所构成，另一方又具有旨在产生某种主观性质的情感的美学意义。"他同样揭示了建筑艺术的特性，这就是物质与精神、技术与艺术，材料与造型等的相互依存和统一。当今许多建筑大师及其作品，仍在以各自独特的方式展现着充分利用材料与结构特性，进行建筑造型创作的卓越成就（图 2-3）。

总之，建筑造型是受内外各种物质技术因素制约的艺术创作活动，是在内外各种制约因素的互动作用下实现艺术形象塑造的创作过程。一般情况下，设计创作过程中所应考虑的内外制约因素是：

1. 内部制约因素

是由建筑内部使用功能决定的空间场的制约，包括空间场的容量、规模和形式。同时，还应包括构筑空间的工程材料、结构技术和投资经济等因素对确定空间场的规模和形式的制约作用。

2. 外部制约因素

是由自然生态环境、城市空间环境和社会审美心理环境所限定的对建筑实体形态的制约。外部自然生态环境的制约是指建筑所处的地理气候条件、地质地貌及资源利用等环境因素的必要考虑；城市空间环境的制约则包括城市规划在用地规模与区位关系、建筑功能、交通组织和城市景观等诸多人为环境现状的限制条件；社会审美心理的制约经常表现为传统文化、流行文化和时尚潮流对建筑造型审美形式选择和评价的影响。

由于上述各种内外制约因素的存在，使建筑造型的创作过程不可能像其他造型艺术那样自由，也因此著名德国哲学家和美学家黑格尔把建筑造型艺术称之为"羁绊的艺术"和"依存的艺术"。在设计创作过程中，造型构图总是与内部空间的功能组织形成内外互动、不可分割的关系，建筑平面设计时总是要考虑对形体结构的影响，反之亦然。

（二）视觉表现的多维性——艺术形象的观赏特征

按照各艺术门类在时间和空间上的存在方式，历来将音乐、诗歌划分为"时间性艺术"，将绘画、雕塑、摄影、工艺美术划分为"空间性艺术"，而将戏剧、电影、电视等称作"时间+空间"的艺术。然而建筑造型的艺术定位在现代建筑中已突破了传统静态的称为"空间性"艺术的观念，而是确立了"空间+时间"的艺术新观念。曾以"建筑是凝固的音乐"的赞美之词描述建筑艺术的传统观念已不能正确反映当今建筑艺术的时空特性。

当代建筑美学理论认为，建筑造型应属于具有多维时空特性的艺术，其所具多维时空的表现形式，主要体现在两方面：一是具有三维立体的空间形态，庞大的三维立体形态表明了空间性艺术的特征；二是具有可供动态观赏的视觉形象，人们对建筑造型的观赏需要在视点移动的状态下完成，也就是需要伴随着时间的不断流逝和过程的推移才能完成对建筑造型整体的观赏和把握，因而观赏过程包含了时间因素，显示了四维动态空间的表现特征，所以从整体上表现了建筑属于时空艺术的基本属性。如果再加上对社会、历史、文化、心理和生态等因素作多层次的考察，建筑造型自然也具有了多维的时空构成和表现形式的艺术特性。

当代建筑造型与古典建筑造型在审美意趣和艺术追求上的最大区别，也突出地表现在对于建

图2-4 美国匹茨堡"流水别墅"（弗兰克·赖特，1936）

筑造型时空属性的认知和表现上。比较两者在审美取向上的差异，可明显地感到三种不同的倾向：一是，当代建筑侧重于三维空间形体美的表现，而古典建筑侧重于两维立面构图美的表现。如比较16世纪意大利维琴察的"圆厅别墅"和美国宾夕法尼亚州匹茨堡近郊的考夫曼住宅（即"流水别墅"），从各自的形态特征不难发现，前者具有古典美学风格，后者展现了现代美学风格。从建筑形态美学的角度观察，圆厅别墅追求的视觉效果重视两度空间的建筑"立面美"的表现，而流水别墅则以三度空间的"形体美"作为其审美追求的主要目标（图2-4）。二是，当代建筑追求多维动态美的表现，而古典建筑造型仅关注单纯静态美的表现。建筑造型审美的"静"与"动"的概念是由"立面美"与"形体美"这对概念在审美感受中的延伸。古典建筑的"立面美"，一般表现为"静"的形态，而现代建筑的"形体美"则往往表现为"动"的形态。通常是对称、规则的造型易产生静态感，而非对称、不规则的造型更易于产生动态感；"平面风格"的造型易于产生

(a) 立面全景

(b) 体育中心鸟瞰全景

(c) 体育中心总平面

图 2-5　日本东京代代木体育馆（丹下健三，1964）

静态感，而"立体风格"的造型易于产生动态感；直角、直线形的体形易于产生静态感，曲线、曲面形的体形则易于产生动态感，如此等。许多现代建筑大师不但重视形体的审美表现，而且强调形体的动态性美感的表现可使建筑形体的动态犹如"瀑布倾泻"，或如"轻舟荡漾"，或如"雄鹰展翅"，或如"列车电掣"，或如"群帆竞发"……由日本著名建筑大师丹下健三设计的东京代代木体育馆（图 2-5），它那由悬索结构所形成的巨大双曲抛物面屋，仿佛从地上旋转升起，气势磅礴，充分表现了现代体育建筑特有的动态性美感。这种动态美的表现是借助于形体的连续流动感，而不是像古典建筑那样依靠建筑构件组合的静止的比例关系。现代建筑造型的特征之一，就是尽可能摆脱某种"固化"的、"僵死"的建筑外观形式。三是，当代建筑造型崇尚朴实、简约，依重内在素质美的多维表现，而古典建筑皆刻意关注外表装饰美的单一表现。内在的"素质美"和外表的"装

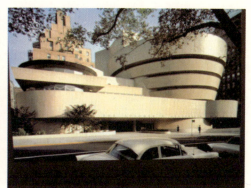

(a) 临街外景　　　　　　　　(b) 俯视全景　　　　　　　　(c) 1992年扩建前原外景

图2-6　美国纽约古根海姆美术馆（弗兰克·赖特，1960）

饰美"的不同审美追求也与"形体美"和"立面美"这对概念相关联。追求"立面美"的古典建筑风格，必然注重对建筑原型素质的"外壳"加以修饰打扮，而追求"形体美"的现代建筑风格，则必然更注重发挥原型自身的"素质美"。所谓"素质美"，也就是由建筑内部功能和空间性质所决定的建筑形体，以及用以塑造建筑形体的材料和结构媒介的形式美。可以说，建筑空间的外在形体、结构形态、材料质感及色泽肌理等，共同组成了建筑造型的"素质美"。如纽约古根海姆美术馆的"蜗轮形"外部造型，是建筑内部多层旋转式画廊空间的直接反映（图2-6）。又如东京代代木体育场篮球馆"海螺状"的外部造型，正是建筑内部赛场空间及悬索结构屋盖的真实呈现。再如英国格拉斯哥的苏格兰会展中心，采用一组变跨度拱形网架结构，外部覆盖抛光镜面不锈钢片的建筑造型，既展现了这个"高科技"建筑形体的素质美，又表现了新材料、新结构的素质美（图2-7）。

建筑造型所具有的多维时空的艺术特性，也为当代建筑造型的多元化和个性化发展提供了宽广的创新空间和形式资源。当代建筑的各种流派和风格在造型艺术追求上的差异与特性，正是源于各自对多维时空构成的不同认识，也源于对其构成要素的不同关注的焦点。在其多维时空的表现中，无论实体形态、空间形态、场所感受、历史文脉和审美情趣等构成要素，皆可成为造型关注的焦点和艺术表现的重点。

图2-7　英国格拉斯哥，苏格兰会展中心（诺曼·福斯特，1997）

（三）艺术形象的抽象性——抽象与象征的表达方式

1. 抽象与象征的艺术表现

艺术的抽象是相对于"具象"概念而言的，它是把表现对象简化为几何形态，用以概括事物的基本特征，并阐明事物的相互关系的变形处理过程。因此，艺术的抽象包含着对复杂事物本质的高度概括、综合和简化。与抽象相关联的概念是"象征"，即是对事物原型或原意的暗示与联想。

依存于一定物质技术内涵的建筑造型，因遵循重力规律和几何法则的作用，适应工程结构形式，通常采用简单的几何形体来构成，因而也随之在表

(1) 湖南长沙火车站顶部火炬造型曾被贬称为红辣椒，在 1970 年代曾引来社会争议。

(2) 北京某郊县天子大酒店以福、禄、寿星形象为造型，形成了对建筑艺术形象的简单而粗暴的歪曲。

图 2-8　简单具象化的造型

现形式上具有了抽象与象征的艺术特征。几何形态是一种以自然形态为原型，经过抽象概括的人工形态，建筑造型艺术在表达某种理念或情感时无法像绘画或雕塑艺术等那样具体、写实，而只能采用抽象的几何艺术形象。因其抽象的艺术品格与音乐艺术极为相似，故此建筑造型才常被人们比喻为"凝固的音乐"。

实践表明，建筑造型艺术总是通过各种造型要素的综合运用，如形态元素的选用，几何形体的组合、空间虚实的配置、色彩光影的处理等形式构成方式，来创造某种抽象形式美的审美对象，并可给人以庄重、肃穆、轻快、明朗、朴实和高雅等感受。实践也证明，建筑造型艺术一般不能，也不应采用具象的形式来比喻何种事物或何种思想观念。以简单具象化的手段来处理建筑造型，往往反而会造成对建筑艺术形象的粗暴歪曲（图 2-8）。

2. 现代抽象艺术的历史关联

由于建筑造型自身固有的抽象与象征的表现特性，因而现代抽象艺术始终以其新奇的审美理念对现代建筑发展保持长期而深刻的影响。现代建筑运动的先驱者赖特，格罗皮乌斯，柯布西耶，密斯和阿尔托等建筑大师，也都是抽象艺术的追随者，并且都颇有造诣。据史料记述，抽象艺术大师蒙德里安的理论还是在赖特的建筑设计理论影响下形成的。勒·柯布西耶本人还是抽象艺术的立体派画家。格罗皮乌斯也曾把抽象艺术课程引入了包豪斯学院的教学体系，如此等等。可见抽象艺术与现代建筑在审美理念上有着何等亲密的渊源关系。

抽象艺术并不意味着纯形式的构图游戏，它与传统的具象艺术一样，也具有表达一定观念、情感和意义的艺术共性。正如美国著名美学理论家鲁道夫·阿恩海姆在其专著《艺术与视知觉》中指出："抽象艺术并不是由纯粹的形式构成的，即使它所包含的那些简单的线条也都蕴含着丰富的涵义。"同样，建筑造型中所具有的抽象的几何元素和构图形式，不仅展现着抽象的形式美，而且表达着一定内涵的意蕴美。诸如体量和容积，线条和骨架，色彩和质感等等形态元素，一旦能与建筑功能、技术和造型意匠相结合，就一定能创造出如著名美学家克莱夫·贝尔所指出的"有意味的形式"（图 2-9）。

抽象艺术在 20 世纪初已获得了较大的发展，并且从美学理论上得到了肯定。同时，它也深刻地影响着 20 世纪现代建筑在全世界范围的兴起、成

二、建筑造型的艺术特性

(1) 科威特水塔（1986）
由宝蓝色珐琅钢板、玻璃饰面的球体，及乳白色针状塔身构成的水塔造型形式，成功地表现了现代技术美学、建筑功能与伊斯兰传统文化有机结合的丰富内涵。

(2) 葡萄牙圣佩德罗儿童木屋（2003）
造型似积木般叠合而成的现代木屋形式，以其颇具趣味的几何形体的色彩，可以从多方面唤醒人们对童年的美好回忆。

图 2-9 "有意味的形式"——形式与内涵的结合

熟和发展。毫无疑问，它仍将继续影响着当今与未来建筑造型艺术的发展趋向。因而从某种意义上说，现代建筑造型艺术发展的历史也是抽象艺术发展的历史。

在当代建筑造型设计中，抽象艺术的表现技巧获得了更加广泛的借鉴与应用。著名美国建筑大师理查德·迈耶认为："抽象艺术在现代建筑发展中始终起着主导作用，因为抽象艺术唤醒了人们去发掘和探索以几何形态组织现代社会生活的方式"。20世纪80年代，西方新兴的构成主义和解构主义建筑思潮促进了抽象艺术与当代建筑艺术的进一步融合。表现在造型构图中，抽象艺术常有的图形旋转、叠合、分解、移位、断裂、扭曲和变形等独特构图手法的创新运用。同时还表现在造型意象上，抽象艺术惯用的象征和隐喻等表意手法的广为借用，并创造了一批极具影响的作品。如被认为是当代解构主义代表作品的法国巴黎拉维莱特公园的规划设计（图 2-10），其规划布局形式和被题为"疯狂"的景观建筑造型，从哲学角度隐喻了当今社会的矛盾和城市发展的种种问题。因为拉维莱特公园实际上并不是一座普通意义上的绿地公园，而是建有剧场、音乐厅、健身运动中心和文化俱乐部的综合性的城市文化活动中心。法国政府计划把它建成21世纪新型的城市公园和时代的标志，然而法国建筑师伯纳德·屈米却将公园构思成了大都会的投资开发模

  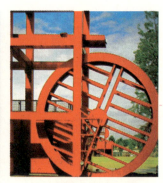

(a) 公园规划总平面　　　　　　　　(b) 公园外景　　　　　　　　(c) "疯狂"景点装置

图 2-10　法国巴黎拉维莱特公园（伯纳德·屈米，1988）

式。他以当代西方哲学思潮中的"散构"和"分离"现象为构思依据，运用了"重叠"、"拼接"和"电影剪辑"等现代抽象艺术的常用手法，体现了他的新城市设计策略，创造了这个"世界上最庞大的间断性建筑"。这些被称为"疯狂"的景观建筑小品皆用钢结构和大红色的搪瓷钢板建造，造型效果异常突出。与其巨大的规划网络布置成对比的公园的道路、小径、走廊、斜坡和树木皆按斜线和曲线的构图形式布置，形态自由，随心所欲。然而再将这些"点"、"线"和大片绿地构成的"面"，三个各自独立的三个形态系统重叠在一起，便构成了整个公园规划的布局结构。其设计用意正如设计者在介绍方案时所言："点、线、面三个系统被任意重叠时，会出现各种奇特的意想不到的效果，可表达所隐喻的'偶然'、'巧合'、'不协调'、'不连续'等抽象的设计概念，体现'分裂'和'解构'的哲学思想"。由于象征和隐喻手法的运用具有多义性、模糊性和暧昧性的特点，从抽象的表现形式中，人们会获得各自不同的联想和感受，因而抽象的表现可比具象的表现能获得更为丰富的含义。

抽象的艺术表现特点及其对抽象艺术的借鉴与融合，不仅为建筑造型创作提供了许多新的形式语言，而且也提供了一种崭新的开放性思维模式。它使设计者可以把自己积累的知识、经验和感受，通过赋形、简化和提炼的抽象处理，贯注到建筑造型的艺术创作中去。当代建筑造型对现代抽象艺术的借鉴及其所具的创新意义，还有待于我们在创作和观赏的实践中不断深入领会和研究发掘。

（四）审美时空的相融性——跨越时空的亲和共生

在我们生活的城乡环境中，历史遗存的古老建筑给人们留下古朴典雅的风貌，不同民族文化的建筑形象给城乡景观增添了异域的风情。各种新老建筑的造型千姿百态、五光十色，给人们的生活带来美的享受，并始终让人迷恋，被人赞赏。建筑造型作为艺术作品也正如哲学家黑格尔所言："真正不朽的艺术作品，当然是一切时代和民族所共赏的。"那么，为何同一个建筑造型艺术作品在相隔久远的年代后仍能继续享有经久不衰的魅力呢？又为何相隔遥远的民族地区的建筑造型形象能在异域环境中独享风光、魅力依然呢？要弄清其中缘由，就必须认识建筑造型在不同审美时空背景中的相互融合共生的特性。

1. 造型审美的亲时性与历时性特征

亲时性即是指造型美感属性对时代的亲和性，也即通常所说的"时代性"。与"亲时性"同时存在的，还表现在它对时代的跨越性，即通常所指的"跨时性"或"历时性"。概而言之，建筑造型艺术之所以能享有经久不衰的魅力，正是因为它既具有"亲时"的属性又具有"历时"的属性。真正优美的建筑造型总是"亲时"的，也如黑格尔所言："每种艺术作品都属于它的时代和它的民族文化，依存于各自特殊的环境、特殊的历史和相应的观念与目的"。

二、建筑造型的艺术特性

(1) 新加坡董宫酒店——忽视时空意义的造型，有损于建筑自身的审美价值。

(2) 南京鸡鸣寺一角城市景观——不同时代的建筑造型形式，在时空意义上表现了协调共存。

图 2-11 造型的亲时性与历时性特性

每个时代都创造了造型独特的建筑范例，并成了那个时代重要的文化标志和审美对象。在西方建筑史上创造了"埃及式"、"希腊式"、"罗马式"、"哥特式"、"文艺复兴式"等古典建筑的经典造型样式，更有当今大量存在的现代建筑和后现代建筑等风格的造型典范，它们给历史留下了丰富的"美感的记忆"，写下了气象万千的"石头的史书"。同样，中国古代建筑，以其形制严谨的木构框架为主旋律，谱写了光辉灿烂的"木头的诗歌"。中外建筑史上创造的诸多独特的建筑造型的经典样式，至今仍能给人以无限美好的感受，这正是因为它具有能反映当时那个时代生活的艺术形象，是它所标志的那个时代的技术和艺术上的真实创造，因而它既具有那个时代的亲时性，同时也具备了至今仍能给人以美感的历时性属性。

但是，人们的审美意识是随着时代的演变而改变的，手工业时代有手工业时代的造型美学，工业化时代有工业化时代的机械造型美学，信息时代又有信息化时代的造型美学的尺度。虽然古典建筑至今仍能给我们带来美感的愉悦，但我们现在如果再轻易地套用、复制和移植它们的造型样式，并随意地将它们嫁接到当代建筑的躯体上，那么我们将会陷入"复古主义"的误区，这恰恰是对古代建筑艺术的嘲弄和对当代建筑艺术发展的亵渎。在当今现实生活中，以"环境协调"为由制造的种种"假古董"式的建筑，已引起人们普遍的反感。如新加坡旅游中心的豪华旅馆董宫酒店，在其几十层高的现代化高层大厦顶上，堂而皇之的"攒尖式"中国大屋顶，让人们感受到的不是美感，而是奇丑无比的怪胎（图 2-11）。讲究"环境协调"是必要的，但是应包括新老建筑自身在空间和时间的两种意义上的协调，只关注建筑造型在视觉形式上的协调是不完整的。

2. 造型审美的亲地性和跨地性特征

建筑造型在审美环境中实现多样统一的另一个时空属性，是与"亲时性"和"跨时性"的共存相对应的，表现为"亲地性"和"跨地性"的共存。建筑造型作为审美对象，不同的民族、地区和城市，在不同的社会及自然条件作用下，必然会产生不同特色的建筑造型和社会审美环境。就审美主体而言，这种特定环境下产生的建筑艺术形象，经过长期的视觉累积，又必然会形成某种视觉心理习惯的审美定式，并在主客体之间形成某种地域性的对位关系，这就是建筑造型审美在时空上的"亲地性"特征。

这种造型审美心理在地域上的对位关系，也会在一定的社会历史条件下，经过世代沿革，产生心理"错位"和地域"迁移"的现象，使一个民族或

(a) 新校区主入口远眺　　　　　　　　　　　　　　(b) 新校区公共教学楼外景

图 2-12　造型的亲地性与跨地性特性（1）
上海华东政法学院新校区（2003）——新校区的校舍建筑造型，仍承续了原址校园建筑的欧洲古典风格。

图 2-12　造型的亲地性与跨地性特性（2）
上海外滩浦江两岸城市景观——由多元的建筑艺术形象，构成了跨时代、跨地域协调共生的当代城市景观的新格局。

地区的建筑形式被迁移、同化为另一个民族或地区建筑的有机组成部分，这种现象在中外古今建筑发展中皆颇为常见。跨地区、跨民族和跨国界的建筑造型的相互仿效、借鉴和融通，是造型审美中与"亲地性"同时并存的"跨地性"特征的普遍表现，也是世界上各民族、各地区实现建筑文化交流的内在动力。尽管造型审美的"跨地性"会促进各民族各地区建筑文化的交流，增强当今世界建筑艺术趋同化倾向，然而建筑造型艺术固有的"亲地性"的时空属性，决定了它的地域性差异将永远不会泯灭，建筑造型艺术也永远不会出现"世界大同"的单调乏味的局面。跨时代、跨地域建筑艺术形象的协调共生、争奇斗艳的城市景观环境，才是新时代建筑造型艺术发展的新格局（图2-12）。

（五）艺术品格的兼容性

建筑造型作为一种艺术创造活动，与其他艺术活动一样，是随着时代的发展而不断向前发展的，这是艺术发展的外在推动力。然而，艺术观念的更新、创作思维能动的发展以及艺术方法的不断探索创新，对艺术的发展更具重要意义，这构成了艺术发展的内在推动力。艺术发展的历史基本上就是一部艺术观念、艺术方法、艺术手段和艺术形式演变更新的历史。建筑造型艺术的发展同样如此，我们要想学习掌握当代建筑造型创作的技艺，自然不仅要从它的外在形式着眼，而且还应从产生这样形式的观念方法和手段等内在原由的研究去着手，深入理解当代建筑造型视觉形象多样性和审美内涵包容性的特点。

(1) 北京天安门广场两侧界面（人民大会堂与国家历史博物馆）

图 2-13　两维立面造型的理念表现

1. 多元化的造型理念

建筑造型是涉及最终建筑设计成果的关键问题。尽管建筑造型必须从整体设计观念、功能要求和结构技术的综合考虑出发来研究，但它研究的焦点和重点始终离不开形式的问题，也就是有关创造建筑美的形式问题。因此，建筑造型具有艺术形式生成的一般性美学原则和变化规律，也就是有关造型设计形式构建的创作理念问题。当代建筑在造型上显现的种种特点和千奇百怪的形态变化，究其根本原因乃是造型理念的多元化发展所致，其集中反映在形式美法则的理论发展与变革上。

形式美法则（或原则）是建筑造型审美的高度理论抽象，较之借以直接生成具象形态的"法式"和"手法"是更高层次的美学理论修养和创作技能。严格地说，建筑造型美的创造既不存在一成不变的公式，也不存在万般灵验的妙法。所谓形式美原则只是人们在创造和欣赏建筑造型美的实践中共同摸索形成的一些规律性的原则。遵循和运用这些公认的原则，对从事建筑造型创作具有极为重要的实践指导意义。在一定条件下，它已构成了建筑造型艺术及其形式美创造的重要理论基础。

传统的形式美法则一般是指"统一与变化"、"对称与均衡"、"比例与尺度"等经典的理论命题，或指美学理论家通常对形式美法则所归纳的五个基本规律：同一律、对比律、节韵律、均衡律和数比律。对此类传统形式美法则的理解，在本书后续章节中还将予以详述。随着时代的变化，这类传统的形式法则确实已难以表达当今工业化时代对造型美提出的新要求。因为传统形式美法则主要适用于以两维平面方式表达和观赏的静态的美感形式，犹如我们观赏巴黎香榭丽舍大街上的凯旋门或是观赏北京天安门广场四周的建筑景观时的感受，此时构成城市空间界面的建筑立面成了主要观赏对象（图 2-13）。然而，现代的形式美原则是在工业化产品设计推动下逐步形成的，它更适用于以三维立体方式表达和观赏的动态美感形式，如是我们观赏赖特设计的"流水别墅"时所能感受到的建筑形体和环境空间之间

(2)（法）巴黎凯旋门广场中心建筑界面（凯旋门立面）　　　　　（3）（法）巴黎凯旋门广场两侧建筑界面

图 2-13　两维立面造型的理念表现（续）

(a) 远观与瀑布流水呼应的雕塑性立体形态　　　　　　　　　　（c) 从高处俯视别墅主体外景

图 2-14　三维立体的造型理念的表现——具有三维立体的动态美的流水别墅，1936，弗兰克·赖特

有机而巧妙的契合和变化流动的美感（图2-14）。

总之，传统的形式美原则基本是从静态的、固定的知觉范畴来反映和表现造型美的规律，而现代的形式美原则，其核心审美理念是要从动态的、流动的知觉范畴来研究和把握造型美的规律。它是在传统美学提出的相对固定的形式美原则中注入了现代美学崇尚变革的活力——审美主体能动的张力，其具体地体现在继承传统的约束力与变革传统的冲击力之间的平衡中。为改变传统形美法则的局限性，适应新时代审美要求的变化，20世纪现代建筑从萌芽、成长、发展到变异的各个时期，众多现代派美学家和设计大师都曾提出了种种变革的新理论，使当代建筑造型理念的构成呈现了多元化的发展局面。略举几项对建筑界较有深远影响的美学理论，至今我

(b) 外观形体造型近景　　　　　　　　　　　　　　(d) 建筑细部的雕塑性处理

图 2-14　三维立体的造型理念的表现——具有三维立体的动态美的流水别墅，1936，弗兰克·赖特（续）

们仍能感受到它对当代建筑造型创作所产生的重大意义：

（1）法国现代建筑大师勒·柯布西耶的论著《走向新建筑》（1923年），所倡导的新建筑具有的五个特点：底层架空、屋顶花园、自由平面、自由立面和水平带形窗，具体图释了现代框架结构体系条件下建筑造型美学的科学逻辑和形态特征。

（2）意大利美学家布鲁诺·赛维的论著《现代建筑语言》（1978年），作者主张"按功能进行设计是建筑学现代语言的普遍原则"，并在归纳现代建筑大师创造的现代建筑语言的基础上，提出了一套新的语言体系，用以替代被学院派公式化了的古典主义建筑语言。新的现代建筑语言体系包括的七项基本原则是：不受约束地为内容和功能服务；强调变化和不协调性；动态的多维视觉效果；单元间各具独立性的相互作用；工程要求和建筑要求之间的有机联系；设计生活空间要满足使用目的；每座建筑物应与其周围环境的协调组合。

（3）英国美学家克莱夫·贝尔的论著《建筑美学》（1980年），对建筑形式美的审美创造与欣赏，提出了形式美的核心概念是"有意味的形式"的新理念，为建筑形式美的追求确立了哲学的基础。

（4）美国美学心理学家鲁道夫·阿恩海姆所著《艺术和视知觉》（1984年）以完形心理学理论，提出了建筑格式塔的造型美学理念（Gestalt Psychology）。为视觉艺术的审美实践提供了科学的理论基础。

（5）美国后现代建筑大师罗伯特·文丘里所著《建筑的复杂性和矛盾性》（1966年），标志着现代主义建筑运动的结束和后现代主义建筑发展的开始。书中指出："建筑师若是继续被正统现代主义建筑那种清教徒式的说教所吓住，那是太不值得了。"该书提出的"复杂论"、"不定论"和"多元论"的观念，旗帜鲜明地与正统现代派的"功能主义"、"纯净主义"等技术美学的理念相对抗，为后现代主义建筑的发展铺平了道路。

（6）美国建筑理论家查尔斯·詹克斯的论著《后现代建筑语言》（1977年）和《晚期现代建筑和后现代建筑》（1975年）等对现代主义建筑的理论批判指出："现代派建筑艺术的'异化'现象已使当今建筑变得如此无情，自命不凡而又极度拘谨……"。他是第一个把"后现代主义"这个名词普及运用于建筑艺术的理论家。

除上述建筑美学理论外，还有（美）苏珊·朗

(1) 瑞典斯德哥尔摩市政厅　　　　　　　　　　　　(2) 比利时布鲁塞尔街景

图 2-15　20 世纪 70 年代"灰色派"风格

格的符号论美学，（英）R·G 科林伍德的表现论美学等现代艺术理论的发展，都对现代建筑造型艺术的创作实践发挥着深层的理论影响，成为推动现代建筑艺术理论多元化发展的重要动力。与现代艺术理论发展同步作用的，是现代科技进步和新学科发展对建筑艺术创作新理念产生的直接影响，如人体工程学、环境生态学、信息工程学等新兴科学理论的产生，都对当代建筑艺术理念的更新和发展趋向产生着直接影响。当代建筑造型理念，不仅已以现代技术美学超越了传统美学的局限，而且还包容了越来越多的理性内涵和更加丰富的情感基因，显示了当代建筑创作中"回归传统"，"回归自然"和"回归人性"的多元兼容的造型理念。

2. 个性化的造型技艺

当代建筑造型的新理念，普遍具有流动，包容和开放的特性，改变了传统造型理念的静止、刻板和拘谨的模式，也为造型技艺的创新发展提供了极为宽广的空间。尽管当代建筑造型理念的不断更新和多元化发展，促进了造型语言和技法的不断丰富和创新，但至今尚未形成一种系统性的、具有普遍适用性和法则性意义的语言和技法。多般只能在一定时期和一定审美环境中才能显示出它的独特的实践意义。因此，在了解现代建筑每个发展进程时，往往需要从各个建筑大师个性化的创作范例中，才能解读当时特有的造型理念及其蕴含的意义。也因此，使某些具有个性特征的作品形象及其造型技艺，成为那个时期某种风格、流派及新理念的标志。例如现代建筑在探求与城市环境协调的新理念引导下，在 20 世纪 70 年代的建筑艺术思潮与流派中出现了所谓的"灰色派"、"白色派"与"银色派"（又称"光亮派"）的风格与流派。其实，各流派只是各自以其独特的方式使建筑与其周围环境进行"对话"而已，借以求得不同的能与现环境协调的视觉效果。其中，"灰色派"以其经过变异的历史性或世俗性的建筑语汇，通过文脉贯通的方式求得建筑与环境的和谐共生（图 2-15）。"白色派"以其洁白纯净的几何形体，通过形态对比的方式来求得建筑与环境的协调（图 2-16）。"银色派"则运用新型光亮的外墙材料，通过利用建筑外墙大片镜面玻璃的特殊光影效果和景物反射作用，以求得建筑与环境的协调与融合（图 2-17）。如此种种造型构思，都是在特定的命题下，以不同的造型技艺和设计手法解决现实的技术或艺术问题的重要创作实践，为一代杰出的建筑师提供了展示其创作个性和艺术才华的宽阔舞台。在 20 世纪现代建筑发展的历程中，

二、建筑造型的艺术特性

(1)（美）新哈莫尼游客中心（理查德·迈耶，1978）

(2)（美）康涅狄格州，史密斯住宅（理查德·迈耶，1968）

图 2-16　20 世纪 70 年代"白色派"风格

(a) 街景

(b) 近景

图 2-17　20 世纪 70 年代"银色派"风格（1）——纽约利华大厦（1952）

图2-17 20世纪70年代"银色派"风格（2）——香港中信大厦（1992）

造型技艺发挥了重要的作用，展现了千姿百态的独特个性。这种独特个性的完整而集中的表现就会形成一种艺术风格。在风格一致的基础上，艺术倾向和审美理想一致的，创作技法和选择题材相似的创作群体，就成为产生形形色色艺术流派的基础。因此，20世纪不仅是现代主义建筑确立主导世界建筑发展的时代，而且也是形形色色造型理念，造型风格和造型流派大量涌现，各种造型技艺色彩纷呈的时代。这期间产生的一批具有代表性的范例中，展示着建筑大师们悉心创造的独特高超的造型技艺，是可供我们学习、效仿和再创当代建筑未来的宝贵资源。

在20世纪现代建筑的发展史中，产生了大批卓有成就的建筑大师，他们创造的典范作品中所表现的卓越的造型技艺，既蕴含着创造性地继承前人的艺术形式、方法和技巧创造崭新建筑形象的能力，也蕴含着使用新型材料、技术和造型手段，创造新的视觉形象的形式、方法和技巧的能力。随着个性和能力的差异，技艺所蕴含的艺术能力可以表现于形态要素的巧妙运用和形式构图的独特手法中，也可表现在艺术题材的高度提炼和造型意象的诗境构思上。众多典范作品所具有的个性化的技艺，还将在本书后续章节中列举，并予分析介绍。

3. 时态化的艺术形象

由历史传承留下的丰富建筑艺术形象，蕴含着丰富的历史发展信息，它们是宝贵的建筑文化资源，可以是新时代建筑审美观赏、参照和借鉴的对象，但不应是建筑艺术创新发展的障碍。因为随着时代的变迁，构成现代建筑造型的各种要素，包括环境功能要素、材料技术要素和审美心理要素等都处于时代性变化的动态进程中。它们都将对建筑造型产生直接影响，使其构成的艺术形象不但能从全方位、多角度反映时代性变化的信息，而且具有时态化演进的特性，体现了建筑艺术在时代性意义表达上的兼容性的艺术品格。

（1）反映新功能要求的时代性形象

建筑功能性目标的转化，是时代需求变化的直接结果。广义的功能要求应包括实用功能和精神功能两方面，它们构成了现代建筑造型过程的内在动力和依据。"形式追随功能"是现代建筑先驱者的基本法则。诚然，由功能而形式，由平面而立面，由内部而外部，由内部空间而外部实体，是现代建筑造型创作遵循的基本模式，也是对古典建筑造型传统法则的历史性颠覆。当代社会对建筑功能要求的种种变化，也自然自内而外地直接反映在建筑艺术形象的时代性变化上。这种变化首先明显地表现在城镇建筑的天际轮廓线的不断改变上。传统城镇中，以教堂、宫殿和庙宇为中心的建筑天际轮廓线，已被现代城市的以新类型公共建筑群为核心的空间形态，及其所形成的天际轮廓线的变化所取代（图2-18）。其次，现代城市生活所产生的各种新建筑类型，包括商场、旅馆、车站、码头、航站、办公楼以及医院、学校等，也都以前所未有崭新形象出现在城市空间的视觉景观中，而且随着各自

(a) 佛罗伦萨古城天际轮廓线

(b) 华盛顿乔治古镇远眺

图 2-18 城市天际轮廓线的变化（1）

(a) 上海浦东陆家嘴金融中心远眺天际线

(b) 纽约曼哈顿远眺天际线

(c) 法兰克福市中心远眺天际线

图 2-18 城市天际轮廓线的变化（2）

(a) 远眺外景　　　　　　　　　　　　　　(b) 立面近景

图 2-19　现代城市建筑新类型（1）——纽约曼哈顿世界贸易中心（雅马萨奇，1973）
用于商务办公的摩天大楼，已成为当代国际性大都市的象征性新景观。

图 2-19　现代城市建筑新类型（2）——香港理工大学（1967～2001）
适应高等教育和科研发展需要的新建筑类型，不断丰富着当代城市的时代性形象。

功能的发展演变，不断更新着自身的建筑形象（图2-19）。这种延续不断的动态变化，表现了当代建筑造型反映新功能要求，与社会需求相互关联的时代性形象。

(2) 反映新技术发展的时代性形象

20 世纪大规模工业化生产提供的新材料、新结构、新设备以及新的建造手段，所有这一切新技术的发展和运用，都给现代建筑造型赋予了时代性的新形象。新技术不仅为现代建筑提供了创新的物质手段，而且为现代建筑造型提供了新的艺术手段和创造精神。

德国包豪斯学院创始人格罗皮乌斯，在 20 世纪最初年代设计的两座建筑，——法古斯鞋楦工厂和德意志制造联盟展览馆办公楼，率先采用金属角柱，玻璃角窗等造型新元素，以明净光亮的玻璃筒体替代了传统的沉重角石砌体，显现了轻盈敞亮，明朗优雅的现代建筑新形象。被当时社会誉为自哥特式建筑以来，人类建筑技术空前成功的范例。自

二、建筑造型的艺术特性

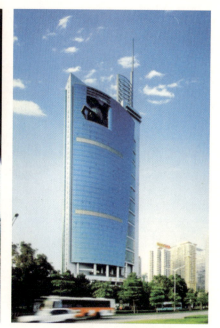

（a）幕墙细部　　　　　　　　　　　　（b）大厦近景

图 2-20　反映新技术的建筑形象（1）——纽约西格拉姆大厦（密斯·凡·德·罗，1958）

图 2-20　反映新技术的建筑形象（2）——广东、深圳特区报业大厦（2002）
大厦精美的立面造型反映了当代幕墙材料与技术的进步发展。

此之后，大片玻璃幕墙的运用，成为 20 世纪现代建筑造型发展的重要标志。从 20 世纪 50 年代密斯设计的纽约西格拉姆大厦，80 年代贝聿铭设计的纽约贾维茨会展中心，直到当今世界各地雨后春笋般涌现的镜面玻璃大厦，正标志着现代建筑技术与建筑造型艺术紧密结合的新水平。事实表明，新技术的发展和运用，为现代建筑艺术形象的不断更新，提供了全新的物质基础（图 2-20）。

建筑新技术的发展与运用，不仅表现在建筑外墙材料技术的更新变化上，而且更重要地表现在结构材料、形式和体系的更新发展上。因为工程结构技术的进步，不仅为建筑高度的增长和跨度的超越提供了更大的可能，而且结构自身形态的改变也为建筑空间形态的创新变化提供了更大的可能，使结构形态成为建筑造型的有机组成部分。如薄壳结构、悬索结构、索膜结构、充气结构等新型空间结构形式与新型工程材料的结合与运用，更为当代建筑造型艺术的创新提供了无限宽广的想像空间。现代建筑艺术流派中，众所周知的"光亮派"、"高技派"和"未来派"，正是以反映种种新技术发展为艺术手段，创造了具有鲜明时代性特征的建筑艺术形象（图 2-21）。

（3）反映新环境意识的时代性形象

现代建筑是伴随着工业化时代的到来而产生的，也随着工业化的发展而发展。失控的工业化进程，带来的环境污染和社会弊端，让人类付出了沉重的环境代价。人们从痛苦的经历史开启了环境意识的觉醒。随着工业化时代向后工业化时代、信息化时代的转变，保护自然生态和维护人类居住环境质量已成为人类一切活动应共同遵循的根本准则。当代建筑发展也随之确立了新的环境观念，并在新的环境观指导下，当代建筑自然被纳入了人居环境建设的范畴，改变了以往只顾建筑自身的"尽善尽美"，孤立地评判个体建筑质量的状况，使当代建筑艺术的创造越来越重视整体环境的考虑，开始从建筑个体意识转变为建筑环境，人居环境和自然生态环境协调发展的整体意识。为创造可持续发展的城乡人居环境，建筑造型开始重视城市历史文脉的保护和延续，重视建设个体形态与城市整体空间环境的协调；为维护自然生态环境的可持续发展，建

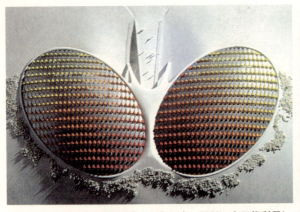

(1) ArK（方舟）"未来系统"（卡布立克，2002，太阳能利用）

图 2-21 高技派和未来派建筑形象

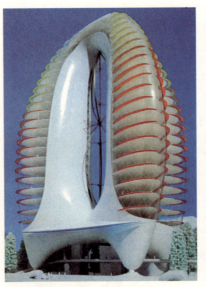

(2) 伦敦 Zed 计划（风能利用）

(3) 伦敦"绿鸟"未来系统设计

筑个体形态的构成开始要求满足节约用地、节约能源、节约用水和节约材耗的目标；依托于当代高新技术的生态建筑和生态城市的实践探索，正以前所未有的崭新的时代性形象出现在世界建筑舞台上。当代建筑在新环境意识的引导下，正在步入一个全新的历史发展阶段。

在新环境意识的引导下，当代建筑正从多方面进行了卓有成效的探索，创造了一批颇具深远影响的优秀作品。例如，在探索建筑个体与城市整体环境的协调问题上，美籍华裔建筑大师贝聿铭先生的众多作品，展示了处理各种环境议题的典范。其中，北京香山饭店、苏州博物馆新馆成功地处理了新建筑与历史名城的传统建筑文化环境间的协调关系（图 2-22）；美国华盛顿国家美术馆东馆，创造性解决了新建筑与城市既有空间结构间的形态协调关系（图 2-23）；法国巴黎卢浮宫扩建工程，展示了新老建筑在空间形态和视觉环境上和谐共生的范例（图 2-24）；又如，在高技术生态建筑和生态城市的探索实践中，当推英国诺曼·福斯特，马来西亚杨经文等世界著名建筑师，在他们富有创造性的新作中，展现了生态建筑未来发展的新形象（图 2-25）。

(4) 反映新审美心理的时代性形象

社会生产方式和生活方式的时代性变革，不仅改变着建筑造型的艺术准则，也改变着人们的审美心理。正如美学家克莱夫·贝尔所言："技术文明不仅是一场生产（包括通信）革命，而且是一场感觉的革命。"人们审美心理的变化自然对建筑造型的艺术倾向带来潜移默化的影响，使其塑造的建筑形象带上明显的时代印记。回顾现代建筑造型理念的发展可见，从发展初期摆脱传统审美理念的约束，到现代功能技术美学主导地位的确立，再到 20 世纪 60 年代后期向多元美学理念的转化，正说明了社会审美心理的这种变迁，及其对建筑造型艺术所具有的时代性影响。最为直观的表现是造型手段在审美追求上的变化，从摆脱虚假繁琐的装饰开始，到追求简洁、纯净和抽象的形式美，再发展到赞赏丰富、兼容和象征性美感的转变，都具体反映了在新的审美心理影响下，建筑造型所产生的时代性变化。同时也表现在造型技艺运用上的变化，特别是在视觉要素的运用上，对建筑形体、色彩、质感及肌理要素的处理手法的变化，也明显地表现出与社会新的审美心理相适应的时尚性特点。

当代建筑造型的审美追求，已开始由纯理性的追求转向情理兼顾的更高要求的追求。首先反映在人们对具有反叛、简约和回归（传统和自然）品格的建筑形象，表现了更大的兴趣。其次，也反映在当代建筑造型语言的运用上，改变了以往正统的表达方式，而采取了既可对业内专业人士表情达意，

二、建筑造型的艺术特性

(a) 内院外景

图 2-22 反映新环境意识的建筑形象（2）——
北京香山饭店（贝聿铭，1982）

(b) 入口大门

(c) 入口前庭

图 2-22 反映新环境意识的建筑形象（1）——
苏州博物馆新馆（贝聿铭，2006）

图 2-23 华盛顿国家美术馆东馆鸟瞰（贝聿铭，1978）

(b) 扩建新入口（玻璃金字塔）

(c) 地下入口大厅

(a) 广场全景

图 2-24 巴黎卢浮宫扩建工程（贝聿铭，1988）

(1)（日）东京千年塔
塔高 800 余米，容纳约 6 万人。
诺曼·福斯特，2000

(2) Chesa Futura 公寓设计（诺曼·福斯特，2001）

图 2-25 生态建筑新形象

又方便与广大公众交流沟通的大众化的造型语言，用以达到推陈出新，雅俗共赏的审美追求。当今尚为流行的所谓"后现代主义"、"新现代主义"、"新乡土主义"的建筑风格以及"波普建筑"风格等所使用的造型语言，正是当代这种非正统的语言表达方式，并从各自不同的认知角度，表达了当今社会审美心理的变化，创造了许多既新奇又亲切，既现代又关联传统的时代性新形象（图 2-26）。

(3) 马来西亚，IBM 公司马来西亚总部（杨经文，1992）（左）

(4) 马来西亚，EDITT 大厦模型（杨经文"生态气候"学建筑）（右）

图 2-25 生态建筑新形象（续）

(1) 上海浦东金茂大厦（SOM，1998 总高 420.5m）——隐含中国密檐砖塔特征的造型

(2) 马来西亚，吉隆坡城市中心"双子塔"（西萨·佩里，1997，高 88 层）——隐含印度婆罗门教寺塔特征的造型

(3) 台北 101 大厦（李祖原，2004，总高 508m）——寓意"节节高升"吉祥含义的塔体造型

图 2-26 反映新审美意识的建筑形象

三、造型构图的创作理念

广义地理解，凡是设计者通过视觉语言所表达的一切可见或可用的成形活动，都可以称为"造型"。"造型"活动涵盖于人类有形文化的全部，它是一种心物交融的创造活动。然而，本书前文已阐明，建筑造型系专指构成建筑视觉形态的美学形式。既然是专指它的"美学形式"，自然需要通过一定的艺术创作过程来产生。这一创作过程即是通常所说的"造型设计"。造型设计的目标与成果是创造建筑形式的审美意义和价值，其创造思维所采取的是图像思维的模式。优秀的建筑造型不仅来自巧妙的设计立意与构思，而且更直接地来自娴熟的造型构图技艺。构图技艺的核心问题，是在于造型过程中对图像形式与结构的审美创造规律的研究与掌控，也就是构图技法的熟练运用。构图技法的运用方式又取决于设计者的审美理想和由一定审美理想指引下所形成的造型构图的创作理念——构图理念。分析当代建筑造型的实践可以认为，其构图技艺的演进基本是根据两种不同的构图理念，沿着两条不同的思维路径而发展的，其一是，趋向于追求形式美的表现，偏重于赋形思维的运用，简称赋形思维理念；其二是，趋向于追求艺术美的表现，偏重于表意思维的运用，简称表意思维理念。这两种构图理念都在当代建筑造型的创作构图中，发挥着思维导向和探索创新的重要作用，借以确定构思的方向，创造图像化思维的新模式。它们也是设计风格产生个性化分异和当代建筑呈现多元化发展的重要源流。

（一）赋形思维理念——趋向形式美的表现

造型艺术动人的力量不仅来自构成实体的内容也来自实体构成的形式。形式美是构成艺术魅力的重要因素。尽管当代建筑中出现了一些恣意破坏平衡、匀称等形式美经典规律，标榜紊乱、模糊、反叛为美的怪异造型作品，但是有关建筑形式美的研究仍然是当今建筑艺术创作和教学实践中的重要课题。认识与理解造型形式美的规律，掌握与运用构成其美感的形式要素，是建筑造型创作实践和专业教学中的重要基本环节。在造型创作过程中，灵活运用建筑形式美构成的各项视觉要素，引导造型构思，并赋予造型以审美意义的构图理念可称为赋形思维理念。因此，造型构图的赋形思维理念的内涵应包括对建筑形式美表现的视觉表象、艺术属性和审美取向的整体理解和实践运用。

1. 建筑形式美的基本表象

所谓"形式美"，是指一定的建筑形态的外观因素（如形状、线条、轮廓、色彩、质感等）在合乎审美规律（如多样统一、对称均衡、节奏韵律等）的组合与联系中，所呈现的那些可能引起美感效应的审美特性。因此，建筑的形式美是由引发美感的物质要素和心理要素按照一定的视觉美学规律构成的。当然，物质要素是构成形式美的基础。因为美总是具体可感的，美的形式总是要通过一定具体可感的物质或物质媒介显现出来。同时，这种美的显现必定会与人们复杂的审美心理要素交织在一起，如此心理要素自然成为形式美建构的依据，并对形式美的追求和掌控发挥着决定性的作用。在人们长期的审美活动中，由多种心理要素参与的审美经验，已积累和总结了种种有关形式美构成的基本规律，可以成为当今从事形式美创造的理论指南。建筑形式美的构成方式，也决定了建筑形式美所应具有的审美意义。

如上所述，建筑形式美的显现是要通过一定的具体可感的物质要素或物质媒介来实现的。其中，通过物质要素（几何形态、色彩、质感、肌理等）

显现的建筑形式本质上是建筑空间内容的外观表象，主要呈现为具象的建筑形式美；通过物质媒介（建筑语言、图像符号、形式美技法等）显现的建筑形式，则是创作主体的艺术观念的有形载体，传送着一定的设计意象，主要呈现为抽象的建筑形式美。建筑造型作为艺术创作，其形式美的表现，往往是具象表现与抽象表现两种形式同时并存、交织互动的。具象的建筑形式美可因抽象的建筑形式美的巧妙运用而富有内涵。抽象的建筑形式美也可因具象的建筑形式美的生动表现而耐人寻味。

（1）具象的建筑形式美

通过物质要素表现的具象建筑形式美具有相当宽广的表现领域，其主要涉及以下五个基本方面：

1）社会生活美：社会生活方式是建筑形式的基本内容，生活中良好的、理想的活动内容皆是可以见之于形的审美因素。其主要外在表现为社会生活的空间组织形式、建筑功能的使用方式及空间形式的审美情趣等生活理想。

2）环境景观美：环境景观包括自然景观与人文景观两方面。自然景观要素涉及地形、地貌、天象、物象和生物种群等。现代环境设计的重要原则，就是要充分利用自然景观资源，创造优美的人居环境景观。人文景观要素通常是指历史遗存的，能反映社会文明演进历史文脉的各种建筑物、构筑物、名胜古迹或其他人造的实体景观。现代环境设计的又一重要原则，就是要重视历史的连续性和文脉完整性的保护。环境景观的自然化、文脉化和多元化是当代人居环境景观美的审美取向。

3）建造工艺美：建筑是人造环境中最主要的组成部分，具体地反映着该地区的文化特色和文明程度。其中技艺精湛的建筑工艺是创造建筑形式美和构成建筑艺术价值的重要文化组成，因此它具有物化工艺的技术性审美意义。

4）材料色质美：建筑实体总是由多种建筑材料构成的，材料的色彩与质地对建筑形式美的表现具有十分重要的影响。因为它们能对人的感官与心理产生相应的审美效果与反应，这就是称为色感与质感的心理效应。材料色彩与质地的适当组合和联系是创造色质美的基本手段，也是具象建筑形式美的最普遍的表现。

5）建筑意匠美：如果说上述具象的建筑形式美属于客观物质要素设计利用的产物，那么建筑意匠美则属于主观艺术技能设计创造的成果了。建筑意匠美也可称为设计匠心美，是构成建筑形式美的主要心理要素的审美表现，反映着造型作品的设计构思和创作技巧的总体结构形式和专业水平，也是设计者艺术追求与造型技艺的具体展现，体现着建筑师的艺术个性。

（2）抽象的建筑形式美

通过物质媒介表现的抽象建筑形式美是表达艺术观念、设计意象的视觉载体，它是通过建筑师能动的创作活动来实现的。它主要涉及创作思维信息的加工表达形式。承担这种信息表达的抽象符号体系即是通常所指的建筑语言，包括图像符号、指示符号和象征符号。根据建筑语言传达信息的性质，抽象的建筑形式美还可以分为表现性抽象和再现性抽象两种表达方式：

1）表现性抽象：表现性抽象的基本特征是，在选择表达抽象的艺术内涵的符号形式时，不借助于对某事物具体形象的摹拟，而注重于对主体创作情感的传达。表现性抽象最常采用的表达方式是象征，其中采用装饰则是象征方式的一种最为普遍的运用形式，它是以各种纹饰或图案组成的图像符号体系，传达出各个历史时期中的相关建筑审美信息。象征表达方式在当代建筑造型中仍为人们所重视，并在装饰形式上呈现了新的特点（图3-1）。在造型意象的表达上，与象征表达方式相关联的是隐喻手法的广为借用，就是利用人们视知觉的中介作用，可以从简单的视觉信息联想到丰富的内涵，解读创作主体的审美意识。

运用表现性抽象的现代建筑实例不胜枚举，如密斯·凡德罗早期设计的巴塞罗那国际博览会德国馆的平面图式犹如由点、线、面基本形态要素构成的现代抽象派绘画（图3-2）。柯布西耶设计的朗香教堂，其外观造型强烈地表现了现代抽象雕塑作品的神秘意象（图3-3）。当代英国解构主义建筑师扎哈·哈迪德的众多设计，其平面图式本身就是一幅极具表现力的抽象派作品，其空间造型更表现

(1) 北京丰泽园饭店（立面装饰符号的象征性表达）

(2) 浙江台州开发区商业街入口（大门作为建筑标志性符号的象征性表达）

(3) 韩国汉城奥运会标志性建筑（建筑装饰图案作为图像性符号的象征性表现）

图3-1　表现性抽象表达——象征与隐喻

 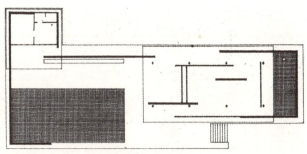

(a) 展馆外景　　　　　　　　　　　　　　(b) 平面图

(c) 内院水池　　　　　　　　　　　　　　(d) 室内隔断

图 3-2　巴塞罗那世博会德国馆（密斯·凡·德罗，1929）

 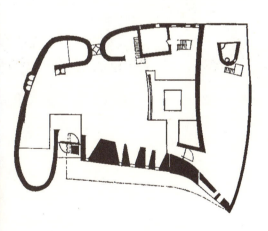

(a) 教堂外景　　　　　　　　　　　　　　(b) 平面图

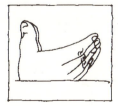    

(c) 造型审美联想

图 3-3　法国朗香教堂（勒·柯布西耶，1955）

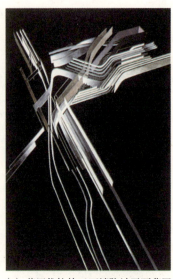

(a) 总平面规划表现图　　(b) 总平面规划表现图　　(c) 英国维拉特工厂消防站平面草图

图 3-4　（英）扎哈·哈迪德设计作品

(a) 入口外景

(b) 侧立面

(c) 观众厅

图 3-5　柏林爱乐音乐厅（夏隆，1963）

了当代雕塑艺术自由、灵动和抽象的视觉特征（图3-4）。它们皆以个性化的建筑语言，传达了设计者的艺术观念和设计意象。

2) 再现性抽象：再现性抽象与表现性抽象的主要差别，在于选择表现抽象意义的形式时，通常采用对具体事物进行摹拟的方式。但这种摹拟不是机械的模仿或简单的再现，而应是要经过相应的艺术加工、提炼和抽象的再现。运用再现性抽象的建筑造型，最易引发人们产生设计所指望的联想，有利于传达设计者的主观意志和艺术理想。现代建筑的优秀作品中，不少实例都呈现了再现性抽象手法的灵巧运用。如柏林爱乐音乐厅采取了摹拟"声音的容器"的抽象加工手法，使人们从外观上隐约可见管乐器、弦乐器或键盘乐器的形象（图3-5）；纽约环球航空公司和华盛顿杜勒斯机场的候机楼皆具有摹拟飞机起飞姿态的整体造型（图3-6）；耶

(a)外观形似大鸟展翅

(b)外观形似大鸟展翅

(c)候机大厅室内

图 3-6 再现性抽象的形式美——摹拟与寓意的表现(1)——纽约环球航空公司航站

(a)外观全景

(b)候机大厅室内

(c)候机楼近景

图 3-6 再现性抽象的形式美——摹拟与寓意的表现(2)——华盛顿杜勒斯机场候机楼

(a) 外观全景　　　　　　　　　　　　　　　(b) 主入口

图 3-7　耶鲁大学冰球馆（埃罗·沙里宁，1958）

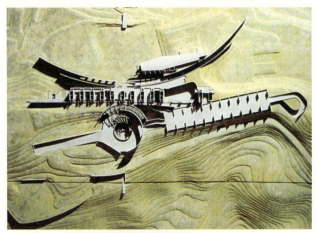 

(1) 日本千叶县高尔夫俱乐部方案（1991）　　　(2) 洛杉矶，艺术园剧院（1988）

图 3-8　（美）摩福西斯事务所作品

鲁大学冰球馆的整体造型，似在摹拟运动员起跑时的姿态（图 3-7）等等。从上述实例皆可看出设计通过摹拟方式对相关事物的抽象化再现。

由于建筑造型自身固有的抽象和象征性的艺术表现特征，使其更易接受现代抽象艺术的审美理念，对现代建筑造型艺术的发展产生了深刻的影响，形成了构成主义和抽象主义等的建筑流派。他们从抽象艺术中得到启示，认为建筑艺术的特点就在于抽象表现，只有采取抽象的表现才能提高建筑造型的艺术价值。现代抽象艺术的发展也同样反映在当代建筑造型的实践中，有的以线条、色彩、体量与空间等形式要素构成的视觉形象，自如挥洒抽象的形式美的表现，有的则以非理性的怪诞、新奇与混乱来表现超现实的视觉幻境，给人以多种情感性的审美刺激（图 3-8）。

2. 建筑形式美创造的艺术属性

前述具象的建筑形式美具有最为宽广的表现领域，而且在造型活动中最易被一般民众理解、掌握和模仿。因而在现实中，千百年来虽无特别专业训练的工匠甚至普通农民，不仅能自建房舍，创造一定的建筑形式，而且也能同时创造一定的建筑形式美。至今在广大农村或中小城镇尚存的民间建筑和大量自建民居，正是此类非专业人员"原创"的建筑形式，这类自在的建筑形式，不能说不存在相应的美感，但对于社会发展所产生的更高的审美要求，显然是不能满足的。因为此类民众"原创"的建筑形式，通常呈现着三项先天性的弱点：一是，建筑形式往往被当作定型固化的静态样式，不是来自当地普遍通用样式的套用复制,就是来自传媒发布的建筑图片中样式的定型仿造;二是,建筑形式往往局限于谐和类同的格式,多半依从习惯和传统审美心理,采用人们更易接受的熟悉而亲和的样式,形式趋于保守单一;三是,建筑形式较易受客观规律(自然的、科技的或审美的等等)的必然性制约,形式拘谨刻板较难有创新。相对于民间"原创"的自在建筑形式,训练有素的建筑师的重要职能就是应使建筑形式的创造活动实现艺术的升华,成为创造形式美的能动的艺术创作活动。建筑形式美的艺术创造应能使建筑形式实现三项基本属性的转化,从而完成质的飞跃:

(1) 使建筑形式由定型固化的静态样式,转化为活性变化的动态样式

因为建筑形式在艺术属性上并不是单纯的形式,而是完成了的建筑内涵——社会生活的空间形态。由于社会生活是生动变化的,反映社会生活的建筑形式自然也应与之相适应的。建筑历史上,建筑形式从古典主义到现代主义、后现代主义的发展,正是反映着社会生活的历史性发展变化。在这个历史进程中,建筑形式从静态固化的古典样式,实现了逐渐向动态活性的现代样式的演进。其形式构成也由拘谨的两维平面、几何对称等传统手法,出现了向多维空间,视觉体验等现代手法转变的发展。事实表明,只有生动反映社会生活变化的具有动态活性的建筑形式才是具有形式美的艺术形式。能动的建筑艺术创作活动正是建筑形式实现这一演进转化的基本动力。

(2) 使建筑形式由谐和类同的格式,转化为有机统一的整体形式

在传统的审美观念中,和谐协调是形式美最基本的要求。因而,以类同近似的形态要素来组成预期的建筑形式,往往形成普遍认同的审美定式,也是非专业人士参与建筑造型实践的一般审美定式。但是,片面追求和谐的习惯定式,导致了形式的刻板僵化而缺乏生气。与此相反的是当代形式美的构成通常采取分异对比的格式,追求和谐的分异与分异的和谐,协调的对比与对比的协调,实现对传统审美观念的超越,同时也使建筑形式由和谐类同的审美格式转化为有机统一的整体格式。实现这种超越与转化诚然需要造型艺术创作的推动。按照美学理论家(美)苏珊·朗格的理论所述,实现建筑形式由单调的谐和类同的格式转化为有机整体的形式,主要应体现在如下四个方面:在静态统一的形式中应保持多样变化;具有一个构图中心与各部分保持有机联系;应以有节奏的动态变化组成统一整体;应成为社会生活的有机组成部分。

(3) 使建筑形式由必然的常规形式转化为自由的开放形式

所谓必然是指事物形成与变化的一般规律,也就是事物内在本质所决定的一般联系或趋势。自由是指人们对必然的认识和实践的支配,能动地对客观事物进行改造。也就是,只有必然性被人们充分认识和掌握,并用来能动地改造客观事物时,人们才能获得一定的自由。建筑形式美的规律和其他事物的自然规律一样,具有不以人们意志为转移的相应的客观必然性。人们在没能充分认识和掌握它们之前,就会处于一种盲目地受其支配的地位,没有自由意志可谈。只有当我们真正认识和掌握建筑形式美的规律时,才能使建筑形式美的构建超越一般必然的束缚,获得主观艺术意志的自由表现。因此,中外建筑理论普遍认为:所有艺术创造的本质就是自由,是意志的自由、创造的自由。同样建筑形式美的创造也应体现建筑艺术的自由本质,使原本体现必然性的常规形式,转化为自由性的开放形式。所谓自由的开放形式,既是富有活性的有机整体形式的升华,又是建筑艺术本质在形式美创造中的体现。从造型创作过程来说,必然的形式多半是按常规可以判断而预知的,自由的形式则往往是不可预知或不可完全预知的,它应是独一无二、前所未见的艺术创造的最终成果。实现建筑形式从"必然的"向"自由的"创造性的转化,需要进行艰苦的艺术探索,不断修炼提升造型创作的职业技艺。

3. 建筑形式美创造的审美取向

实践表明,建筑形式的构建首先取决于内因——其内部空间实用性(功能、技术、经济等)的要求。因为建筑存在的首要目的,就是要提供一

(a) 纽约联合国总部大厦（1952）

(b) 芝加哥汉考克大厦（1978）

(c) 芝加哥西尔斯大厦（1974，总高443m）

图3-9 （美）SOM事务所代表作品——审美的顺应性取向

个能展开某种生活行为或社会活动的空间场所。其次，取决于外因——其外部环境（自然环境、空间环境、社会环境等）约定性的要求。因为相同实用性要求的建筑空间可以有多种空间形态的选择，只有当它与一定的环境条件相关联时，才能最终确定为适当的选择。因此，建筑形式的构建是其内部空间实用性与外部环境约定性内外互动、有机结合的过程。建筑形式美的创造也同时在这一过程中，根据创作者的艺术理念对形式与内容的关系进行一定艺术处理而完成的。在进行相应艺术处理时，对建筑形式美的艺术表现往往可采取两种不同的审美取向：

（1）顺应性取向

采取建筑形式顺应实用与环境的客观要求，追求简洁、圆满的形式美的审美取向。这种取向是强调把形式美的创造重点放在解决建筑空间自身实用性和环境的合理性上，把表现客观要求和处理方式作为形式美表现的艺术追求。显然，这种艺术理念具有中国传统的"致用为美"的观念，也是西方现代建筑理论中"形式服从功能"的观念。这种形式美的审美取向，在20世纪现代建筑的众多风格与流派中，皆有各自不同的表现，其间，主要差别在于表现形式美的理性依据各有不同的侧重。如理性主义和国际式风格，可以沙利文、路易斯·康、SOM设计事务所为代表。它们强调形式与功能统一，空间高效利用，反对虚假装饰。有机建筑风格，以赖特为代表，强调与环境协调、内外融合、表现生命活力。密斯风格，认为"少就是多"，强调现代材料与技术的表现，追求纯净、简洁的形式等等。这种顺应理性，讲求实效，追求简洁完满形式美的审美取向，仍然是当今建筑形式美创造的基本审美取向，也易被人们广为接受（图3-9）。

三、造型构图的创作理念

(a) 东立面 (b) 西立面

图 3-10　美国俄亥俄州，克利夫兰，路易斯住宅（弗兰克·盖里，1995）——审美的逆反性取向

（2）逆反性取向

这是建筑形式采取违背实用与环境的惯常理性要求，否定建筑实用功能的规定性，否定建筑形式与环境的关联性，追求"纯艺术"的艺术表现和表现的自由意志，追求复杂新奇的形式美的审美取向。这种艺术理念发端于西方美学思想中形式主义的经典理论，其后又在现代抽象派艺术思潮的推动下获得了新的发展，并在20世纪各时期形成了许多新的建筑理念、风格和流派，如构成主义、表现主义、浪漫主义、新现代主义、后现代主义和解构主义等。它们皆从不同的方面追求复杂新奇的建筑形式和形式美的表现，至今仍然活跃在建筑艺术的舞台上，并占据着相当大的发展空间。采用这种形式美审美取向的作品，通常具有梦幻般新奇的建筑形象，会给人以惊奇和全新的感觉。因此，它代表着建筑造型艺术创作的新动向，表现了艺术的自由本质和超然脱俗的艺术品格（图3-10）。

建筑形式美的逆反性审美取向，其出发点在于把形式与内容脱开同一性的关系，让形式具有独立存在的意义，并使形式成为意义表达的载体，从而赋予充分的自由，极大地扩展了当代建筑形式多样化发展的空间。采用这种审美取向的建筑形式，常能以其新奇独特的视觉形象取得具有标志性的创新意义，从而能在建筑艺术的发展史上占有特殊的地位。例如法国巴黎的城市景观举世无双，其建筑风格可称是西方古典建筑的博物馆。但是它同样为现代建筑提供了广阔的发展空间，特别是具有逆反性审美倾向的诸多新思想、新风格和新流派的造型作品，皆以其独特的个性和新奇的视觉形象融入了它的富有历史文化底蕴的城市景观环境，构成了巴黎城市中具有不同审美意义的标志性建筑。其间，19世纪末建成的埃菲尔铁塔，标志着体现材料、技术进步的现代主义建筑艺术观的确立，也标志着对传统建筑形式的超越（图3-11）。20世纪70年代，蓬皮杜文化与艺术中心的建成，在著名的巴黎圣母院与卢浮宫古典建筑群中，插入了一个现代高技派的新奇建筑形式，尽管曾引起巨大的震撼和非议，但终究成了巴黎城市景观中引人注目的亮点。它充分展现了建筑形式美表现的现代开放性思维，并成了当代高技派建筑发展的重要标志（图3-12）；20世纪80年代初，巴黎西北郊建成的德方斯居住区入口处的巨大拱门，以其惊人的尺度和单纯的形式给人以前所未有的心灵震撼，构成了城市轴线中新的标志性形象，象征着巴黎城市发展的新起点（图3-13）。同期，卢浮宫扩建工程中玻璃金字塔的建成，也标志着现代建筑新形式与传统建筑环境共生新观念的确立（图2-24）。20世纪90年代初，巴黎东北郊拉维莱特公园的建成，更成为当代解构主义建筑流派的代表性作品，标志着建筑形式构建的非理性主义思潮的新发展（图2-10）。

在建筑造型创作中，对于上述两种不同的形式美创造的审美取向，我们不宜轻易采取肯定一种而否定另一种的偏颇态度。因为这是建筑艺术的物质依存性与精神寄寓性互动作用的必然表现，也是建筑艺术

(a) 沿塞纳河远眺

(a) 广场入口

(b) 近景

图 3-11 巴黎埃菲尔铁塔

(b) 广场立面自动扶梯

(c) 立面外露管道装饰

图 3-12 巴黎蓬皮杜文化与艺术中心（罗杰斯·皮阿诺，1977）

(a) 南侧全景　　(b) 侧向近景

图 3-13　巴黎德方斯大拱门（普瑞克森，保罗·安德鲁，1989）

有别于其他艺术的基本属性。两种形式美的不同审美取向，不仅存在于现代建筑发展的过去和今天，而且还将继续发展于建筑艺术的未来。有理由可以断言，随着建筑物质技术水平的极大提高，随着我们对自然规律、社会规律和艺术规律的深入认识和充分掌握，建筑形式美的创造将获得更为宽广的自由发展空间。当今认为，尚属非理性的逆反性的审美取向，未来将可能转变为造型审美的普遍品格。

（二）表意思维理念——趋向艺术美的表现

广义的建筑美应包括两种表现形态：其一，是属于物质形态的形式美的表现，这是可以由直观认知的建筑美的表现，也称其为狭义的建筑美。其二，是属于观念形态的艺术美的表现。这是不能由直观感知，而只能由心智"意会"的建筑美的表现。将两者比较而言，"形式美"只是属于建筑美的初级形态。而"艺术美"才是属于建筑美的高级形态，它只存在于建筑造型作品的艺术形象中。在建筑造型创作中，刻意运用建筑艺术美构成的各种意念形式，引导创作构思，塑造艺术形象，并用以表达主体审美意识的构图理念，可称之为表意思维理念。

因而，造型构图的表意思维理念的内涵应包括建筑艺术美表达的意蕴内涵，本质特征和审美效应的整体理解与适当运用。

1. 建筑艺术美的意蕴内涵

艺术美表现的基本特征是通过建筑形式与空间表现某种意向与观念，也表现一定的思想情感与意境气氛等，总之是创作主体审美意识的表达。建筑造型不仅可因其"形式美"，而给人以愉悦的满足，而且可因"艺术美"的意蕴表达，对社会现实生活和思想情感作出积极而独特的反映。艺术美意蕴表达的主体审美意识，基本存在三种表现形态：主观的表现性意识、客观的表现性意识和唯美的表现性意识。

（1）主观的表现性意识

主观的表现性意识的基本特征是运用一定造型手段塑造艺术形象，以实现表情达意的目的，并倾心于创作主体审美意念的表达。其间，语言符号论者将建筑造型理解为一整套能够表达"意义"和"观念"的信息和语言符号系统。它将各种建筑部件和材料组成的形态要素（屋顶、墙体、柱子、梁架、楼梯及门窗等等），视作文学作品中的基本语汇，又将其形态构成的关系比作文章的语法和句法，

(1) 里斯本商住办公综合楼
后现代建筑装饰符号

(2) 福建南安老年活动中心
传统建筑符号运用

(3) 洛杉矶奥斯卡星光剧院
地域建筑特征表现

图 3-14 主观的表现性

并认为造型创作即是凭借建筑造型所特有的"语言系统",达成某种"意义"的表现。例如,后现代主义建筑风格为了表达现实生活与历史文化的"关联性"意义,采取了从古典建筑部件中提炼出一系列装饰性符号加以异化、分解、加工和重构等变形处理,并将其纳入当代的建筑语言系统(图 3-14)。同样,情感表现论者,认为建筑造型作为艺术创作应通过"领域"、"场所"、"空间"等"意境"和"氛围"的营造,来表现某种情感的"象征"。如美国著名建筑美学家苏珊·朗格认为:住宅是"家"的形象、领域和符号;庙宇是"神"的领域、场所,即"人间天府"的象征;教堂是人们心灵的"安息之地"。并认为建筑师创造的空间环境,是由可见的情感表现所产生的一种幻象,真实地反映了她的主观唯心主义的审美理念。

(2) 客观的表现性意识

与前述主观的表现性意识相对的应是客观的表现性意识。它主要始于现代建筑发展的初期,其基本特征是倾心于表现对客观现实世界的认识与理解,如表现旺盛的自然生命力、鲜明的时代特征和预期的未来世界景象。倾心于表现抽象的运动力象和时空迁移,以及表现建筑自身的功能、结构、材料和科技的发展等客观事物的特征。如 20 世纪曾出现过的德国表现主义建筑、荷兰风格派建筑、美国功能主义建筑、意大利未来主义建筑,以及前苏联的构成主义建筑,都体现了以客观事物为表现性主题的特征。当代的"高技派"建筑更是完全倾心于建筑功能高效性与科技手段先进性的特殊表现。与主观的表现性相比,客观的表现性更加符合建筑艺术自身固有的物质依存性特征(图 3-15)。

(3) 唯美的表现性意识

唯美主义的表现性源自 19 世纪末欧洲上层社会的审美理想。它否定艺术美是艺术家对现实生活进行创造性反映的产物,主张"为艺术而艺术",认为"不是艺术反映生活",反而是"生活模仿艺术",反映了上层社会生活的精神追求。在绘画艺术中通常表现为一种脱离现实生活,崇尚主观臆造,内容虚幻而外表华丽的审美倾向。在当代建筑艺术中,"唯美主义"则是片面地将建筑艺术美

三、造型构图的创作理念

(b) 主楼近景

(c) 俯视全景

(a) 沿河远眺

图 3-15 客观的表现性（1）——伦敦新市政厅
（功能与技术特征的表现，诺曼·福斯特，2002）

(a) 大楼外景　　　　　　　　　　　　　　　　(b) 角部技术装置

图 3-15 客观的表现性（2）——柏林奔驰汽车公司大楼（高技生态技术的表现，理查德·罗杰斯，2000）

的表现，推向追求纯艺术的表现，使建筑造型艺术脱离自身固有的物质属性，而追求形式主义的极端性表现。其间，"主观的表现性"意识虽能重视人的主观艺术意志，开拓了建筑艺术多元化、个性化发展的广阔天地，但倘若走向极端，片面强调主观意志，则会导致随意夸大艺术意义的"唯美主义"的谬误。同样，"客观的表现性"意识虽能重视事物客观属性的审美意义，扩展了艺术表现的审美视角，也促进了建筑科技的发展进步。但若是走向极端，则也会陷入机械地模仿客观现实的"唯美主义"的歧途。总之，唯美主义追求的是形式的"纯艺术"表现，将艺术美被夸大到了绝对化的地步，从而也使建筑艺术美的表现被主观唯心地随意化和僵化了（图 3-16）。

(1) 气象观察博物馆（1992）　　　　　(2) 天文学博物馆（1995）　　　　　(3) 宇宙原点建筑（1991）

图 3-16　唯美的表现性——（日）高崎正沼作品

2. 建筑艺术美的本质特征（或一般品格）

建筑艺术美既然是属于观念形态的建筑美，那么它自然就离不开观念的表达，也就是离不开种种主观意蕴的表达。意蕴内涵是建筑艺术美表现的核心，它的内容可涉及人类社会生活和精神世界的全部领域。意蕴的表达必须借助于建筑形式。建筑形式是意蕴表达的物质"载体"。要提高艺术美的表意价值，也必须重视建筑形式的物质形态美的创造。也就是说，建筑造型艺术的创造，应该是艺术美与形式美两种形态美的对立统一体。因此，建筑艺术美也与其他艺术美一样，具有如下三种本质特征（或一般品格）：直观的形象性，现实的反映性和主体的表现性（或思想性）。

（1）直观的形象性

所谓"形象性"是指建筑艺术所具有的特殊形式结构。建筑形象所使用的形式语言是物态化了的点、线、面、体，是素质化了的色泽、光影、质感和肌理。建筑造型创作是通过空间视觉手段，结合场所环境条件将它们建构成视觉可感的整体，也就是建构成具体可感的建筑形象。就整体而言，建筑形象必须是"美"的，有感染力的，也就是构成具有美感的艺术形象。艺术美的本质特征，就在于用美的艺术形象反映现实生活，反映社会现实。当代建筑艺术还把环境空间当作建构艺术形象的"主角"，而人又是环境空间的"主角"。由建筑及其空间环境构成的艺术形象，可以反映出新旧社会的变迁，人们生活方式、行为心理及其审美意识发生的种种变化（图 3-17）。

（2）现实的反映性

前面已提及，建筑艺术形象对现实社会生活的反映性，丝毫不逊于其他艺术。与其他艺术门类一样，都能以其创造的艺术形象反映一定的时代、社会、民族和地区的环境风貌、生活习俗、伦理道德、审美意识和各种精神追求。因此，可以把建筑形象看作是空间化的社会生活、凝固化的历史文化和物质化的思想意识。

建筑艺术虽不能像其他艺术作品那样，塑造出鲜活典型的人物形象，但却能以"典型环境"或"典型场景"所应具有的建筑形象和空间景象，创造出特定的气势氛围、情调和意境，来唤起人们对"典型人物"的艺术联想，从而折射出现实生活的映像。因此，从艺术反映性的角度来观察，建筑形象对现实世界和社会生活的反映是依靠由物及人，由景及情，由形及事的折射作用，而不是直观的呈现。也就是通过睹物思人，触景生情的艺术联想，而让人产生身临其境的感受（图 3-18）。

（3）主体的表现性（或思想性）

同其他艺术的表现相同，建筑造型艺术对社会现实生活的反映，不仅具有外在的客观性，而且同时具有能动映照主观意识的主体的表现性。主体的表现性是创造艺术形象、展现艺术美的精神"载体"。人们在其创造的美的艺术形象中，不仅可以窥见社会、人生和自然，而且也可以窥见自我。法国著名文学家雨果曾说过："人类没有任何一种重要思想是不被建筑艺术写在石头上的，……"杰出的现代

(a) 俯视全景

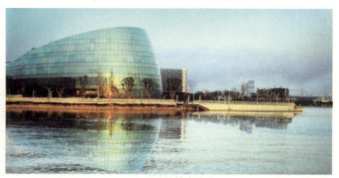
(b) 临金鸡湖水景

(c) 多功能大厅近景

(d) 内院景观

图 3-17 动人的艺术形象——苏州科技文化艺术中心（保罗·安德鲁，2008）

图 3-18 现实生活的生动反映（1）——
四川广安邓小平故居陈列馆（2004）（反映伟人品格）

(a) 入口标志性雕塑

(b) 海上远眺全景

图 3-18 现实生活的生动反映（2）——山东威海甲午海战纪念馆（1995）（反映战争历史）

建筑大师弗兰克·赖特也认为："建筑是体现在他自己世界中的自我意识，有什么样的人，就会有什么样的建筑"。

建筑造型艺术不仅可因艺术流派的不同，而反映出不同的主体意识，就是同一思潮流派中的造型作品，也可因主体意识的不同导向而显示出巨大的差异。甚至，同一位建筑师，有时也会因主体意识的改变而直接影响其设计作品的艺术格调。例如，同是西方现代建筑运动的先驱者，赖特的代表作品"流水别墅"和勒·柯布西耶的萨伏伊别墅，虽同具现代建筑的品格，但前者以其"有机建筑"的艺术形象，反映了创作者对自然环境的"亲和"意识；而后者则是以"居住机器"的艺术范例，反映了作者对自然环境全然相反的"主宰"观念（图2-4及图2-1）。再如，柯布西耶本人建筑创作风格在前后期的巨大反差，正是其自身艺术观念变化的明显反映。在他后期设计的朗香圣母教堂造型上，所展现的奇异扭曲的雕塑性建筑形象，强烈地表现了作者内心新萌生的艺术追求和浪漫而神秘的创作思维（图2-2）。

肯定建筑造型艺术的主体表现性，并不意味它与建筑造型的客观属性相对立。相反，主体意识的表现性恰恰存在于建筑造型的客观属性中。由造型创作通过一定艺术手段塑造的建筑形象越生动、越有感染力，也就越能反映现实世界和社会生活的本质，从而也就越能表达主体的创作观念和意向。犹如现代建筑运动的先驱们也曾对建筑艺术与物质技术的关系所做的相似的阐述，弗兰克·赖特曾深刻地指出："建筑是人的想像力驾驭材料和技术的凯歌"；密斯·凡·德罗也曾认为："凡是技术达到最充分发挥的地方，它也必然是达到了建筑艺术的境地。"

3. 建筑艺术美的审美效应

由于艺术美比形式美更具深刻的感染力，人们并不以现实美和形式美的存在为满足，往往在享有客观的物质的形态美的同时，热烈地追求着主观的观念形态美——艺术美的体验。在审美活动中，艺术美具有一种特殊的精神价值，就是它可以使人们获得生动的情感体验，以其强大的艺术感染力，产生意义深远的审美效应。艺术美的审美效应可以从观赏者个人和社会两方面来观察，具体表现为心理效应、价值效应、教育效应和社会效应四种形态：

（1）心理效应

建筑艺术美的创造与观赏作为一种审美活动，皆涉及一系列的心理因素和心理运动的形式。最重要的心理因素包括感觉、体验、认识和想像；最主要的心理运动形式是作品以其强大的感染力引起观赏者的情感共鸣。

审美活动中的"感觉"，是指美学中通常所说的审美感知或审美知觉。因而，感觉是观赏者感知艺术形象所具的感性特点，从而获得审美印象的心理活动，并由此开启进入鉴赏活动的大门。艺术形象的具体可感性,要求观赏者具备与之相适的感觉能力;审美心理中的"体验"因素,相当于中国文化论中的"设身处地"的心理状态,虽也具感性特性,但也较之"感觉"更为深入,是进入理性认识的前提。它包括对作品所表达的创作者情感的体会,和作品中呈现的情境氛围的体验。因此,所谓"体验",即是观赏者通过感觉或感受,进而对艺术形象体察,并由此把握作品情感性质的心理活动。

审美心理因素中的"认识",是观赏者在感觉和体验的基础上,进而通过分析、鉴别以达到理解作品思想蕴涵的心理活动。审美过程中的理性认识具有相对独立的地位和作用,但它仍然属于统一的形象思维过程中的一种心理现象。它是在直觉、想像、情感诸因素的纠集中形成的某种审美观念的网络,是观赏者对作品作出最终评价的依据。审美评价虽融入了感觉和体验的因素,具有一定的感情色彩,但毕竟是对作品艺术形象的价值判断,更趋近于认识和理解。

审美心理因素中的"想像",是贯通于整个观赏过程中的心理因素。可以认为,真正的艺术创造的实质就是艺术想像活动。审美观赏活动中的想像,并不是孤立地进行的。它离不开记忆、联想等心理功能,同时贯通于感觉、体验和认识诸心理活动中,在其过程中发挥着重要作用。它的作用在于促成和增强感觉的真切性、体验的深刻性和认识的主动性。

审美效应的发生是作品以它强大的感染力,引起观赏者情感共鸣的过程。所谓"共鸣"是建筑艺术审美的展开并达到高潮时的心理运动形式。它是一个由浅入深,由低到高逐步提升的多层次的情感发展过程。根据我国著名美学家王朝闻的分析,"共鸣"的产生一般会经历三个心理层次,即是由感动、激动到忘我的发展过程。"感动"是观赏者受到艺术形象的浅层感染,而在情绪上有所触动,只是共鸣的初级层次;"激动"是观赏者受到艺术形象较深的感染,而产生比较强烈的情绪反应,并开始进入作品构建的思想境界(意境),它是"共鸣"的较高层次;"共鸣"的最高层次是"忘我",意即观赏者受到艺术形象的强烈震撼,而顿时失去距离感,在情感上进入化境,达到物我两忘、如痴如醉的境界。能唤起广泛"共鸣"的艺术形象,往往是那些具有典型性的形象和具有宽广意境的形象。共鸣的幅度和强度,与作品的思想性和艺术成就的大小直接相关。

(2)价值效应

这是指个人和社会审美价值意识的形成和发展。建筑审美活动最终都会进行对作品的价值判断,也就是包含审美评价的过程。这就为人们审美意识的形成与发展提供了丰富的经验实证,从而也促进了价值意识的不断更新提高,并产生新的审美取向。审美价值意识包括审美观念、审美趣味和审美理想。它作为审美欣赏的标准、审美创造的范型和审美评价的尺度、倾向和能力,具有较强的理性因素,并与世界观、价值观紧密相关联,因此也统称为审美观。然而,审美价值意识中仍然包含着情感、意象等主观的感性因素,它应该是审美活动过程的最终总结、概括和提升。它虽发生在个体的审美经验中,却可以推及到群体的反应而成为社会共同的价值意识——社会审美意识,并可再反向参与和渗入到个体的审美体验中来,由此发挥着社会审美行为的调节和控制作用。

(3)教育效应

正如马克思所言,欣赏音乐要有懂得"音乐的耳朵",欣赏绘画要有懂得"线条与色彩的眼睛"。同样,欣赏建筑艺术也要有懂得空间艺术的"建筑的眼睛"。培养出如此懂得艺术的耳朵和眼睛必须依靠教育,艺术美的审美活动本身就具有这样的教育效应。与其他视觉艺术相似,建筑造型艺术也是通过一定的艺术形象来表现创作者情感的,并也用以唤起观赏者的情感共鸣。建筑艺术美唤起观赏者美好情感的过程,也就是观赏者心灵受到陶冶的过程,同时可以认为是接受审美教育的过程。它可以使主体的审美需求得以强化与丰富、审美能力得到培养与提高,以及促进审美价值意识的形成、更新和发展。因为建筑艺术美创造的视觉形象和空间环境,可使受教育者的思想得到净化,情感得到升华,道德得到提高。

另一方面,艺术本身的目的就在于追求美,不仅在作品内容上而且也在形式上要追求与内容相适应的完美性。因此，人们通过对艺术形象的感受，不但可提高艺术趣味，而且提高了对艺术美的理解力，总之可以提高人们对建筑造型艺术的欣赏水平。

由于建筑艺术美在根本上来源于现实生活，所以在提高对建筑艺术美理解、认识的同时，必然也提高了对现实生活的认识，从而促使人们能为理想而去追求更高层次的美、美的境界和美的世界。建筑艺术美的这种审美教育效应，不仅提高了观赏者和创造者的审美水平，而且也促进着人们采取实际行动去追求美的理想世界，于是这种教育效应就与下述的社会效应相联结了。

(4) 社会效应

在建筑造型的审美（创造与欣赏）过程中，作品塑造的艺术形象以其强大的感染力，通过征服人心和鼓舞人心，可使人们心头燃起为实现理想的生活而斗争的火焰，从而发挥着潜移默化的社会美育与德育的教化作用，并能达到推动社会生活不断发展进步的目的，这就是建筑艺术审美行为所具有的积极社会效应。

建筑造型之所以能成为审美对象，是创作主体和观赏主体共同的审美创造。造型作品的审美属性首先来自创作者的主体审美经验，它是一定审美经验借助特定的物质载体物化或物态化而构成的。无论是主体的审美经验或物质载体，都受着社会、经济、政治、宗教、哲学、伦理、文化习俗以及自然条件的影响与制约，特别会受到社会审美意识（包括审美观念、审美趣味和审美理想）的渗入和制约。在此意义上，建筑造型作品作为审美经验的物质载体，必定是一定社会的产物和一定社会审美意识的凝结物。同时，造型作品的审美属性也来自于观赏者在社会审美意识控制下，对创作主体审美经验和审美意识的正确理解、认同和反映。因此，造型作品的审美属性及其所包含的情感、欲望、观念、意味及审美手段，既是个体感性的产物，又是社会理性的产物，更应是两者交融统一的产物，这正是造型能以其艺术美产生相应社会效应的根本原由。

四、赋形思维的构图技艺

基于前文所述，在造型过程中灵活运用建筑形式构成的各项视觉要素和构图规律，引领造型构思并注重于形式美表现的造型构图方法，可称之为赋形思维的构图技艺。此法重视的艺术目标和审美兴趣主要是具有美感和吸引力的建筑形式，也就是倾心于建筑形式美的追求和创造，简而言之可谓以形求美。为达此目标，就需要掌握建筑形式的基本构成，掌握建筑形式美表现的实质内涵和相应的造型构图技艺，这正是本章要阐明的主要内容。

（一）形式构成要素与形式美表现的实质

1. 形式的构成要素

美的形式总是具体可感的，它需要通过具体有形的物质或物质媒介显现出来。有形可感的物质形式与物质媒介，在视觉上主要是由形态要素、关系要素（形式结构）和维度要素构成的（图4-1）：

（1）形态要素

这是构成建筑实体的基本物质要素，其中包括基本几何要素、色彩要素、质感肌理要素和视觉心理要素。

1）基本几何要素：现实中所有可感的视觉形态，无论其复杂程度如何，皆可以认为是由最基本的几何元素，即由点、线、面、体构成的。基本几何要素在形式构图中，发挥着各自不同的造型构图作用，并可以产生不同的视觉效应。

（A）点的视觉特征——"点"在形式构图中是没有方向性和延展性的，在一定视野中其量度呈现相对很小的视觉单元。它只是给人以"点"状的感

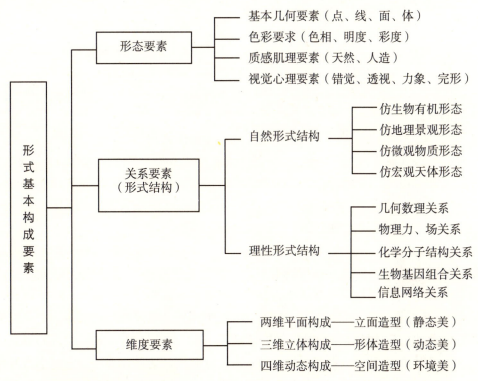

图4-1 建筑形式构成基本要素汇总

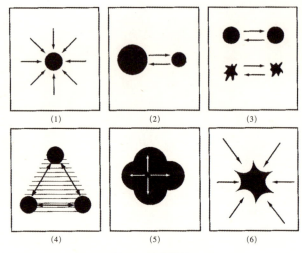

图 4-2　点的视觉特征

图 46A　点的特征
(1) 一个点具有向心性　　(4) 多点具有面感
(2) 大小两点具有视觉方向性　(5) 凸形点具有扩张性
(3) 相同两点具有视觉线感　(6) 凹形点具有收缩性

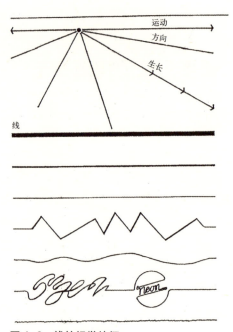

图 4-3　线的视觉特征

觉而并非几何学意义上点的概念。人们对点状形的感觉与其所处的视觉背景和与相邻形态的量度差异密切相关，也与点状形自身量度的大小、色质、光影条件相关。在建筑造型中，立面上的小窗洞、装饰构件，平面中的柱子或总平面规划中的"塔式"楼栋常可以被看作构图中的"点"要素（图4-2）。

（B）线的视觉特征——"线"可被视作"点"移动的轨迹，或是"点"形连续排列、高度密集而线化的形状。在几何学上，它是只有长度、方向或位置上一个向度的形态。但在形式构图中，则还可有一定的粗细宽度，并在形态上呈现为不同的线型。线型总体上可分为直线和曲线两大类，在人造环境中还可分为几何型和自由型。在建筑造型中，主要采用空间关系简明的几何线型，空间关系相对复杂多变的自由线型，在传统的建筑造型较少使用。然而，当代计算机技术的快速发展，已为自由线型的造型运用提供了越来越多的机遇。几何型线形中，直线形种类较少，基本可按其方向感分为水平线、垂直线和斜线三种线形。曲线型线形相对种类较多，总体上可分为几何曲线和自由曲线两类。其中几何曲线又可分为圆弧形、椭圆形、双曲线、抛物线、变径曲线和旋涡曲线等等。自由曲线更是随意性极大，难以详尽分类，只可大体分为S形曲线、C形曲线和螺旋形曲线三类（图4-3）。

在建筑造型中，线形与点形相比，由于它具有方向、粗细与密度的变化，因而它能对人们视觉心理产生较多和较大的影响。建筑平面中的墙体、立面上的装饰分划，形体的空间轮廓以及总平面规划中的"板式"楼栋，皆是可以直观的线形或线形体。另外，建筑造型构图中存在的轴线，几何控制线，景观视线等都是隐含在构图过程中的线的形式，而且还都是造型构图的重要组成。不同的线形可以给人不同的视觉感受，一般而言，直线则有刚直、坚实、明确和静态的感觉，而曲线可给人以优雅、柔和、活泼、丰富、富于变化和流动性的感觉。不同线形所产生的不同视觉特征，是造型构图中可以利用的重要资源。

（C）面的视觉特征——面可以被认为是线的移动轨迹或线围合形成的形态。它在空间上具有两个维度，具有长度、宽度、方向、位置和形状。它与线形相比具有强烈的幅度感。在形式构图中，面总是具有一定形状的，各类面形的视觉特性与其形状密切相关。客观世界中呈现的面的形状极其繁多、无穷无尽，但是从总体上可分成几何形、有机形和

四、赋形思维的构图技艺

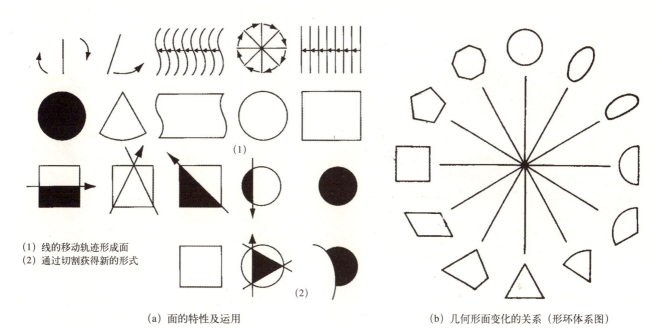

(1) 线的移动轨迹形成面
(2) 通过切割获得新的形式

(a) 面的特性及运用　　　　　　　　　(b) 几何形面变化的关系（形环体系图）

图 4-4　面的视觉特征

自由形三大类。

在建筑造型中，几何形应用最普遍，因为几何形面具有简单明确的数理关系和严整的秩序感，并易于加工制作。几何形千变万化，但追根溯源，可以认为都来自两个最原始的形状，这就是正方形和圆形。常用的几何形面的形状变化规律，可以用形环体系图来认识其中各种面形间的视觉特征关系（图 4-4）。

a) 对比关系——形环中，凡是相互呈 180°角正对关系的两个形，均为对比关系，是面形构图中的对比要素。

b) 类似关系——形环中凡是相邻的形皆属于类似的关系或称协和关系，是面形构图中的统一要素。

c) 直线形系列——形环中以方形为中心的一侧为直线形系列，均是由直线为主围合形成的面形。

d) 曲线形系列——形环中以圆形为中心的一侧为曲线形系列，均是由曲线为主围合形成的面形。

e) 形状的连续变化——形环中，通过各种形之间加、减与综合，可以变化出无数个面的形状。也就是说，以方形与圆形为基础的几何形，可以生成无数种中间形，这是可供造型选择的无穷形式资源。

有机形的面是依照自然规律客观生成的，具有天然合理性的逻辑关系和自然生动的形态特性；自由形的面是与几何形面形成对比的更为复杂或不规则的形状。随着建筑工程材料与技术的发展，形状较为复杂而对技术要求较高的有机形或自由形的面形，以往在建筑造型中较少应用的情况正在改变，造型选择面形的范围变得更加宽广。建筑外立面，室内地面、顶棚和建筑构件表面，都是面形在建筑造型中重要的构图要素。还有，以面状体（板片形）构图的造型更具有表现板片围合成建筑形体的轻盈灵巧感觉的视觉特征（图 4-5）。

(D) 体的视觉特征——在形式构图中，体形可被视为面形移动的轨迹，或可视为由面形围合而成的形态。它具有三个空间维度的立体形态，在视觉表象上呈现出具有表面、方向、位置等空间特征。体形的种类在总体上除了规则的几何形体外，还包括有机形和不规则的自由形。客观现实中，几何形体的种类也千变万化，与面形的变化相类似，同样可以形环的关系图来表达种种形体间的几何变化关系（图 4-6）。其中包括以立方体为中心的平面形体系列和以圆球体为中心曲面形体系列。另外，单一的几何形体还可通过形体间组合、相嵌、相贯等几何构图变化，创造出更加丰富的形体造型。

(1) 美国某板式住宅

(2) 日本神户某商业设施

(3) 英国牛顿图书馆入口

图4-5 面状体（板片形）构图的造型特征

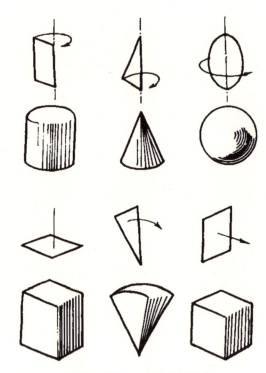

图4-6 体的视觉特征（面移动的轨迹）

建筑形体在实质上，是其内部空间组成的外显形态。它在外观上可给人以具有体量感（重量感）、稳实感、包容感、方向感与方位感等的视觉感受，并借以表达相应的审美意趣。同时，由于建筑形体总是置身于自然空间环境中的，因而其空间形态通常具有明暗、光影与色彩变化的立体视觉效果。而且还因其一般具有较大的空间体量，人们观赏其造型时必须从不同角度、距离或在移动中观看其全貌，这样就使建筑形体的视觉表象还增添了时空的特征。

2）色彩要素：色彩感知是人们视觉功能的有机组成部分。它是人们分辨物体、接收与传递信息，对周围环境形成完整知觉，并可影响人们生理与心理活动及健康的重要环境形态要素。色彩的呈现千变万化，为能正确描述色彩变化的规律和标定色彩的属性，美国色彩学家孟塞尔于1929年创立了科学的色彩体系——色立体，为现代色彩学的建立与发展作出了重大贡献。我国建筑色彩标准也沿用了这一体系。孟塞尔色立体的基本原理，是通过影响色彩效果变化的色相、明度和彩度三项因素，来识别和标定某种色彩的属性，并用圆柱形的立体模型

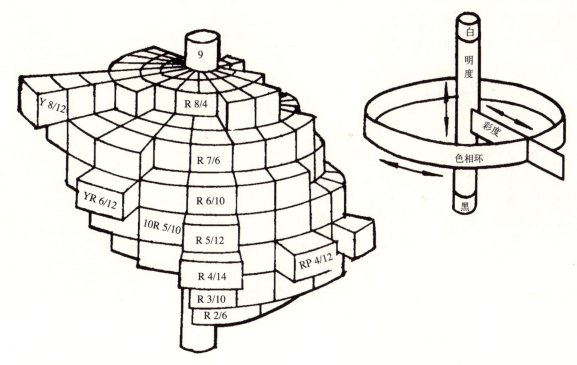

图 4-7 孟塞尔色立体

来表达这种色彩体系中的相互关系（图 4-7）：

（A）色相——所谓色相就是不同颜色的相貌差异。在孟塞尔色环中共分为 100 个色相，并以代号顺时针方向标定相位刻度符号，例如：R（红色），YR（橙色），R7.5（红橙），R2.5（橙红）等等。

（B）明度——这是指每个色相的明暗程度。在孟塞尔色立体中沿垂直中轴方向，共分 11 个明度等级 0～10 级，其中 0 级为绝对黑色，10 级为绝对白色。

（C）彩度——它是指各种颜色的鲜艳度，也称为纯度或饱和度。在孟塞尔色立体中，是以明度轴为中心轴，沿径向外扩展成 14 个层圈，每个层圈为一"度"，越靠外层彩度（饱和度）越高。

建筑造型离不开色彩的运用，因为任何建筑构件的表面都会有制作材料自身原本的色彩。色彩运用的效果可在视觉上产生相应的情感效应。因此，建筑外立面、室内墙面、地面和顶面等大面积的建筑表面的色彩处理，应受到极大的关注，并应与建筑整体的造型意向相协调。

3）质感肌理要素：质感是指物体表面的质地特性在人们视觉上产生的感受。虽然质感是可被触觉直接感知的，但由于人们在长期的实践中，积累了触觉与视觉协同联觉的经验，因而通过视觉来"触摸"物体表面，也同样可以获得质感的认知。质感可分为天然质感和人工质感两类，又可相对地分为粗、中、细三种质感形式。粗糙的表面质感，具有自然蚀刻的耐久感和坚固感；细腻光滑的表面，可呈现出一种精细、雅致和完美的质感；中等粗细的表面，则具有实用、质朴及亲和的质感（图 4-8）。

与质感同时并存的是物体表面的肌理。肌理是指物体表面的细微结构形式，也就是构件所用材料表面所呈现自然纹理或人工制作过程产生的工艺性纹理。肌理具有增添质感装饰效果的作用。质感与肌理都是可以通过视觉和触觉帮助人们认识事物性质的重要形态要素。它与其他形态要素一样，可以传递多种视觉信息，成为建筑造型中不可或缺的组成要素。在造型构图中，充分利用质感与肌理要素的表现，可以极大地丰富造型的形式语言（图 4-9）。

4）视觉心理要素：人们在观赏造型、感知其意义的过程中，审美感受并不完全取决于被观看对象的视觉属性，而是还与观赏者的感知状态和观察能力密切相关。因此普遍认为，任何被观赏对象的

(a) 材料表面不同微观形态

(b) 加拿大多伦多汤姆逊音乐厅玻璃幕墙构造的肌理表现

图 4-8 建筑表面的质感肌理变化

(a) 美国某博物馆
封闭的形体利用同种材料的构造肌理变化

(b) 美国纽约州布法罗市储蓄银行立面
不同材质的肌理变化对比

图 4-9 利用质感肌理丰富造型语言

视觉效果，都应被理解为是被观赏对象与观赏者相互作用的结果。这种相互作用即是由单纯的视觉生理反应转化为综合的视觉心理活动的过程，也可说是从简单的视觉（视感觉）活动提升为复杂的视知觉活动的过程。感觉只是感觉器官对客观事物的个别属性的反映，一般是单一感觉器官参与活动的结果。然而知觉则是指人脑对客观事物的整体性的反映，是多种感觉器官联合参与活动的结果。其所谓的客观事物的整体性，主要是指事物各组成部分之间的关系，而不是各个部分属性的简单汇集相加。人们对造型形态要素的审美观赏所依赖的正是人们的"视知觉"功能，而不是生理意义上的"视觉"反映。因此，视知觉是造型审美活动中具有重要"中介"作用的视觉心理机制。视知觉的心理机制和特有规律直接影响着人们的观赏效果。因此，反映视知觉共同特点和规律的视觉心理机制就成为形态要素在造型运用中必须考虑的重要因素。视觉心理要素涉及错觉变化、透视效应、形态力动性和完形心理等视知觉自身特有心理机制和审美功能。有关错觉纠正和透视变形的规律已在传统的构图理论中有了较多的论述，而有关图像力动性和完形心理的理论，在当代建筑造型构图理论中已受到了越来越大的关注和运用，这还将在后续有关章节中进一步详述（图4-10）。

（2）关系要素——形式的组织结构

建筑形式一般是由两种或以上的形态要素组成，各要素间必然发生的组合与联系方式也就是形式构成的关系要素。关系要素表现为形态要素间根据相对位置、方向或重力传递关系进行组合与联系而形成的一种组织架构，这种组织架构所具有的一定模式，通常被称为形式的结构。作为形式构成的关系要素，形式结构基本上可分为两大类型：一是采取模拟自然界客观存在的各种形态组织所具自在模式的自然的形式结构；二是依照人们理性思维建构的形态组织所拟典范模式的理性的形式结构。

1）自然的形式结构：这类形式结构体现着遵循自然规律所形成的原生形态的组织关系。通常认为，自然界客观存在的一切生物体与非生物体的形

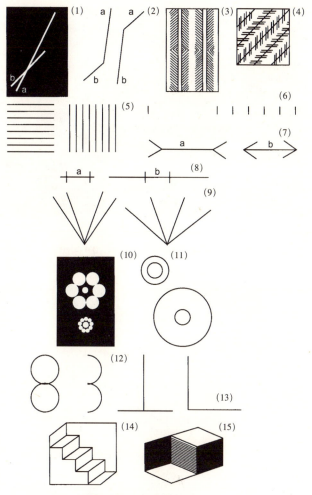

(1) 作为b线延长的点，却好像进入了锐角的内侧。
(2) a和b两线虽然成一条直线，却好像相互交错。
(3)、(4) 平行的直线（长线）由于有与其成尖角的短线而似乎弯曲。
(5) 左右是大小相等的两个正方形，可是好像画横线的显高，画竖线的显低。
(6) 由中央向右用点配列分割，结果右边好像比左半边长。
(7) 水平部分的a和b是等长的，可是好像a比b长。
(8) a、b本是等长的，然而看上去却是b短。
(9) 两个中央的角度相等，可是却像右边的比左边的小。
(10)、(11) 各中央的圆形本是相等的大小，可是用大圆包围外侧的显小。
(12) 将同样大小的形上下重叠，则上方的形显大。
(13) 同样长度的线，垂直状态比水平状态显长。
(14)、(15) 一方是鼓起的阶梯，其相反的一侧也像鼓起来的，整个图形好像是前后反转着。

(a) 常见视错觉

(b) 透视变形错觉（同高人体受透视线影响，右者显得更高）

图4-10 视觉心理要素

(a) 远眺外景

(b) 车站屋盖结构

图 4-11　仿生有机形态结构（1）——法国里昂地铁站（卡拉特拉瓦，1993）

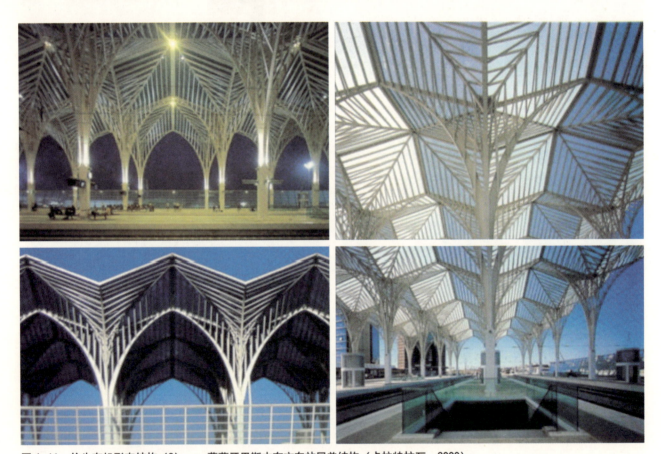

图 4-11　仿生有机形态结构（2）——葡萄牙里斯本东方车站屋盖结构（卡拉特拉瓦，2000）

态结构，均受到自然法则的制约与支配，在漫长的历史进程中所形成的组织架构，是其得以生存和发展的基础，存在着天然的合理性。因而参照自然界既有的结构模式来建构建筑的空间形态，也自然具备了相应的科学合理性。自然的形式结构按其所模拟的自然对象的性质，在建筑形式上常见有下列四种形态组织结构：

（A）仿生物有机形态的组织结构——这就是通常所称的仿生建筑的造型形式，如以建筑结构骨架、外形轮廓或表面色彩模拟植物叶脉、枝干、鸟翅、鱼骨、螺壳、蛛网及人体等有机生物结构形式（图4-11）。

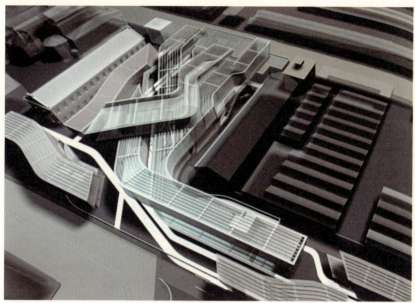
(a) 罗马当代艺术中心鸟瞰透视（扎哈·哈迪德，2004）

(b) 罗马当代艺术中心鸟瞰透视（扎哈·哈迪德，2004）

图 4-12 仿自然地景观形态结构

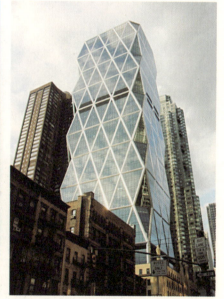

图 4-13 仿微观物质形态结构

（B）仿地理景观形态的组织结构——如模拟山川地形地貌的高低起伏变化、天然景色的意境等自然地理景观的结构形式（图 4-12）。

（C）仿微观物质形态的组织结构——如模拟物质晶体结构、分子与原子结构、生物基因组织（双螺旋结构）等形式结构（图 4-13）。

（D）仿宏观天体形态的组织结构——如模拟日、月、星辰与地球关系，太阳系行星轨道或太空星座形态等（图 4-14）。

2）理性的形式结构：这类形式结构体现着依照相关科学的理性认识所建构的形态组织关系。由于科学技术的发展，人类认识客观世界能力的不断提高，极大地扩展了建筑形式结构的创造与想像空间。创作构思除了可以向自然界借鉴外，还可以从

(a) 鸟瞰全景

(b) 主入口外景

(1) 日本湘南台文化中心
仿日、月、星辰天体结构（长谷川逸子，1993）

图 4-14 仿宏观宇宙天体形态结构

(2) 日本横滨市荣区民族文化中心
仿地月关系结构（松本阳一，1997）

(a) 仿网络结构形式的立面外景

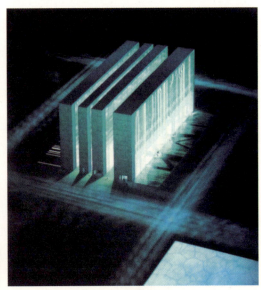

(b) 俯视夜景

图 4-15 理性的形式结构——"数字北京"信息中心（2007）

科学技术发展所提供的理性认知中获得启迪与借鉴。如欧几里得几何学的发展为图形组织提供了严谨的几何数理关系，为传统的造型构图理论奠定了坚实的理性依据；又如受现代物理学有关力学、场论与物质结构的理论、现代化学有关化合价键结构的理论的启迪，其理论形式被借鉴用于造型形态的建构和空间关系的体验；再如，当代生物学有关基因组织与密码的发现，当代信息学有关网络组织的模式，也可被借鉴用于复杂的城市交通枢纽的形式结构（图 4-15）。各学科间理性结构模式的相互借鉴是一种常见的相似性形象思维方式，是人们借以开发创意，拓展形式思维的重要创新途径。

(1) 山东曲阜孔子研究院（2008）

(2) 湖北省政府办公大楼（2006）

图 4-16 两维平面的形式结构——以建筑立面为主要审美对象

理性的形式结构，不仅会随着科学文化不断发展而不断创新变化，而且还会随着人们识认世界的理性思维方式的变化而发生深层的变化。由于当今世界的急剧变化，一切事物充满着矛盾和不确定性的现实，孕育了当代混沌学理论的发展。传统与现代的科技文化所确立的学科体系，是认定事物变化皆具一一对应的确定变量关系的线性系统，体现了传统经典学科中普遍具有的线性思维定式。当代混沌学理论的出现，从根本上颠覆了传统的线性思维模式。混沌学理论认为，客观世界是一种以混沌与有序动态结合的非线性系统，是随机性与确定性、不可预测性与可预测性、自由意志与必然法则的矛盾统一体。基于这种理论观念，当代建筑理论也出现了摆脱传统思维模式束缚的动向，使造型构图理念寻求在秩序与混乱，静止与运动，确定与不确定中进行自由选择，以求创造出更加灵活、更富活力的建筑形式结构。近年来，国际建筑界对建筑非线性形式结构表现了极大的兴趣正是这种思维方式变化的现实表现，并认为以复杂、不规则和动态的非线性形态来表现建筑固有的复杂性，是当代信息社会所应有的建筑形式特征。有关非线性形体的造型构图特点与数字化生成方法，还将在后续章节中再作详解。

（3）维度要素

建筑内外视觉形象的创作与观赏，由于造型审美的差异与变化，致使造型构图的形式结构也形成了具有不同空间维度的组织体系。比较建筑史上具有重大思想理论性变革的建筑造型风格我们可以发现，造型形式构成的维度要素也发生了重要变化。在古典建筑风格、现代主义建筑风格和当代建筑风格的演变中，建筑造型的形式结构正是发生了明显的维度要素的变化。总体比较而言，古典风格的造型更注重立面形式美的表现，立面形态要素的组织与联系采取了两维平面构成的形式结构。现代风格的造型则注重建筑形体形式美的表现，形体空间形态要素的组织与联系采取了三维立体构成的形式结构。当代建筑造型风格的演变，显示了更加注重建筑空间形式美的表现，空间形态要素的组织与联系采取了时空结合的四维或多维动态构成的形式结构。不同维度要素的形式结构显然表现着不同的审美情趣和倾向：

1）两维平面构成的形式结构，通常易于表现古朴、端庄的静态美，尤其是具有对称、规则性结构的构图形式（图 4-16）。

2）三维立体构成的形式结构，通常易于表现活泼多姿的动态美，尤其是具有非对称和不规则性结构的构图形式（图 4-17）。

3）四维或多维动态构成的形式结构，更适用于表现复杂多变的环境美，尤其是具有流动性和非线性结构的构图形式（图 4-18）。

2. 形式美表现的实质内涵

前文已阐明，建筑形式美是由能引发美感的物质要素和心理要素，按一定的视觉美学规律构成的。也就是说，相对独立的形式之所以可能是美的，固然与物质形式要素相关，但也绝不能离开人们的社

(a) 广场立面　　　　　　　　　　　　　　　(b) 入口近景

图 4-17　三维立体的形式结构（1）——华盛顿国家美术馆东馆（贝聿铭，1978）——以建筑形体为主要审美对象

图 4-17　三维立体的形式结构（2）——美国麻省理工学院西蒙斯楼（2002）——以建筑形体变化为主要审美对象

会实践，以及对于形式的感受。那么建筑形式美究竟可引发哪些审美感受呢？人们的创作与观赏的审美实践表明，建筑形式所引发的美感在实质上可包括：形态要素的本质美、形式组成的结构美和形式构图的技巧美。

（1）形态本质美的表现

形式美总是抽象的，它只能具有一般朦胧的审美意味。只有当它在具体事物上得到表现时，它的审美涵义才会变得具体和确定。建筑形式美的表现也是如此。当我们观赏建筑造型作品时，首先关注的往往总是它的艺术形象所表达的思想意义和建筑使用功能所体现的生活需求，也就是最重视建筑形态本质美的表现，并会对其作出审美评价与选择。事实表明，凡是经久不衰的优秀建筑作品，无不是以其形态的本质美的表现作为实现其艺术价值的依据。因为建筑的实用功能会随时间的流逝而消失，但它的形态的审美作用不会消失，甚至不失反增。现代视觉心理学对形态自身特有的审美作用从理论上作出了科学的诠释，揭示了形态本质美表现的实质内涵是形态的力象美和情思的意境美：

1）形态的力象美：现代视觉心理学认为审美过程中人们的视知觉功能——视觉思维，呈现为"物理—心理"力场的互动感应作用，并认为内力运动变化是形态的本质，每个建筑形态元素都是一种"力"的样式的呈现，也就是呈现为一定的空间"力象"。而且，这种物理空间中呈现的"力象"，也会同时在人们心理环境中产生"同构同形"的对应的"力"的样式，即视觉心理上的"力象"。人们的视知觉就是通过这一"物心同构"的"力象"来认知形态和形成美感机制的（图 4-19）。

具有美感的视觉"力象"，必应具有一定的品质。首先，应具有能反映人类本质力量的情态。艺术学基本原理认为，艺术创造是"人的本质力量的对象化"或"自然的人化"。反之，从艺术观赏的角度来说也一样，人们因可以从观赏的作品中认识自己，

四、赋形思维的构图技艺

(a) 外景

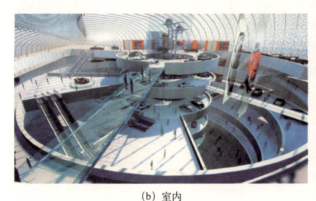

(b) 室内

(1) 北京国际汽车展览中心（德国 Henn 事务所，2007）

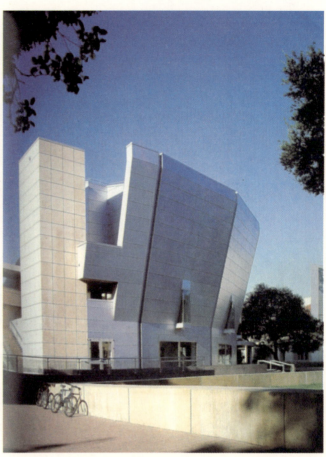

(2) 美国斯坦福大学科学工程学院（詹姆斯·弗里德，1999）

图 4-18　多维动态的形式结构——以建筑空间景观为主要审美对象

发现自身的"本质力量"而感到欣喜与快慰。所谓"本质力量"是指创作者或观赏者的感觉力、观察力、想像力、思维力、创造力、意志力及审美力等等的心智能力。艺术创造是依靠艺术家自身的"本质力量"将自然对象变成为艺术对象的活动。但是，只有积极向上、富于理想的本质力量，才是创造艺术对象所具视觉"力象"美的必要品质。因此，根据力象的"物心同构"原理，形态所具视觉力象美的创造，需要创作者不断提高、充实和优化自身的"本质力量"——艺术素养。其次，具有美感的视觉"力象"，应具有个性化的单纯性和真实性。因为"力象"是形态内部诸多要素高度概括与综合的视知觉形式，是造型艺术形象的高度概括，所以它应是个性被典型化的结果。诚然，建筑的立体与空间形态既是内力运动变化（即各形态要素间相互作用）的外在表现，又是造型视觉力象的具体表现形式。因此，视觉力象所具的美感应是内在诸多形态要素相互作用并取得平衡的真实而典型的反映。也就是说，能真实而典型地反映建筑内在的功能、技术、经济、文化、审美等要素相互作用并取得平衡的造型，才能在视觉上产生"力象美"。因而能引发美感的视觉力象，一般应具有如下共同的特点：

（A）形象的具体真实感——有利于取得认同，增进艺术感染力。

（B）个性的鲜明生动性——有利于吸引关注，激发情感共鸣。

（C）整体的情理逻辑性——有利于表明造型理念，优化审美评价。

（D）评价的社会协调性——有利于反映社会共识，体现时代特征。

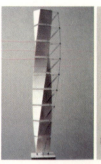

(b) 设计概念意象 力象美的表现

(a) 远眺全景

图4-19 瑞典马尔默高层住宅——"扭转的躯体"（圣地亚哥·卡拉特拉瓦，2005）

(c) 高层住宅近景

2）情思的意境美：意境是观赏者受形态的视觉力象的诱导，通过联想或想像的情思活动所进入的某种意识境界。它是存在于主体情感意识中的艺术景象，可以认为是心理上虚拟的"无形的象"。视知觉通过联想或想像所进入的具有美感的心理境界，也就是在情思活动中所感受到的意境美。它是形态本质美表现的深层心理实质，是其艺术感染力的重要源泉。

意境是表现性艺术中普遍存在的审美现象。意境的高下深浅，不仅是艺术创作追求的目标，而且是观赏者评价艺术作品优劣的重要尺度。我国传统艺术理论中，对作品意境的创造具有独到的论述，在此颇具借鉴与启发的意义：

（A）"境生于象外"——建筑造型艺术属于表现性艺术。表现性艺术作品皆以创造景物的意象为主。意象是现实生活景象与艺术家内心情感统一的产物。一般认为，意象偏重作品中表现的单一的具体形象，而意境则是在于展现作品中气韵生动的整体景象及其审美效应。"境"是以"象"为基础的内心图景，而且是视觉上对应的"象"的升华与扩展，或可谓"象外之象"。其实质意义是：以特定的艺术形象引起观赏者的共鸣，并借以导向更为广阔的艺术想像空间，进而展现出理想世界的生动图景，并产生深远的审美效应（图4-20）。

（B）"虚实相生"——我国传统哲理认为，客观世界中所有事物皆存在阴阳、虚实等对立统一的不同侧面，在艺术创作中依然如此。同样认为，作品创造的形象是为"实"，引起人们的想像则为"虚"，由形象产生的意象与境界就是虚实相结合而成的意境。也就是说，意境在艺术作品中主要表现为实的形象与虚的想像的有机统一。正如中国绘画理论中所指："人但知有画处是画，不知无画处皆画。画之空处全局所关，即虚实相生之法也"。中国绘画中重视画面中空白处想像作用的空间处理方法，在我国传统园林艺术中也广为借鉴运用。在实际运用中，可以是以形为实，以神为虚，化虚为实，构建新的意境；也可以是以景为实，以情为虚，化实为虚，形成新的境界。意象与境界即谓意境，皆由"虚实相生"而成之（图4-21）。

(a) 楼前庭园水景——宁静的水景可以引发人们丰富的想象。　　　　　　　　　　　　　(b) 庭园水景

图4-20　昆明云天化集团总部办公楼（2003）　　　　　　　　　　　　　　　　　　　"境生于象外"的艺术联想

(a) 鸟瞰全景　　　　　　　　　　　　　　　　　　　　　　　　　　　　　　　　　(b) 总平面规划

图4-21　四川西昌凉山民族文化艺术中心（2007）
"虚实相生"的艺术意境

（C）"情景交融"——我国传统艺术理论认为，意境就是情与景的结合，并由此提升而至的艺术境界。从情与景在意境形式中的轻重地位和组合关系来分析，意境的构成大致可存在三种形态：一是寓情于景，景中含情。其意境的创造重在写景。然而写景仍离不开传情，并因其能传情而使景物形象充满生命力，即能以境胜，激发鲜活的意境的生成。二是以情写景，情中见景。其意境创造重在展现主体的精神世界。"借景抒情"深化人的情感，可使表现更富诗意，即能以意胜。所谓"意"者包括情与理两方面，依靠充沛健康的思想情感才能产生气韵生动的意境。三是物我交融、情景契合。通过情与景的融合，形成浑然一体的意境，这样的意境可以称为"情景交融"的最高艺术境界（图4-22）。

(2) 形式结构美的表现

造型形式美的表现不仅包含其形态的本质美，而且还包含着各形态要素间组合与联系的组织架构——形式结构的审美效用。形式结构是众多形态要素间建立的一定秩序关系。视觉心理学已揭示，

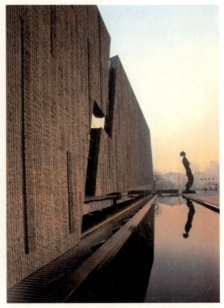

(a) 纪念馆鸟瞰全景　　　　　　　　　　　　　　　(b)

(c)、(d) 室外环境景观

图4-22　侵华日军南京大屠杀遇难同胞纪念馆（2007）（营造"情景交融"的环境氛围）

具有一定秩序关系的形态，更容易被人的视觉所感知。但是，易被感知的形态不一定具有美感的形态。要使形态成为具有美感的形态，还需要其形式结构符合形式美学的一般规律。所谓形式美学即是人类长期的造型活动所积累的审美经验中，专门以造型形式作为研究对象的审美科学，也常称为形式构图学。传统美学中的"形式法则"、"构图原理"等有关形式美构成的规律，均属其研究的内容。有关形式美的规律在相应著作中均有详尽论述，在此仅能作简要的概述。

1）形式美的基本规律：所谓规律是指事物间的必然联系。辩证唯物主义认为，对立统一规律是自然界和人类社会中一切事物的基本规律。作为形式美学的一般规律，当然也不能离开这个基本规律。在造型形式构成的范畴中，具体表现为形式要素间的整体与部分，或部分与部分间的异同关系上，即造型形式结构中诸多要素间的既区别又相互联系的整体关系上。其中，形式要素间的对立表现在形式间的区别中，而形式要素间的统一，则表现为形式间的联系中。这种形式构成的对立统一关系，也就是形式美学普遍遵循的形式间的"异同寓合律",也是造型形式应遵循的基本规律,它是创造形式美的核心准则。

应该指出,在形式美构成的异同寓合关系中,形式间的"异"是绝对的,是无条件的客观存在;而形式间的"同"则是相对的,需要一定条件才能达成的主观需求。因此,研究形式间的"同",即形式间的和谐就成了造型形式美创造的核心课题。然而,和谐的本质并非是"异"与"同"的简单集合,而是互异的形式在对立冲突中最终形成的多元和多层次的有机结合。因而可以认为,"和谐"的程度也必定是美感呈现的程度。在形式构成中缺少对立就会产生单调、呆板和乏味的感觉,若缺少统一则会导致杂乱无章。

2)形式美的具体规律:为了达到造型形式的完美与和谐,在造型过程中必须满足形式美基本规律——"异同寓合律"的要求。为此,人们在长期的造型实践中积累了丰富的经验,并从中总结出了可以满足"异同寓合"要求的具体构图规律,通常称之为"形式法则",也常简称为形式"五律":对比律、同一律、节韵律、均衡律和数比律。这是构成造型形式美和形式结构美必须遵循的具体规律。

(A)对比律——这是表现形式间相异关系的一种法则,使造型诸要素间形成彼此相反的形式对照,强调其对比的效果,以增强形式整体的视觉冲击力,达到引起观赏者关注和兴奋的目标。运用形式的对比作用,可以使形象更加鲜明生动和富于感染力。因此,对比的运用是造型中最为活跃的变化因素。对比律可以运用的内容是极其丰富的,如尺度的大小、运动的方向、光线的明暗、色彩的冷暖与浓淡、质地的软硬与粗细,以及有关事物属性的刚柔、虚实、锐钝等各种变化元素,都可以是与对比律相关的形式题材(图4—23)。

(B)同一律——这是造型过程中建立形式间联系的一种法则,它与对比律恰成对照,强调形式间的相关性,用以使各种不同要素能处于有机联系的统一整体中。这是求得造型整体和谐完美的最重要的形式法则。因此,探求形式间的同一关系,成为造型过程中的主导矛盾,解决此矛盾的构图手法异

图4—23 卡塔尔多哈会议展览中心(墨菲/扬建筑事务所,2007)
中心高耸的塔楼与会展建筑的水平挑出形成强烈对比。

常丰富,最常运用的手法可有如下几种:

a)对称——所谓对称即是使所设轴线两侧的形态成镜像状对等关系或相似关系。这是传统建筑造型中最为崇尚的一种构图形式,也是深深植根于人们审美意识中的形式美模式,至今依然大量存在于建筑审美活动中。既然存在对称的形式,也就有不对称的形式,这两种形式具有相辅相成和相互依存的关系。对称的形式可包括完全对称、近似对称和反转对称等的形式变化。其中完全对称的几何关系最为严格单纯,秩序井然明了;近似对称是总体上对称,而局部可有变化,这是较有生气的对称形

(a) 广场立面（主体对称）

(b) 总平面布局

图4-24 对称关系运用（1）——福建长乐博物馆（2005）

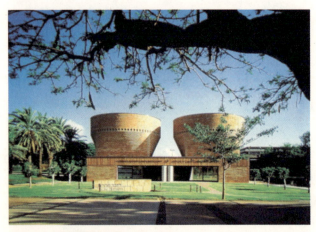

图4-24 对称关系运用（2）——
以色列特拉维夫辛巴利斯塔犹太教会及文化遗产中心（2000）

(1) 天津蓝湾住宅（2003）（立面单元重复）

(2) 荷兰鹿特丹青年公寓（1990）（形体单元重复）

图4-25 重复关系运用

式；反转对称又称旋转对称，即是两个相同形态绕轴反转而形成的对称形式，这是一种较具动感的对称形式（图4-24）。

b）重复——这是以相同或相似形态的重复出现来求得整体形式统一的手法。其主要特征是以同一形态的同一秩序来强化形态的表现，以求得整体的节奏性美感。重复手法还可有简单重复和变化重复两种形式的变化。重复形式的运用在一定意义上是现代高度工业化社会的产物，因此它在现代建筑的形式构图中运用极为普遍（图4-25）。

c）渐变——这是运用形态的连续的近似性变化，以类似的视觉感受求得形式整体统一的手法。连续渐变的形式可以给人以柔和含蓄的感觉，具有优雅抒情的意味（图4-26）。

四、赋形思维的构图技艺

（1）浙江绍兴大剧院——屋顶轮廓渐变（2003）。

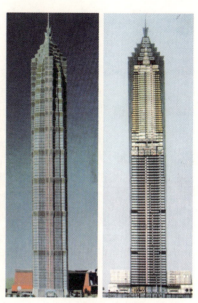
（2）上海浦东金茂大厦——塔体平立面渐变（1999）。

图4-26 渐变关系运用

图4-27 轴线对位关系运用——德国美茵茨·凯斯特里希高地住宅（群体布局的对位关系（1997））

图4-28 边线对位关系——杭州黄龙饭店（楼群屋顶组合的对位关系（1986））

d）对位——这是通过协调形态间的空间位置关系，以求得造型整体形式和谐统一的手法。形态间空间位置关系主要是通过其中轴线或边线的某种对应关系来体现的，并以此来控制相互空间秩序的协调性的。常用的对位方式是轴线对位和边线对位两种：

• 轴线对位：即造型中各个形态要素的中心轴线之间，采取相互正对贯通的位置关系（图4-27）。

• 边线对位：一个形态的边线与另一个形态的某个确定位置正对的位置关系（图4-28）。

在采取对位手法的构图形式中，几何形态的对位关系是较容易明确表现的，而自由的不规则形态的对位关系，则较难确认和处理，一般只可依据视觉直观判定的形态核心或边缘线来确定位置关系。

（C）节韵律——所谓节韵律即是指形态元素间呈现的具有节奏与韵律性的组合关系。其两者既

(1) 葡萄牙里斯本东方车站（1999）
波动起伏的屋盖结构表现了节韵性美感。

(2) 新喀里多尼亚迪芭欧文化中心（皮阿诺，1998）
疏密有致的建筑轮廓线表现了具有动态变化的艺术效果。

(3) 荷兰代尔夫特工业大学图书馆，1998
挑檐部分的圆孔装饰富有节奏性美感。

图4-29 节韵律表现的运用

有区别又有联系。造型形式的节奏是指形态要素的有规律的重复所产生的单纯而明确的形式关系，一般仅具有机械性的静态美；造型形式的韵律则是指形态要素形成有规律的变化，呈现为音乐性的高低起伏、抑扬顿挫的律动关系和富于变化的动态美（图4-29）。

节奏与韵律都是形式变化的不同方式，具有彼此可以互通转化的相似属性。因而可以认为，节奏是韵律的单一化形式，韵律则是节奏的丰富化发展，也是音乐性变化在节奏中的相似运用和富于情趣性的表现效果。此外，韵律的变化可采取渐变、起伏、回转、交错和自由等方式，以使形式变化具有抒情意味。

(D) 均衡律——客观世界中，事物的稳定状态是各种外力作用处于均衡状态的结果。从造型审美的角度来考虑，形态要素间相互作用"力"的均衡也是构成形式美的重要形式法则。所谓形态要素间的相互作用力，是指形态的视觉力象所产生的心理力感，是与自然界客观存在的物理性力不同的，而是由主观心理感受到的力。根据视觉心理学揭示的"物心同构"原理，这种视觉心理上的力感的均衡，同样可以采用物理学的逻辑分析方法来判断和调控，只有呈现力的均衡状态的形式，才是具有美感的形式。

现实中均衡的形式大体可分为两类：一是呈现为静态均衡，二是呈现为动态均衡。静态均衡也称

四、赋形思维的构图技艺

（1）马里共和国会议大厦，1995

（2）哈尔滨黑龙江科学技术馆，2000

图4-30 非对称均衡的形体造型

（1）北京民族文化宫（1959）
主体塔身具有良好的比例关系。

图4-31 数比律表现

（2）纽约林肯表演艺术中心（1964）P. 约翰逊
剧院柱廊的比例关系经过周密考虑。

（3）（美）南本德高级别墅（2001）
门廊采用优美的古典柱式的比例关系。

为对称平衡形式，它是沿中心轴左右对称呈现的形态，是一种绝对的均衡关系。动态均衡也称非对称平衡形式，是以形态的视觉力矩取得均衡稳定的形态。在视觉力象的特点上，对称均衡的形态其力象具有庄重感，非对称均衡的形态其力象则具有灵活感和轻快感（图4-30）。

（E）数比律——所谓数比律，即是指造型中各形态要素间应具的一定的数理比例关系。由于建筑造型与生俱来的几何性抽象特征，以形态的数理比例关系来探寻造型形式美的规律，早已成为中外传统建筑中的经典构图手段而被普遍重视。数比律不仅可以数理比分析手法来调控形态间的异同寓合关系，而且可以直观地表现出形态的视觉逻辑关系。如果说运用节韵律可使造型形式富有情感意涵的话，那么数比律的运用则可使形式富于理性和严谨秩序的观感。人们对数比律在造型上的运用，是随着时代的变迁而不断丰富和改变的。应该说，永恒不变的比例美是不存在的，但是从数理关系上探寻形式美的科学理性依据仍然是当今造型实践中的重要议题（图4-31）。

(a) 中心广场入口

(b) 鸟瞰全景

(c) 基地环境

(d) 梭形交通中心大厅内景

图 4-32　东京国际文化信息中心，1989（法）维尼奥里
设计方案在国际竞赛中胜出，其造型整体构思的机敏、巧妙和独特性，使建筑功能、形式、环境与审美，达到了高度整合。

（3）构图技巧美的表现

通常认为，从建筑造型品质的优劣往往可以表现出设计者专业水平和制作者的工艺水平。因此，凡是优秀的建筑艺术作品常能以其构思的巧妙和技艺的精湛表现，令人叹服和赞赏。实践表明，造型艺术是离不开创作者的艺术技巧的。艺术技巧的高低往往是衡量一件作品成功与否、价值大小的重要评价指标。所谓艺术技巧应包括对客观事物的观察、体验、提炼、概括等创作构思活动各环节的处理方式，也包括艺术表达形式中各种表现手法的运用技巧，以及其他富于创造性的技能的发挥。其间，构图技巧应是艺术技巧表现的核心，它是对造型构成的各种要素的整体支配和处置能力的集中表现。因为构图过程是对造型形式结构进行的总体布局和剪裁，并运用各种形式构成要素展现作品形象和意境的重要阶段，也是关系作品成败的主要创作环节。

构图技巧所展现的美感，是一种可以反映创作主体艺术才能的技巧性美感。其本质上是创作者整体艺术素养和专业能力在实践中的具体表现。造型形式构图所展现的艺术技巧性美感主要可以表现在下述方面：

1）整体构思的独特性：造型构图过程中的构思是高度集中的思维活动，是对造型诸多要素、诸多关系和诸多矛盾与要求进行综合思考，并分析和选择最佳结合点的过程。不同的构思可以产生不同的方案，构思成为造型构图关键的创作环节，它具有"意在笔先，形随其后"的引领全局的作用。构图艺术技巧所表达的美感，首先是体现在其构思的精巧和独特的创意上。创意是造型构图创作过程的灵魂，因为创意的产生可以为造型构思确立适宜的意向和主题，也就是可以完成造型构图的立意。创意来自创作主体的审美意识，尽管形式美是一种抽

四、赋形思维的构图技艺

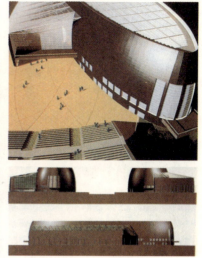

(a) 整体鸟瞰　　　　　　　　　　　　　　　　　　　　　(b) 广场入口及立面

图4-33　日本奈良国际会议中心（1997）矶崎新
设计方案在1992年国际竞赛中胜出，其造型形象使人联想日本茶道文化意蕴，造型艺术形式与艺术内容达到了完美和谐的统一。

象朦胧的和多义的美感，但作为艺术创作过程仍是离不开主体观念意识的参与。主体造型构思的创意，首先，可表现为巧于克服各种客观现实条件的制约，在建筑功能、技术、经济和环境诸方面采取创新的手段，实现对旧形式的突破、发展和有所创造发现。创新始终是建筑艺术的生命，在造型创作之初的整体构思中就应有所体现。当今"以人为本"和实现"可持续发展"的创作理念已成为人们的共识，同时也成为当代建筑造型构图汲取新的创意的丰富源泉。其次，还可表现为对形式个性化的独特追求，也就是刻意追求具有与众不同的视觉形式，借以充分表达创作主体特有的艺术情趣、审美意识和时代性格（图4-32）。

2）艺术形式的完美性：作品整体构图所采用的艺术形式，是实现造型形式美表现的实质性手段。探求完美的构图艺术形式，是使作品形成艺术感染力的深层基础。所谓完美的构图艺术形式，就是指能最确切地体现艺术内容的形式。这种形式应是与特定的内容达到了内在的有机统一，并赋予该内容以某种较为理想的存在方式。其中所指艺术内容，应是艺术创作的主客体两方面诸要素的总和。其中可包括作品的主题、题材、环境、功能、技术、经济和审美等等诸多相关的内容。艺术形式与内容的谐和统一，只能通过创作者的艺术构思，被合目的与合规律地组合在一起，并通过运用一定的物质媒介——构图艺术形式才能表现出来。因此，造型构图所具备的艺术形式的谐和性美感，也是创作主体艺术技巧的重要表现（图4-33）。

3）表达技能的精湛性：经构思产生的思维成果，需要通过一定的艺术表达手段才能转化为可以直观的造型形式，如可以通过造型的总平面、平面、立面、剖面和三维视图等来表达造型构思的成果。因而以图像形式来表达造型构思的理念成为形式构图过程中另一个重要的技能，也是除构思能力外，构图形式所能表现的重要专业技巧性美感。造型构图的表达功力，是建筑师专业知识与实践操作工夫熟练结合的综合表现，其所指专业知识不但应包括对建筑形式、风格、流派变迁历史与相应理论的了解，对建筑造型语言、构图手法和形式法则等美学理论的通晓，而且还应包括造型视图综合表现技巧（手绘表现或电脑表现）的熟练运用。通过长期艰苦学习、反复实践积累的专业技能，可以使造型构图的艺术表达进入"得心应手、炉火纯青"的理想境界，取得机敏灵巧和"妙手天成"的艺术效果。诚然，精湛的专业技能可以来自娴熟而富有创造性地运用前人的艺术形式、方法和技巧，也可以来自依靠新的科技进步和新的艺术媒介创造的新艺术形式、方法和技巧。也就是说，造型构图表达的专业技能是学习前人经验和个人实践经验积累的成果。精湛的专业技能是创作者艺术才智的完美展现（图4-34）。

(a) 钢笔淡彩草图　　　　　　　　　　　　　　(b) 水彩渲染

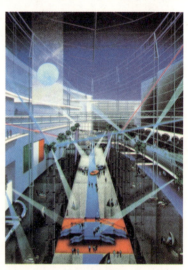

(c) 水粉渲染　　　　　　(d) 水彩喷笔　　　　　　(e) 水粉喷笔

(f) 透体模型——奈良国际会议中心国际竞赛（日）安滕忠雄方案　　(g) 块体模型——奈良国际会议中心国际竞赛（奥地利）汉斯·霍莱茵方案　　(h) 数字仿真模型及表现图——（德）魏尔市维特拉家具厂厂区消防站及环境规划，1993，（英）扎哈·哈迪德

图 4-34　造型艺术表达技能与效果

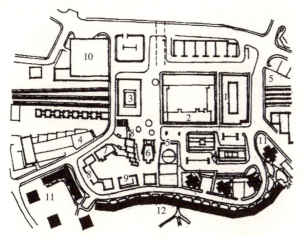

1 办公和商店	4 办公	7 教堂	10 地下停车场
2 百货店	5 剧场	8 礼堂	11 高层住宅
3 地铁站	6 电影院	9 图书馆	12 单元式住宅

图 4-35　瑞典斯德哥尔摩魏林比居住区规划

图 4-36　广西桂林园林建筑小品

（二）建筑形态要素的造型运用

为了能更加科学地阐明建筑造型形式美表现的规律，使之更具普遍性的理论与实践指导意义，减少造型创作过程中的盲目性，人们已在长期的创作实践中，形成了将实际建筑形态概括和提炼为抽象的概念形式（或称纯粹形态）来进行构图研究的有效方法。所谓概念形态，即是一种被理论简化了的实际建筑形态，或是说符号化了的具体建筑表象。也可以理解为，是介乎建筑实际功能和艺术表现之间的一种形态符号体系，是与形态的几何学和物理学意义完全不同的概念体系。因此，在现代造型构图理论研究中，通常所指认的各种抽象的概念形态要素（如点、线、面、体等），其实质都是与一定建筑表象相对应的具体建筑形态的概括与抽象。熟练掌握各项形态要素的审美表现特性，及其造型运用的方式和技巧，是增强造型构图能力所必需的最基本和最重要的技艺。

1."点"要素的造型构图

抽象的形态要素"点"的概念与建筑造型相关联时，将其称为点状形则更为贴切。因为它总是与具有一定空间量度的具体建筑构件相关联的，所以可以理解为建筑形态中最小的形式单位。"点"要素在实际建筑造型中的涵义与表象极其丰富生动，并可在造型构图中发挥多种多样的重要作用。

(1)"点"要素的建筑表象

1) 总体规划构图中的"点"式建筑：

(A) 城市设计和总体规划布局——在考虑整体空间构图时，往往可以把各向平面尺度相对很小的独立楼栋，如住宅区规划中的独立单元（点式住栋）或高层塔楼，视作"点"状形态来考虑，并可用以构成视觉的"焦点"（图4-35）。

(B) 景观环境中的园林小筑——在宽广的园林空间环境中，精巧秀美的园林建筑小品，在相对独立开放并有利于观赏的场地中，往往可以形成城市环境或自然景区环境中的景点（图4-36）。

(C) 城市广场中的主题建筑——城市设计中通常以城市广场的主题建筑构成广场的视觉中心，使主题建筑与广场的空间关系形成"点"与"场"的视觉力象与力场的关系，"场"作为"点"存在的空间环境，也是"点"的视觉力场控制和影响的范围（图4-37）。

2) 建筑平面构图中的"点"：

(A) 在建筑平面视图中，墙体呈现为沿长向延展的各种"线"状形，而与墙体相比，长向平面尺寸相对较小的柱子，则呈现为"点"状形。柱子皆

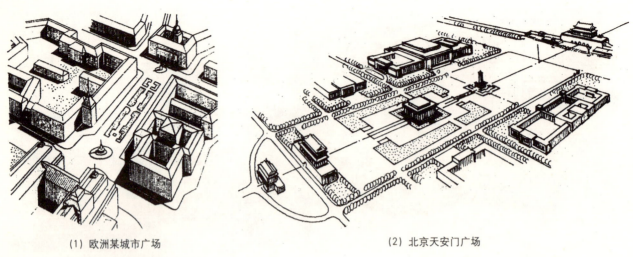

(1) 欧洲某城市广场　　　　　　　　(2) 北京天安门广场

图 4-37　城市广场中的主题建筑

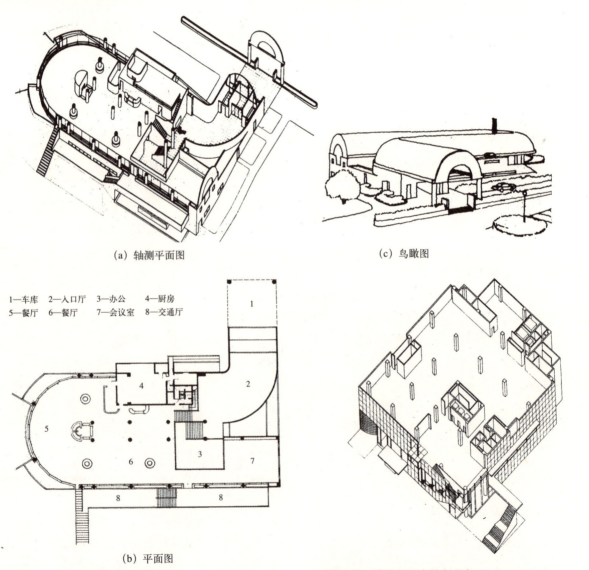

(a) 轴测平面图　　　　　　　　(c) 鸟瞰图

1—车库　2—入口厅　3—办公　4—厨房
5—餐厅　6—餐厅　7—会议室　8—交通厅

(b) 平面图

图 4-38　建筑平面中的点要素（一）——
日本富士乡村俱乐部，1974，矶崎新

图 4-38　建筑平面中的点要素（二）——
日本东京科学会堂，1981，槙文彦（轴测底层平面图）

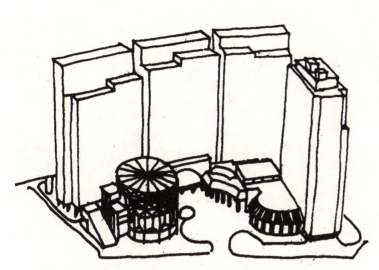

图 4-39 平面构图中的点要素——特异单元（日本东京仓库街某综合楼的裙楼构成单元）

图 4-40 立面构图中的点要素——某建筑入口上方的装饰与灯具

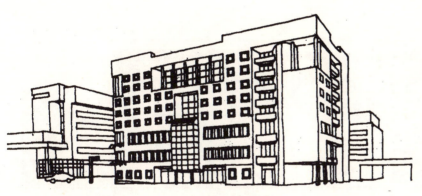

（1）杭州军分区大楼

图 4-41 立面上窗洞的造型效果——窗洞形态变化的组合效果

（2）上海吴淞客运大厦——窗洞分布的方向变化感

是上部结构的支撑点，当柱子成排布置时可以形成开敞性的室内外空间边界，意味着边界两侧空间的相互联系和流动性（图4-38）。

（B）平面整体构图形态中相对独立的特异组成单元，其独特有趣的平面形状往往可被当作"点"状要素，用来强调整体构图中的特殊重要组成部分或空间场所，形成平面整体构图的主题，或可形成能调节构图形式感的视觉活跃元素（图4-39）。

3）建筑立面构图中的"点"

建筑立面上与建筑整体外墙尺度相比，尺度相对较小的窗洞、阳台、雨棚、入口以及装饰构件，通常可在立面构图中呈现着"点"的形状效果。立面上的"点"形要素具有强调重点、装饰点缀和活跃视觉感观的作用。在建筑整体造型构图中，可发挥表情、呼应、联系调节与平衡的多种作用，以使建筑形象更趋完美（图4-40）。

窗洞是建筑立面上最富表现力的部件。建筑立面构图中，常利用改变窗洞的分布和形式表现不同的造型效果。如沿着直线或曲线排列的窗洞既可有线的方向感，又可具有点的节奏感和活泼感。立面上的大面积密集布置的点式窗洞，可以呈现为立面的质感与肌理的效果等（图4-41）。

(1) 香港奔达中心的廊柱顶点

(2) 马来西亚吉隆坡机场大厅的柱头节点

图 4-42 点要素的定位效应

图 4-43 点要素的中心效应——美国某大学图书馆过街楼的对称中心

(2) "点"要素的构图作用和视觉效应

在造型构图中，"点"形态要素可以发挥的主要构图作用表现在强调位置、形成视觉中心和运用点群组合表情变化三个方面。采取不同的构图处理方式，可以取得不同的视觉效应，具体效应可表现在下述方面：

1) 定位效应：作为建筑形式构成的"起点"、"终点"、"中心点"以及视觉观赏的"视点"、"焦点"等意义，表现了强调位置作用的定位效应（图4-42）。

2) 中心效应：任何建筑平面或立面的构图，从整体到局部都会产生视觉中心。特别是具有对称性的形态，根据人们的审美心理经验，其中单独存在的点状要素可以形成构图的中心点，进而可发挥着造型整体空间的控制作用（图4-43）。

3) 强化效应：立面细部造型以点状构图处理，可以取得强调中心或重点位置的作用。实墙面上采取单点形构图形式具有最佳的视觉强化效应（图4-44）。

4) 弱化效应：成片密集分布的"点"可形成面化效果，连续排列的"点"则会产生线化效果，从而削弱"点"状形的自身表现，产生"点"要素在视觉上被弱化的效应（图4-45）。

图 4-44 点要素的强化效应
美国康涅狄格州某宅院游廊大片实墙面上的圆窗洞强调了中心入口位置。

(1)（日）东京中银舱体楼，1972
不同朝向的舱体窗洞颇具方向性的动感。

图 4-45 点要素的弱化效应（深圳旅游中心大厦均匀密布的窗洞形成面化效果）

(2) 广州市少年儿童活动中心（1992）
高低错落的窗洞具有跳跃的视觉效果。
图 4-46 点要素的动静效应

5）动静效应：多"点"在空间中以规则有序排列可呈现出视觉的静态感，而不规则、无序、自由、散乱的多"点"要素则会产生视觉上的种种动态感（图 4-46）。

6）方向效应："点"群的不同排列与组合，可以产生视觉上的各种方向感。如竖向排列的"点"可产生垂直的方向感；横向排列的"点"，会具有水平的方向感；若将"点"以自由散乱的方式排列，则会使"点"群转化为没有方向感的面形态的感觉了（图 4-47）。

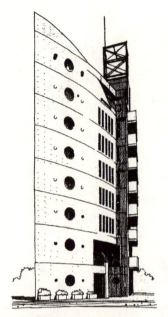

图 4-47 点要素的方向效应
日本大阪船形住宅一竖向排列的窗洞具有垂直的方向感。

图 4-48 点要素的表情效应
日本浪速短期大学伊丹校园不规则排列的窗洞表现了某种神秘感。

7) 其他表情效应：不同的"点"群组合方式，可以在视觉心理上产生不同情感效应，诸如可以产生严整感、韵律、重点感、向心感、运动感和神秘感等等的心理感受，从而在构图中发挥着表达某种情感的作用（图 4-48）。

2. 线状形的造型构图

"线"在建筑造型中无处不在，一切相对细长的形态都可具有"线"的视觉效果。如立面上排列的柱廊，一圈圈的拱券，结构上的一榀榀屋架，以及建筑设备中各系统的工程管道，都是由线形构成的。在当代高技派建筑中，其结构的线型和外露的管线都被作为造型表现的特征要素。建筑界面上的图案、饰面拼接线也可像皮肤的纹理一样，显现着建筑表面肌理的表现作用。实践表明，各种线型的长短、粗细、曲直、方位、色彩与质地的视觉属性皆可唤起人们心理上广泛的联想和不同的情感反应。建筑造型中的"线"不仅是具体物质形态的表达，而且还是人们审美心理和造型意向的具体表达。"线"形态要素在建筑造型中的作用如此重要，以至于可以说建筑造型离不开"线"要素的存在与表现。实际上，建筑造型不但离不开"线"要素的视觉表现效果，而且还离不开"线"要素在造型形式结构中所发挥的组织建构作用。因此，"线"要素在建筑造型中的存在形式可以分为有直观视觉表象的实存线和无直观视觉表象的虚拟线两种形态，它们在造型构图中发挥着截然不同的作用。

(1)"线"要素的建筑表象

1) 具有直观视觉表象的线状形——实存线：

(A) 总平面规划构图中的"线"形建筑——与点状塔式建筑相比，平面单向尺度相对较长的"条状形"楼栋，在建筑群体布局中可被视作"线"形态构图要素，对群体空间形成围合作用（图 4-49）。

(B) 景观环境中的"线"状形——可以包括道路、水体和自然地形地貌等所呈现的线状形态（图 4-50）。

(C) 建筑平面中的线状形——建筑墙体在平面视图上皆呈现为种种线形投影。另外，其地面和顶面装修材料的施工制作分划线也是在平面视图上可以呈现的线状形（图 4-51）。

(D) 建筑立面中的线状形——包括建筑形体的天际轮廓线，体面相交的分界线、边缘线、体形转折处的棱角线和建筑细部的装饰线等等。这些线形元素都是塑造立面形象的重要组成，特别是在传统

四、赋形思维的构图技艺

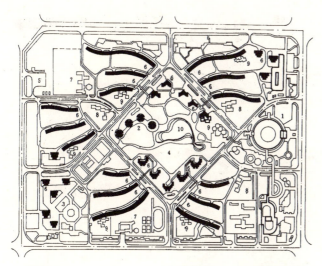

总平面布置

深圳白沙岭高层居住区

1—地区中心　　6—居委会和小商店
2—居住区文化中心　7—中学
3—居住区商业中心　8—小学
4—居住区公园　　9—幼托
5—多层车库　　10—人工湖

图 4-49　规划构图中的"线"要素
——深圳白沙岭高层居住区规划总平面

图 4-51　建筑平面中的线状形——
某住宅平面图中的墙体及地面分划皆是线状形的呈现

图 4-50　景观环境中的"线"状形——
德国斯图加特市医疗管理中心庭园中曲线形的台阶与水池景观

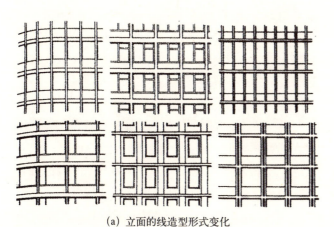

(a) 立面的线造型形式变化　　　　　　　　(b) 某商务楼立面分划的线型变化

图 4-52　建筑立面中的"线"状形

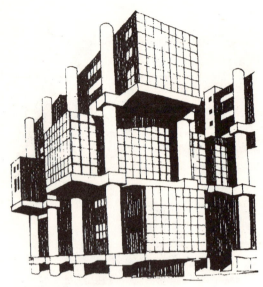

(1)（西班牙）马德里 AGF 公司大楼——
线形梁柱结构外露的造型

(2)（乌兹别克斯坦）塔什干文化宫——
构成立面窗格的线型构件

图 4-53 线状建筑构件的造型表现

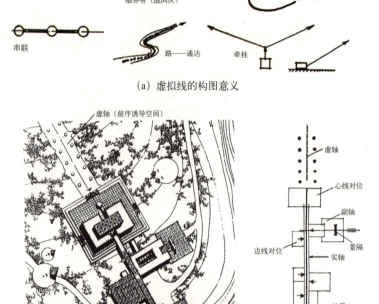

(a) 虚拟线的构图意义

(b) 利用轴线的造型构图

图 4-54 虚拟线的意义及应用 (a) 及 (b)

的立面构图中尤为重要（图 4-52）。

(E) 建筑构件的线状形——建筑构件通常具有使用功能或起着建筑构造的作用。造型构图中可以从审美角度对其加以利用和改造，使建筑构件（如立柱、梁架、过梁、窗台、窗套、窗间墙及屋面檐口等）能在立面的线型构图中发挥重要作用，或使结构构件表现出力感性美感（图 4-53）。

2) 不具直观视觉表象的构形线——虚拟线：这类隐没在造型视觉形态背后的线，虽然不具可以直观的视觉表现效果，但却能在造型过程中发挥至关重要的构图作用。这类在构形中具有规范性意义的辅助线，只存在于造型构图的构思和研究过程中，或是审美观赏的视觉思维中，没有相应的直观建筑表象，因此也可被称为虚拟线。这类具有重要构图作用的控制线包括：城市规划控制线（用地边界线、道路红线、景观轴线等）、几何关系线（中心线、对位线等）、形式关联线和构图解析线等。它们都对相应建筑表象的形式美的构成具有至关重要的组织与控制作用（图 4-54）。

(2) "线"要素的造型特性

研究"线"的造型特征，需要先撇开"线"所代表的具体建筑元素，从其形状、粗细、色彩、明暗、质地、空间方位及组合编排方式等方面的属性进行观察分析，以便更清晰有效地认识其特有的造型语言。"线"要素的特征和构图运用与线型的变化密切相关。线型是指线的形态特征区别。在建筑造型中运用最为普遍的是直线和几何线型。几何线型又可因线形态的曲、直、方位和粗细变化，而具有各不相同的造型特性和不同的构图处理手法。

1）直线系列——按其空间方位可分为水平线、垂直线和倾斜线三种，同时还可因粗细之别而具不同造型特性。

（A）水平线——它是与楼地面基准线相平行的线列。建筑造型利用水平线，可表现平和、安定、舒展和亲切的情感和氛围（图4-55）。

图4-55 水平线的造型表现（墨西哥，恰帕斯州政府办公楼）

（B）垂直线——它是由重力传递规律决定的、与地面成直角相交的线列。具有表现建筑抵抗重力所需的承载能力的力感意象作用。一组平行的垂直线能强化线的高度感，适于表现挺拔向上和崇高敬仰的情感（图4-56）。

（C）倾斜线——它与水平线和垂直线相比，其形态更具方向感和力动感。倾斜线在视觉上可视为是一端升起的水平线，或是向一侧倾倒的垂直线。因而它具有由不稳定状态向稳定状态转变的动势。如任何几何形状立于一个角端点时，就会比立于几何形的一条边平置时更富有动势，从而可使斜置的形体显得比平置或竖直的形体更显活泼生动。由于倾斜线在建筑造型中较少存在，因而充分利用斜线的造型特性，可以增强建筑形态的表现力（图4-57）。

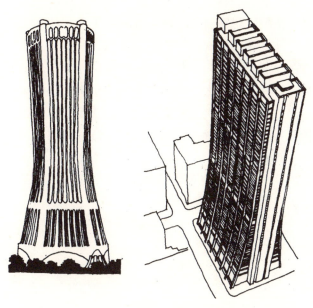

(1) 马来西亚吉隆坡勒斯大厦（左）（美）芝加哥第一联邦银行（右）

(2)（美）纽约平板玻璃公司大厦

图4-56 垂直线的造型表现

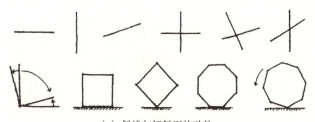

(a) 斜线与倾斜形的动势

(b)（美）巴尔的摩国家水族馆

图4-57 倾斜线的造型表现

图4-58 粗直线的造型表现（日本石川郡金沢工业大学主楼）

图4-59 细直线的造型表现（吉尔吉斯斯坦人民文化宫）

图4-60 折线的造型表现（英国查尔斯堡酿酒厂）

（D）粗直线——具有坚强有力、厚重、稳定、粗壮、或是笨拙、顽强等视觉心理感受（图4-58）。

（E）细直线——可以产生敏锐、精细和脆弱等视觉心理感受（图4-59）。

（F）折线——可以使人产生节奏、动感、活跃或焦虑不安等变化的视觉心理感受（图4-60）。

2）曲线系列：曲线在古典和传统建筑上使用较多。曲线的线型变化相对较多，在造型运用中除具有活泼、优雅、柔和与轻盈等共性外，不同线型变化还具有各自不同的个性特征（图4-61）。

（A）弧形线——包括圆形和椭圆形两类的弧形线。圆弧线可给人以充实、饱满的感觉，然而运用不当也可产生单调刻板的感觉。椭圆弧线除与圆弧线具有相同的感觉外，显得较圆弧线感觉更为柔韧。

（B）抛物线——抛物线因近似流线型，可给人以速度感，同时由于线形的曲率变化流畅、悦目可给人以较强的现代感。

（C）双曲线——它是建筑造型中运用较多的一种曲线，具有曲线动态平衡的美感。造型特性上与抛物线相近，也有较强的现代感，但比抛物线略显呆板凝重。

（D）变径曲线——具有丰富、充实而富于变化的特点，可用于表现复杂多姿的造型意象。

（E）自由曲线——具有最为丰富的表情和难以控制的复杂构图形式。

另外，不同线型的视觉特征和造型特性从总体性格归纳而言，可以说，直线具有男性的阳刚健壮之美，曲线则具有女性的阴柔圆润特征。不同线型的形态特征，很容易与人们的审美情感相呼应，而产生不同的造型视觉效果。造型构图中应善于运用线型变化所具有视觉心理效应，以便更加完满地表达整体造型的构想。

(3) "线" 造型的构图处理

在建筑造型构图中，不仅应善于运用线型变化提供的造型手段，而且还需要善于对各种线形建筑元素进行必要的构图处理，才能取得预期的造型表现效果，常见的构图处理手法有如下几种：

1) 主次感处理：构图中同时采用几种不同的线型的情况下，宜确定其中一种作为主要的线型，

四、赋形思维的构图技艺

(1)（奥地利）维也纳消防站

图4-62 线造型的主次感处理（北京国际图书城，2007）
——立面突出水平线的表现

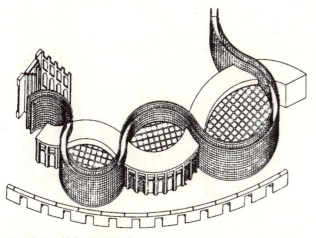

(2)（荷兰）某休闲娱乐设施

图4-63 线造型的方向感处理（深圳招商海运大厦，2007）
——立面以水平线为主导方向

并可以线形的粗细和密度变化来区分主次关系。一般而言，主要线型宜为有较大的排列间隔的粗线形，即应采取粗而稀的构图处理；而次要线型宜为较小间隔排列的细线，即应采取细而密的构图处理（图4-62）。

2) 方向感处理：在立面构图中既有水平线，又有垂直线或斜向线同时出现时，宜选定其中一种线型作为线形构图的主导方向，并应让主导方向的线型在数量、长度、和粗细度上占有优势，以使不同线型在方向对比中取得形式上的统一。有时还宜在方向对比的线型间加入过渡性的线型，用以促进对比线型间的联系和增加层次感（图4-63）。

(3)（日本）岩手县，久慈市文化会馆

图4-61 曲线的造型表现

(1)（德）科隆新美术馆
——屋顶轮廓线造型的节韵变化

(2)（英）贝斯沃特，克利夫顿花圃温室
——屋架曲线造型的曲率变化

图4-64 线造型的节韵感处理

3）节韵感处理：在造型构图中，曲线的运用是较为复杂的技巧。原则上可以说，几何曲线的运用，宜使其曲率变化不仅应有主从关系，而且还应具有一定的节奏和韵律感，并可将一定数量的直线参与构图，以反衬增强其造型的表现力。自由曲线的运用更应特别关注其形态"弹性感"的表现，表现效果主要也与其曲率变化的节奏和韵律密切相关（图4-64）。

4）面化处理：密集排列或纵横交错编织的线可以产生面形态的感觉，这就是指线形的面化效果。采取线的面化处理手法，在建筑造型中广为使用。因为通过线的面化处理，可以使建筑立面效果变得更加丰富和精致。无论在古典建筑或当代建筑的立面细部造型中，运用线的面化处理手法皆显示了其为完美的视觉效果。另外可以发现，以空间为背底的线形编列组合，可形成具有渗透性的界面，以此界面分隔空间可产生划分和连通的双重作用（图4-65）。

5）色彩和质地处理：用色彩表示的线具有一定的绘画性和装饰性，不同色彩的线与色彩本身一样具有一定情感与意向的表现作用。线形材料与质地的改变也会产生不同的造型效果，如金属线的华

(3)某旅馆玻璃通廊构架——
曲线和直线结合的韵律变化表现

丽坚挺，木材线的亲切宜人，塑料线的优雅轻巧等等（图4-66）。

总之，通过"线"的形态、色彩和质地的变化处理，可以构成千差万别的线型。各种线型依其空间组合编列形式的差异，又可以形成千变万化的造型效果。建筑造型中多姿多彩的线造型，都是可以通过对基本线型的加工、变形与组合等手法构成的。

(1) 北京中国石油大厦，2008　　　　　　　　　　　　　　　　　　　　(2) 北京新保利大厦，2006

图 4-65　线造型的面化处理——墙面中密集排列的装修构件形成表面的编织效果

(1) 深圳华侨城"华"美术馆（铝合金花格墙）2006　　　　　　　　　　(2) 广州天伦总部办公楼（混凝土挂板花格墙）2008

图 4-66　线造型的色彩和质感处理

3．面状形的造型构图

（1）"面"要素的建筑表象

面要素按其在建筑造型构图中的作用，可以分成实存面和虚拟面两种存在形式。实存面是指可以由视觉直观的面形，它对应于一定的建筑表象。而虚拟面则只能由视觉心理可意识到的面形，如点的双向运动或线的面化可产生的面感等，不具一定建筑表象，只具一定的构图意义。实存面在建筑造型意义上的表象主要体现在两方面：

1）建筑形体与空间的表面形态：其中包括建筑的屋面、墙面、楼地面、顶棚面以及构件设备、装饰和家具等的表面形态。

2）面状建筑形体的整体形态：面状形的建筑

(1) 美国某政府办公楼外廊顶面造型

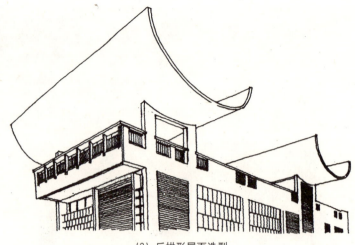
(2) 反拱形屋面造型

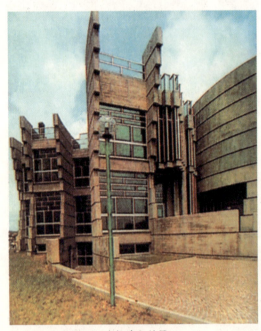
(a) 中心外景

(b) 外景透视

(3)（意）阿维热诺文化中心墙面造型

图 4-67 面状体的建筑造型

形体（简称面状体）是指外形扁平呈现为薄片状的建筑部件（如雨篷、屋檐、墙体等）或形体，在视觉上具有幅度大而厚度小的特征。它在造型表现上，具有宽展轻盈的感觉（图 4-67）。

(2)"面"要素的造型特性

1) 整体形状特征的表现：面的形状是面要素空间存在的整体形态。平面的形状即是其幅面边界轮廓线的形状。曲面的形状则是其三维立体性边缘轮廓线的形状。形状是面要素最重要和最具有表现力的造型特征。由于人们长期审美经验的积淀，对面形状的视觉表象已形成了某种相应的审美心理定式。因此一般认为，正方形可使人感受到整齐、端正、庄重和具有稳定感的静态美；梯形较富于变化，其中正梯形具有较强的稳定感，倒梯形具有轻巧的动态感，斜梯形具有向倾斜方向的力动感。三角形可给人以尖锐、冲动和刺激的感觉，具有极强的视线吸引力。圆形可给人以圆满、完整、温和、活跃的感受。椭圆形可给人以圆滑、流畅、柔和、秀丽、富有变化和动态的感觉。曲面的形态,无论是球形面、圆柱面、圆锥面、圆环面或螺旋形面等,常可给人以饱满、柔和、圆润、亲切、生动的感觉。面要素的整体形状的视觉心理效果具有相对的稳定性,对把握面要素的造型构图特点具有重要的参考意义。轮廓优美、比例适宜的面形,是造型构图中通常考虑的重要审美选择要求(图4-68)。

2) 表面视觉特征的表现:面形自身表面的色彩、质感和肌理变化,可在视觉上产生不同的心理感受,如重量感、立体感、强弱感、远近感和动静感等(图4-110~图4-115及图4-102~图4-104)。

3) 垂直面的空间限定感表现:当面状形作为形体与空间的外壳时,它表现着对空间领域的限定性界面的作用。垂直面的空间限定作用比水平面更为强大而丰富,它是使被限定空间具有不同围合感的重要构图手段。垂直面自身的高度及开口方位可直接影响建筑室内外空间在视觉上和空间上的连续性和流动性,也是构成形体的体量感的重要因素(图4-69)。

(3)"面"造型的构图处理

1) 形态特征的调整处理:这是对整体幅面既定的平面形态在视觉特征上进行一定审美调控的构图处理手法。主要包括平面轮廓的剪裁、面形中洞口的开挖、表面视觉特征的选配等整体形态的构图处理。

(A) 面形轮廓的剪裁处理——在造型构图中,形状特别的外形轮廓可以强烈地吸引视线的关注,因而对建筑立面或平面轮廓进行必要的剪裁调整以取得突出的视觉效应,这是最为常见的有效手段。完整而具特点的平面轮廓可为整体造型的优化创造有利条件。实践表明,平面构图的形式美往往可与立体形态美的创造相互对应关联;立面轮廓的修整剪裁更可直接反映着主体的造型审美意识;具有特征的门窗或装饰的轮廓,可以表现出一定的时代性和地域性的造型特征,因此利用具有历史性特征的形状装饰建筑立面成为后现代主义建筑造型的重要特征(图4-70)。

(B) 面形中洞口的形式处理——面形上开挖门窗洞口是建筑立面的自然属性,是与建筑内部空间

图4-68 曲面的造型表现——印度某体育馆的圆柱曲面的造型表现

的使用形式相关联的形态特征。洞口开挖的形式则具有丰富的审美意义,不仅可以创造出风格多样的立面造型效果,而且还可以增强建筑形体的空间层次感(图4-71)。

(C) 表面属性的视觉特征处理——构成建筑面形部件的材料,其表面的物质属性对建筑造型构图也具有重要的表现作用。因此,对面形表面属性的视觉处理,包括表面的色彩、质感与肌理的不同处理,都应与造型的整体构思相协调,以利取得完满的视觉效果。如通过色彩处理可以调整面形态的重量感、立体感、空间远近关系、视觉强弱关系和图像的动静关系。同样,表面质感肌理特征的处理也可发挥相似的调整视觉的构图作用(图4-72)。

(D) 曲面形态的切削变形处理——为了丰富造型表现力,具有三维度量的曲面形态,经常会采用以直线切削方式进行造型处理,以求生成更具特色的曲面新形态,满足造型构思的需要。采用不同的切削方式可以创造出千姿百态的各种曲面空间造型。这种造型构图手法在当代建筑中颇为常见(图4-73)。

2) 形态构成的变换处理:众所周知,面形要素最重要的视觉特征是其形状的表现。造型构图时为获得更多可供选择的平面或立面形状,除了可从数理关系的变化中探索几何形的变换外,还可以通

■垂直面 视觉上比水平面更活跃，是限定空间并给人以围合感的重要手段。它自身的造型形式以及面上的开口控制着建筑物室内外空间之间视觉上和空间上的连续性。它也是构成体量的重要元素。

a 独立面分割空间为阴阳，产生不同视觉感　　b 仅限定领域的边缘，限定感弱　　c 产生围护感保持视觉与空间连续性　　d 分割成两个空间尚保持视觉连续感　　e 构成不同的空间产生强烈的围护感

独立垂直面 对其两个表面所朝向的空间既分割又控制，其限定效果与人的视线高度有关，但不能完全限定空间。表面的色彩、质感、划分形式影响视觉质量和空间效果。

平行垂直面 构成外向性空间，有明显的对称轴线，开放端产生强烈的方向感，在垂直面上开洞则引入次要轴线，可调整空间的方向特征。

其自身或与其他形式要素结合，可构成有变化的空间

L形垂直面 由转角限定一个沿对角线向外的空间范围。在内角处呈内向性，在开敞处呈散发性与模糊性，角部开口则改变空间感受。

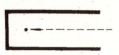
侧边长于底边可产生动感并对运动的程序起导向性作用

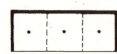
底边长于侧边可划分成几个互相交融的静态空间

 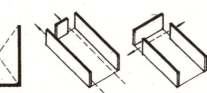 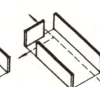

U形垂直面 限定的空间内含一个内向的焦点，开敞端使空间有外向性。可与相邻空间保持视觉与空间上的联系性。在转角处开口，则使该空间呈现多向性并具有动感。

四个垂直面 构成最完整的内向封闭空间，是典型的建筑空间形式，也是限定感最强的一种。垂直面上的开口可增强空间的对外联系性，减少封闭感，增强面的独立感。

  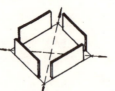
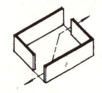 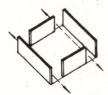

垂直面组合 面与面之间位置、方向的变化，采用错位、穿插、接触相交等手法，可构成相互穿插的丰富多变的系列空间，各空间在视觉上相互交融、流通。

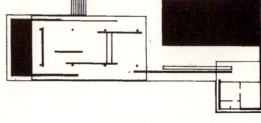

巴塞罗那国际博览会德国馆（1929）

图 4-69 垂直面的空间限定感（引自《建筑设计资料集1》）

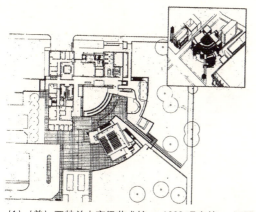
(1)(美)亚特兰大高级艺术馆,1983 理查德·迈耶
完美的平面构图形态往往与圆满的形体造型相对应

(2)台湾民族研究院(立面轮廓的刻意剪裁)

图 4-70 面形轮廓的剪裁处理

(a)外景透视

(b)局部立面

(1)(法)莫比埃瓦尔市公立学校

(2)(日)茨城县古河市运动集会广场大楼

图 4-71 立面上洞口的形式处理

图 4-72 表面属性的造型处理——某图书馆外墙装饰材料配置

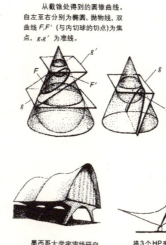
从截锥处得到的圆锥曲线。自左至右分别为椭圆,抛物线,双曲线,F,F'(与内切球的切点)为焦点,g,g'为准线。

墨西哥大学宇宙线研究所(设计:费里克斯·坎德勒,墨西哥,1951年)。

将3个HP壳组合在一起的圣·温森特礼拜堂(设计:费里克斯·坎德勒、恩赖特·迪·拉·莫拉;墨西哥,科约阿坎,1960年)。

图为组合成马鞍形的索奇米尔科餐馆(设计:费里克斯·坎德勒;墨西哥,1958年)。

图 4-73 曲面形态的造型切削变化

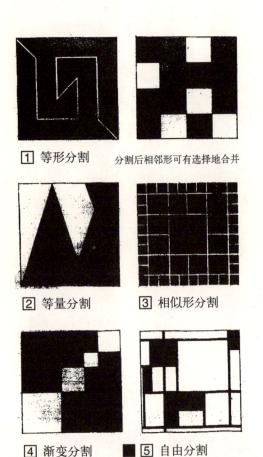

(a) 面形的基本分割形式（引自《建筑设计资料集1》）

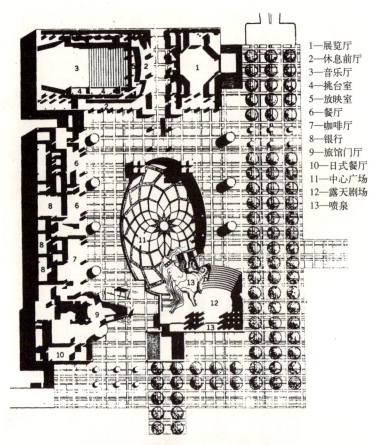

(b) 面形分割应用实例（日本筑波中心广场）

图4-74 面形的分割

过平面图形的构成关系变化来创造出更加丰富多变的平面几何形态。面形态构成的变换处理主要分成面的分割与面的集聚两大类：

（A）面的分割——这是研究以线为边界分割后的形状与大小变换的构成关系及在不同的分割面上着色后的视觉效果的构图手法。其分割方式有等形分割、等量分割、数理性分割和自由式分割等等（图4-74）。

（B）面的积聚——这是以基本的面形状为基础，通过组合延展而构成新的平面图形的方法。其所采用的基本形，可以是同一形，也可用两个或两个以上的不同形。构成方法可采取并置与叠置两大类（图4-75）。

通过面形态构成的变换处理，可以产生的平面形态是极其丰富的，在造型过程中，应结合建筑结构和构造的特点与技术可能性，选择既能满足审美要求又符合物质技术理性逻辑的平面形态。

复数形的规则构成

面与面叠合为新形

相关平面的并置连接

叠置重合部分透明或设色

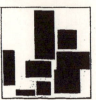
面形的分离自由并置

交错叠置产生前后空间感

(1) 面的并置构成　　(2) 面的叠置构成

图4-75 面形的积聚（引自《建筑设计资料集1》）

3) 面形态的视域调控处理：在一定的视点条件下，人们所能完整看清的面形幅度范围即谓面的视域。面形的幅度是面形态空间存在的基本特征，面形的幅度大小对面形态的造型表现影响很大。面形的幅度在一般可视的范围内时，也就是在一般视域内时，面的造型特征如形状、色彩、质地等的属性皆可得到正常的表现。但是，当面形的幅度过大时，也就是超越正常的视域时，面形的轮廓则易被忽视或不能被看清，此时面形的造型表现将主要是面形表面的视觉属性（色彩、质感、肌理或装饰图案等细部）。反之，如果面形在视域中的幅度比例缩小，其轮廓整体形态趋近视觉中心时，面形的整体形状感将会增强。当面形在更大的视域中转化为"点"形态时，则会突出其表述位置意义的特性。面形态视觉表达与视域的这种关系，应根据造型构图的整体需要，对不同视域条件中的面形态作出适宜的调控处理（图4-76）。

4．立体形的造型构图

建筑是由各种实体物质材料建造的立体空间产品，如我国古代先哲老子所言："凿户牖以为室，当其无，有室之用"，意为建屋开门窗是为用其室内空间。建筑是一种具有具体实用功能的空间产品，建筑造型的实质也就是该空间产品的外观形体造型。形体（或称体块）是有别于点、线、面形态特征的另一种相关的几何形态要素。形体要素在形态构成中最显著、最主要的特征是具有三维的空间向量。在视觉特征上，其体块形态呈现着充实的体量感和重量感。由于建筑形体通常存在于自然空间中，其视觉形态还具有光影和时空表现的特征。形体的造型构图可以从宏观上反映建筑的空间性质和造型主体的审美倾向。

（1）形体要素的建筑表象

建筑形态构成中的形体要素，主要是指具有明显的三向维度（长、宽、高的尺度）和显著的体量感的体块形（块状体）形态。同时，也包括具有较大单向维度的线状体和两向维度显著较大的面状体。体块形实质上是建筑使用空间在三维空间中实际占有形式的外观表象，如线状体和面状体基本上

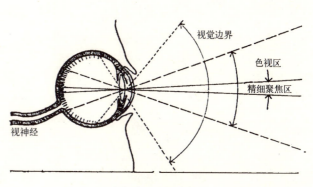

(a) 人眼球视觉特性

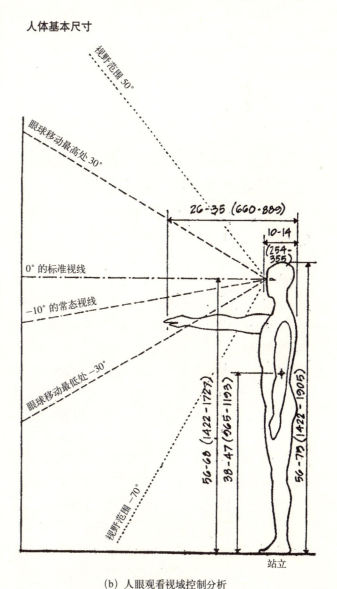

(b) 人眼观看视域控制分析

图4-76 面形的视域调控

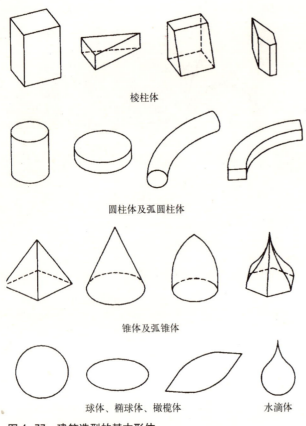

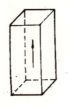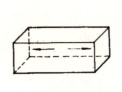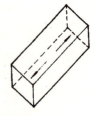

图4-78 体量增扩的方向性效果

图4-77 建筑造型的基本形体

是建筑元素中柱列、梁架、墙面、门窗等空间形态的外观表象。通常建筑体块表现有充实的体量感和重量感，其中线状体和面状体则相对会具有线形和面形要素所表现的视觉特征。然而，当体块由线状体或面状体围合构成时，其体量感和重量感将被不同程度地削弱。

建筑的形体通常采用最简单的基本几何形体。这是因为，建筑工程是需要就地进行的施工项目，自然希望建筑形态尽可能的规则易行。然而，基本几何形体具有单纯、精确、规范、富有数理规律和易于操控实施的优点，并且在视觉上也具有各自明显不同的特征和丰富的表现力，因而容易被人感知和理解，也在长期的实践中博得了广泛喜爱，自然成为一般建筑造型构成的基本形体单元，任何复杂的建筑形体皆可由基本几何形体的组合与变化衍生出来。因此可以说，迄今为止的绝大多数建筑形态都是可以划分成由基本欧氏几何形体的相互组合而构成的。

建筑造型中最常采用的基本几何形体有：立方体（正方体和长方体）、棱柱体、角锥体、圆柱体和球体。它们所对应的建筑表象，在造型上均具有与其本身几何形体特征相关联的视觉表现性格。如立方体是最为广泛采用的建筑形体。由于它具有便于度量，且明确的体量感、相同的直角形转角与轮廓，赋予立方体以严整、肯定与规则的表现性格，用在形体组合时也便于相互的连接；圆柱体和圆球体都是在一定体积容量下外形最小的形态，造型具有向心集中的包容感和表面连续的整体感和柔和感；角锥体与棱柱体与立方体相比，在造型上更显丰富并可有较多的变化余地，它们的棱角是最具表情意义的部位。其中正三角形锥体是形体造型中最具安定感的形态，但是倒置的三角形锥体则具有相反的感觉，可表现出轻快、活泼而生动的性格（图4-77）。

（2）形体要素的造型特性

1）体量表现的造型意义：体量感的表达是形体造型的基本特征。由于体量是实力与存在意义的标志，建筑造型经常利用其形态的体量感来表现雄伟、庄重、稳固的氛围，表达对权力的敬畏，对人力、自然力的颂扬和对丰功伟绩的敬仰之情。决定体量感大小程度的基本因素是形体的三维尺度。巨大的空间尺度可给人以心理上的震撼。然而，沿形体不同的方位增加体量会产生不同的视觉效果：沿垂直方位上增加体量，可以表现出崇高、敬仰的情感；沿水平方位增加体量，可表现出宽广、大度、平静和舒展的效果；沿纵深方向的体量增加，可表现出深邃幽远和神秘莫测的空间效果（图4-78）。影响形体体量感表达的还常见如下诸多因素：

（A）比例和体形因素——以小衬大的尺度对比关系，有利于整体形态体量感的表达；圆形体比方

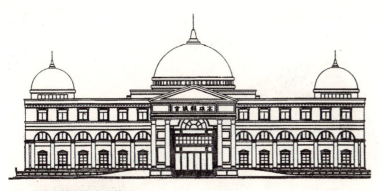
(1) 台湾高雄市议会大楼
半球形穹顶造型增加了建筑庄重感

(2) (美) 洛杉矶迪斯尼科学宫
球形与圆柱形组合的形体有更强的体量感

图 4-79 形体的比例与体型因素

(a) (美) 纽约东河滨水公寓——
用形体角部变化丰富造型表现

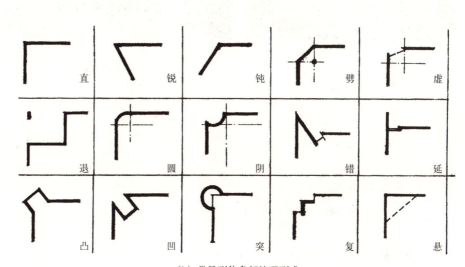
(b) 常见形体角部处理形式

图 4-80 形体的角部处理因素

形体具有更加充实的体量感，也就是圆锥体比角锥体，圆柱体比棱柱体，圆球体比立方体都具有更强的体量感（图 4-79）。

(B) 形体角部处理因素——建筑基本形体的角部造型处理形式，对形体的空间轮廓和体量感的表现，具有十分微妙的视觉效果，或可增强形体的体量感和力动感，或可削弱其体量感而增加其挺拔、轻盈的空间感或雕塑感。形体角部造型处理的形式变化十分丰富多样。运用形体角部处理形式变化的手法，往往可以取得以少胜多的造型创新实效，不同角部处理形式的造型效果值得仔细品味，其体量感的表现运用得当则可妙趣横生（图 4-80）。

(C) 形体表面处理因素——形体表面的色彩与质地处理对体量感的表达也有显著影响，不同的色彩和质地表现可以引起不同的联想。一般而言，浓重和暗沉的色彩可具有较强的体量感，而清淡和明亮的色彩可表现出较弱的体量感；同样，粗糙无光泽的质地具有较笨重的体量感，而细腻光泽的质地可削弱形体的体量感（图 4-81）。

(D) 形体洞口处理因素——形体表面开挖洞口可削弱其体量感，增加轻盈、剔透的效果。加大门窗洞口，透视内部空间的造型处理，可以有效减轻形体的体量感（图 4-82）。同样，当形体由线状形或面状形围合构成时，也可减轻体量感。

（1）（美）纽约威斯汀酒店——华丽的表面色彩处理使建筑变得轻巧飘逸

（2）北京首都博物馆，2006（法）AREP——浓重的色彩与粗糙的表面质感处理，有效地增加了檐部和基座的体量，并与凸出立面的古铜色装饰体相呼应，构成了兼具古朴庄重和现代感的建筑形象

图 4-81　形体的表面处理因素

(a) 外景透视

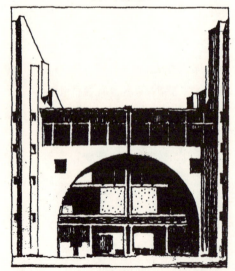

(b) 局部立面

图 4-82　形体的洞口处理因素（意大利罗马，塔尔贵尼亚区住宅）
宽大而可透视其内部的门窗洞口，有效削弱了建筑体量感。

（E）形体外观装饰处理因素——形体表面的装饰图案和材质肌理纹样，常具有吸引观赏注意力，减轻形体的沉重体量感的作用（图 4-83）。

2）方位变化的表情作用：形体方位变化的表情作用是人类长期审美实践的经验积累，也是形体要素重要的造型特性。形体在造型构图中的空间方位可概括分为垂直、水平和倾斜三种方位，它们分别具有不同的表情作用（图 4-84）。

（A）垂直方位——具有高雅、权威、庄重、崇高向上和至尊伟大等表情作用，也可具有傲慢、孤独和寂寞等负面的表情作用。

（B）水平方位——可具有平静、平和、永恒、安定和舒展等的表情作用，同时也可表达疲软、死亡、空寂和苍凉的负面情感。

（C）倾斜方位——可表现出生动、活泼和轻盈的情感，同时也可产生惊险、危机和动荡不定的负面情感。

3）组合关系的空间效果：大多建筑造型都是由多个基本形体组合构成的，并由基本形体的间隔、方位（上、下、左、右、前、后）和面向的变化而形成一定的组合关系。基本形体间的组合关系是影响形体造型空间效果的重要因素。组合

四、赋形思维的构图技艺

（1）用壁画装饰形体——墨西哥，通讯与建筑部办公楼

(a) 垂直的纪念碑形体——崇高，伟大

（2）用材料质感肌理变化装饰形体——日本某旅馆入口墙面

(b) 横卧的纪念碑形体——静思，安定

（3）罗马尼亚某艺术馆入口

图 4-83 形体的装饰处理因素

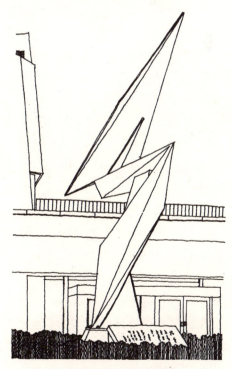

(c) 斜向的庭园雕塑形体——动态，向上

图 4-84 形体方位变化的表情意义

95

关系的三维或多维的时空属性，决定了造型表现的空间视觉效果；其主要体现在形体组合的型限关系、虚实关系和空间张力关系等组合关系调适所产生的视觉空间效果上：

（A）型限关系的视觉空间效果——所谓型限即是建筑主体造型，随视点变化对其外形空间效果变化的必要调适。形体造型的"型限"不同于平面造型中的"轮廓"概念，它具有三维空间和四维动态造型的时空表现特性。造型型限调适的目标，是寻求从任何视角观赏形体组合都能获得良好的视觉空间效果。为取得理想的型限关系，可以采取变换形体中组合单元的角度、方向、虚实、形态和表面色彩、质地等手法，用以完善、丰富和充实形体整体组合的视觉空间效果（图4-85）。

（B）虚实关系的视觉空间效果——两个或两个以上形体的组合，在一定的空间距离条件下，会形成具有围合感的视觉张力空间或称空间力场。围合的形体越多、距离越紧、其场性也越强。相对于围合的实形体（实体）而言，空间力场也可称作虚形体（虚体）。在形体组合的实体关系中，增添一定的虚体组成，可以产生丰富而生动的虚实相生、异同寓合视觉空间效果，增强整体造型的形式美。

调控建筑形体组合的虚实关系，是造型表现的重要手段。形体表面的虚实处理，通常可用于形体组合的虚实关系的调控。一般实体形的表面表现为实墙或半实墙。虚形体的表现较为丰富，可以是通透的空间，或是有通透感的窗洞、玻璃幕墙造成的虚化的形体，或是由低明度、冷色系的色彩处理虚化的实形体墙面。一般而言，以实形体为主的造型，其形体呈现的厚重感、封闭感和坚实感，有助于表现庄严、坚强、朴实的造型性格；而以虚形体为主的造型，其形体呈现的轻盈、通透的视觉特点，有助于创造出轻快、活泼和自由洒脱的造型效果（图4-86）。

（3）形体造型的构图处理

建筑形体造型构图处理的内容，主要包括基本形体的重塑改造，组合形体的构成选型和形式规律的构图运用三个方面。

1）基本形体的重塑改造：实践显示，由于建筑自身工程技术的物质特性的局限，建筑造型形态大多采用简单、规则而易行的几何形体。但是，从建筑造型的艺术属性考虑，通常需要对简单规则的几何形体进行必要的艺术加工，以求打破几何形体产生的过于单调和刻板的感受，使其能变得更加丰富多彩，并能创造出千姿百态的造型效果。对几何形体进行的艺术加工，是对形体原本几何特征的定向重塑和修整改造。其常见的用于基本形体重塑改造的艺术加工手法，借鉴运用了现代雕塑艺术的创作技巧，具体表现为下述几种手法：

（A）削减法——所谓削减法，即是对既定建筑整体形体的一部分进行切削或抠挖加工，犹如对硬质块材的雕凿和剔挖手法，以求使几何形体在保持原有整体几何特征的条件下，变得更富有层次感和精细感。在追求简洁、精巧的工艺技术性美感的当代建筑中，这种造型处理手法颇为多见。几何形体采用削减方法改变造型的手法，常用的有切削、抠挖、掏洞等手法或是数法并用（图4-87）。如日本爱知县艺术文化中心的造型就是以简单的立方体为基本形体，运用直线和曲线的多种切削和抠挖而生成的并富有雕塑感的形体造型（图4-88）。

运用削减法重塑改造的几何形体，仍具有较强的体量感，造型较显厚重与稳定，适用于表现庄重、坚固和严肃的性格。运用此法造型时，应注意严格遵循从整体到部分再到细部处理的作业程序，并应注意确保该法运用中的四个要点：保实、削整、纯法和净表：

a）保实——就是要确保建筑整体上以实体部分占优势，削挖切去的部分应占弱势，以保持整体形态的原有几何特征，并能显示出艺术加工产生的新的视觉效果以及所具的技艺性美感。

b）削整——就是被削减的部分要相对集中，不宜过于分散零乱，以免削弱造型整体关系的清晰感，使建筑形象产生模糊的造型效果。

c）纯法——这是要求使用该法时宜力求手法单纯，较忌讳与其他塑形手法混杂并用，以免丧失该法产生的造型特点，而陷于不伦不类，削弱艺术表现力。

d）净表——就是在运用中宜净化形体表面形

四、赋形思维的构图技艺

(a) 群体鸟瞰　　　　　　　　　　　　　　　　　(c) 主楼近景

(b) 城市干道景观　　　　　　　　　　　　　　　(d) 主楼顶部造型

(e) 裙楼内广场景观　　　　　　　　　　　　　　(f)

图 4-85　形体型限关系的空间效果（日本东京都新市政厅，1991，丹下健三）——设计充分考虑群体的型限关系，使人们从任何视角都可观赏到完美的主体造型

97

（1）（荷）海牙荷兰舞剧院（1987，莱姆·库哈斯）——利用色彩调整形体虚实关系

（2）苏州新罗酒店（2006，希里尔）——虚实交替，以实为主

（3）（美）印第安纳波利斯社团人寿保险公司总部——虚实相间，以虚为主（1974，凯文·罗奇）

图4-86 形体组合的虚实关系处理

削法

挖抠法

掏空法

二次切削、挖抠、掏空法

分离与错位

图4-87 基本形体加工——削减法

图4-88 日本爱知县艺术文化中心

四、赋形思维的构图技艺

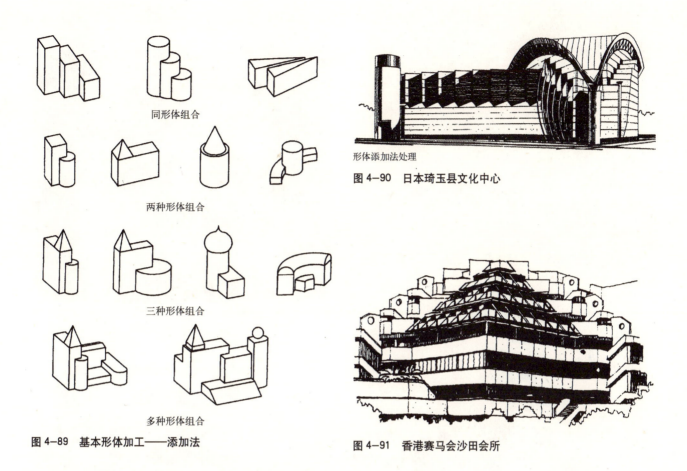

同形体组合

两种形体组合

三种形体组合

多种形体组合

图 4-89 基本形体加工——添加法

形体添加法处理

图 4-90 日本琦玉县文化中心

图 4-91 香港赛马会沙田会所

态（色彩、质感、肌理等）的处理，以有利于突出此法所具有的雕塑性美感的表现。也就是突出形体虚实变化和光影变化创造的视觉艺术效果，同时削弱形体表面形态变化产生的视觉干扰。

（B）添加法——所谓添加法即是与削减法相反的手法，是在特定的主要建筑形体上增添与附加新的次要形体，借以取得更趋圆满和充实的造型效果的方法（图 4-89）。一般而言，增添的新形体应处于从属的地位，应与主要形体构成明确的主从形态关系。此法运用中，切忌模糊主从关系，并应注意整体造型的协调性，包括对主次形体的比例、量感、质感和色彩的协调处理。如日本琦玉县文化中心，它在立方形的主体造型上添加了圆柱形和棱柱形的附属形体借以丰富了主要形体的细部造型（图 4-90）；又如香港赛马会沙田会所的造型，采用了在立方形基本形体上添加方锥形体量的处理手法，也有效地丰富了主体几何形体的造型变化（图 4-91）。

（C）分割法——这是一种用于削弱形体的体量感，使其化整为零的形体重塑处理手法。运用此法可以增加形体的层次感，可使单一的形体变换成多元组合的形体，或可改变原有形体比例关系、调整尺度感，创造出更为圆满的新形体与造型形象。如突尼斯青年之家的方案设计，其总体造型是一个横卧的三角形棱柱体，设计将其竖向分割为两部分，取得了与原形截然不同的新颖的造型效果（图 4-92）。在高层建筑的形体造型中，常可见采用横向切割分段处理的手法，如德国慕尼黑 BMW 办公楼圆柱形筒体采取水平分割造型处理，表现了筒体结构轻盈飘浮的造型特点（图 4-93）。再如，美国华盛顿，国家美术馆东馆的造型，是将与基地形状相似的梯形体块适当进行整体分割后，重塑主要形体而创造的建筑造型杰作（图 4-94）。

（D）转换法——这是通过几何转换或拓扑转换方式，使一种形体自然过渡到另一种形体而创造出新形体的重塑改造手法。所创造的新形体一般几何

图 4-92 基本形体加工——分割法（突尼斯青年之家，横向分割形体）

(a) 东南向外景

(b) 沿北侧公路景观

图 4-93 （德）慕尼黑 BMW 办公楼——竖向分割形体

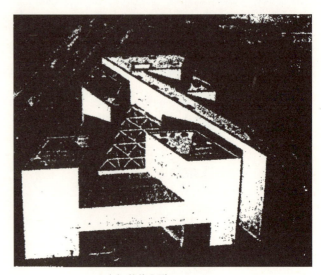

(a) 整体鸟瞰

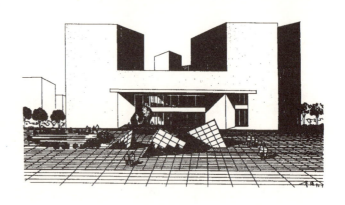

(b) 广场立面

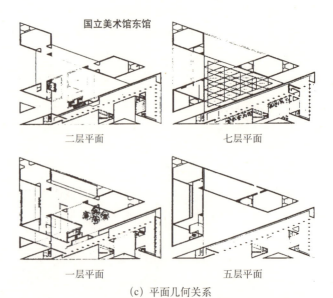

(c) 平面几何关系

图 4-94 （美）华盛顿国家美术馆东馆——整体几何分割形体

四、赋形思维的构图技艺

图 4-95　基本形体加工——转换法
（杭州市健身娱乐中心，1998，屋顶转换曲面形体）

图 4-97　组合形体构成——分离式

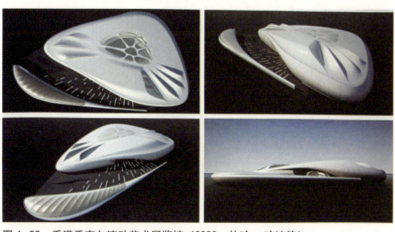

图 4-96　香港香奈尔流动艺术展览馆（2008，扎哈·哈迪德）

图 4-98　组合形体构成——接触式

关系较为复杂，传统的建筑技术较难实施。然而，当代建筑材料与技术的进步，已为这种较为复杂的新形体提供了广阔的发展运用前景。如，屋顶采用索膜结构形式的杭州市健身娱乐中心，其造型是由长方形主体形体向波形曲面形屋顶形体平缓过渡转换创造的新形体，表现了富有动感和生气的造型新形象（图 4-95）；香港香奈尔流动艺术展览馆，是由杰出的解构主义建筑大师（英）哈迪德设计，是在三角形棱柱体基本形体上，运用拓扑变形手法创造的当代非线性建筑造型（图 4-96）。

2）组合形体的构成选型：建筑造型经常并非采用单一的几何形体。当造型由两个或两个以上基本形体组合形成一个较复杂的组合形体时，必然需要妥善处理形体之间的空间组合关系，以利确保造型整体的完整性、形式的肯定性、空间的层次性和主体的易识别性。通常组合形体可选择采用以下四种构成方式来处理形体之间的空间组合关系：

（A）分离式——视觉特征相似的形体组合时，可采取让形体间保持一定空间距离的构成方式，同时可让形体在方位和相对关系上作一定变化，如采取平行、倒置、反转对称等变化手法。应该注意，各组成形体间的距离不宜过大，以免削弱相互间的构图联系（图 4-97）。

（B）接触式——组成形体间仍保持各自固有的视觉特征，整体造型的表现效果取决于形体间相互接触的方式。其中以面对面的接触方式的整体连续性最强，线接触和点接触的造型整体连续性依次顺减（图 4-98）。

日本东京最高法院

相交　两形体不要求有视觉上的共同性，可为同形、近似形也可为对比形、两者的关系可为插入、咬合、贯穿、回转、叠加等。

图 4-99　组合形体构成——相交式

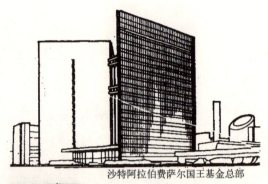
沙特阿拉伯费萨尔国王基金总部

连接　由过渡性形体将两个有一定距离的形体连为整体。连接体可不同于所连接的两形体，造成体量上的变化，突出形体之特点。

图 4-100　组合形体构成——连接式

（C）相交式（咬合式）——组成形体间不一定具有相似的视觉特征，它们可为同一形或为近似形、对比形。形体间可采取插入、咬合、贯穿、回转和叠合等构成方式来处理形体的空间组合关系（图4-99）。

（D）连接式——当组成形体间不便相互咬合的组合关系时，可采取插入连接体的构成方式，将两个具有一定空间距离的形体连成整体。连接体作为主要形体间的过渡性形体，在体量上应保持处于相对弱小的地位，以利突出主体造型的表现效果（图4-100）。

3) 形式法则的构图运用：由多元组合构成的建筑形体，其构图形式千变万化、层出不穷。但为了取得理想与圆满的造型效果，还需遵循一定的形式美的基本规律——形式法则。熟悉掌握形式法则在形体组合构图中的基本运用形式及其相应的造型效果，对实现造型构图的预期目标和取得成功的创作成果极为重要。有关形式美的基本规律，已在本书前文中阐明。在此仅对其在形体造型构图中所表现的各种运用形式及其造型效果，再作如下系统的补充（图4-101）。

（A）对比——形体间的对比关系即是强调彼此的相异性特征。可以形成对比效果的因素极为丰富，可以包括形体的尺度大小、方位差异和表面特征变化（色彩、质感、肌理等）等要素。运用对比效果可以增强视觉的冲击力，常用以突出造型主体和中心的表现力，取得鲜明活跃、富有刺激性的视觉效果。

在运用形式美的基本规律——"异同寓合律"中，对比关系是唯一能满足形式相异性要求的构图方式。与对比方式相反的是采取协调的方式，它是以种种协调方式使造型效果求得整体统一的构图方式。以协调方式为主的构图形式在造型运用中最为普遍，内容也最为丰富，其中可包括对称、均衡、主从、重复、近似、渐变和突变等手法，各自可具不同的造型效果。

（B）对称——形体组合采取具有明显中心轴线的镜像对位的布局形式，可以取得严谨、庄重、整体统一和形态稳定的视觉效果。

（C）均衡——形体组合采用非对称的平衡布局形式。通常认为其中尺度、体量大的或个性较强的形体应更靠近视觉平衡中心，而尺度体量较小或个性较弱的形体则应较远离视觉中心，从而可在视觉心理上取得整体性的平衡。以均衡关系构成的形体布局形式，可兼具有对称布局形式严谨、稳定、理性的视觉效果和非对称形式产生的更有生气、更为自由的造型个性。

（D）主从——这是形体间既有差异又能保持紧密联系的构图关系。其整体布局中，通常以对比方式显示形体间的差异性，形成明确的主次关系，

(a) 对比、对称、均衡、主从（引自建筑设计资料集）　　(b) 重复、近似、渐变、特异（引自建筑设计资料集）

图 4-101　形体构图的形式法则运用

同时以呼应方式建立形体间的视觉联系。其造型效果具有主次分明、中心突出、整体和谐统一的视觉特点。

（E）重复——这是组合构图中，采取以基本形体反复出现的方式表现形体间同一性和秩序感，从而取得整体和谐统一的视觉效果的构图手法。运用此法时，其基本组合形体一般不宜超过两种以上，以免削弱重复的节奏性特征的表现。

（F）近似——参与组合的基本形体在视觉特征上彼此相似，但在其形态构成要素上（大小、方向、色彩、和质感、肌理等）仍可保留一定差异，将此种形体按一定秩序、依次重复、组成近似的构图形式时，可以表现出具有整体连续性和韵律感特点的造型效果。

（G）渐变——参与组合构图的基本形体在形状、大小、排列方向上作有规律、有节奏的变化，形成具有一定级差性形体组合关系，可使整体造型在视觉上形成强烈的节韵感的表现。

（H）特异——整体构图在基本形体作规律性的重复中仅以个别形体或形态要素突破既有规律，在形体的大小、方位、质感、色彩等方面作出明显的改变，从而形成视觉的焦点，借以打破过于规则、单调和刻板的构图形式，以取得出其不意的造型效果。

5．建筑质感与肌理的造型运用

（1）质感肌理的建筑表象

1）建筑实体表面的形态特征：建筑实体的建成总是要靠耗费大量物资材料来实现的，因而建筑实体的表面效果不仅取决于材料质地的自然属性，而且更多地取决于材料的人工制作工艺。因为同一材质的建筑构件，可以因为表面加工处理方式的不同而产生无限多样的表面效果。所以，必须从质感与肌理两方面才能完整表述同一建筑表面的形态特征。可以认为，质感与肌理是同一建筑表象的两个相关联的形态特性，是感知表面效果的两个相关的侧面。其中，质感是指由材料自然属性产生的表面效果，它可以由视觉或触觉直接感知；肌理则是专指包括人为加工制作形成在内的，各种材料表面的微观形态特征。质感表现的形式美，主要为静态的、朴实的和自然的意义；肌理表现的形式美则具有动态的、装饰的和理性的特征。

2）肌理表现的联觉效应：人们感知建筑表面质感与肌理的视觉和触觉功能，在长期的视觉经验

图4-102 (德) EMR通讯技术中心(1995,弗兰克·盖里)——利用质感肌理变化增强形体立体感

(1) 北京清华大学图书馆扩建工程(1991)——立面装修延续旧馆文脉　　(2) 瑞士,巴塞尔维特拉公司总部(1994,法兰克盖里)——形体丰富的质感肌理表现

图4-103 利用质感肌理变化丰富形体表现力

中已建立了紧密的功能联系,形成了视知觉特有的联觉效应。因此人们往往仅通过视觉就可以获知触觉才能直接感知的表面质感特性。正因如此,肌理在建筑造型构图中表现了特有的重要视觉作用。

肌理在实质上是形成建筑表面组织构造的微观形态,这些微小的形态只有在大面积表面上分布时才能形成肌理效果。其视觉效果所包含的表面构造形式可以有两种:一是以形状效果显现的构造形式,二是以光感效果显现的构造形式。形状效果表现为表面纹理的一种样式,光感效果则表现为表面质地的一种光反射特性。人所共知,细密光亮的质面,具有较强的光反射性,可以使人联想到金属、陶瓷、和磨光石材等表面的质感,具有轻巧、洁净和冰凉的冻手感;平整而无光泽的质面,可使人联想到木材,纸张和布料之类的表面质感,具有亲和朴实和含蓄的温暖感;粗糙而有光泽的质面,可以使人联想到具有热塑性和流动性的各种复合材料和表面涂料的表面质感,具有柔韧强固和沉重实用的耐久感;粗糙且无光泽的质面,可以联想到天然石材,混凝土等的表面质感,会产生笨重、坚固和耐久的感受。依靠肌理形态的效果变化,可以增强表面质感的装饰作用。

(2) 质感肌理的造型作用

1) 增强形体的立体感表现:建筑形体相邻的两个面,采取不同的肌理处理时,可以增强相邻面在视觉特征上的对比关系,有利于增强形体的空间层次感的表现(图4-102)。

2) 丰富建筑形体的表现力:同样的建筑形体可借助表面材质肌理的不同处理,表现出不同的视觉效果而产生不同的建筑形象(图4-103)。

图 4-104 新加坡海湾剧院（2000，DP 事务所）
特殊的钛合金穹顶质感肌理传递着相关功能技术与地域信息。

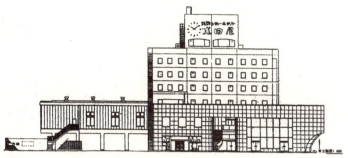

图 4-105 立面肌理关系的造型处理
日本长野县成田旅馆，立面多种材料的肌理层次关系。

3）传递造型的相关信息：质感肌理要素与色彩要素一样也具有传递相关信息的造型作用。它可传递的信息极为广泛，可包括有关材料、技术、文化、功能和审美等多种信息。传递方式可以通过视觉信号，也可通过触觉信号（图 4-104）。

（3）质感肌理的造型处理

1）肌理与肌理关系的处理：当建筑表面采用多种材料与肌理时，那么各种肌理之间在视觉和触觉的形式构图上，也应符合形式法则"异同寓合"或"多样统一"的一般要求，并对不当关系作出相应的处理（图 4-105）：

（A）使用同类材料构成表面肌理时，由于同一材料的基本特征已具备了统一与协调的基础，此时对建筑表面肌理的处理应注重寻求对比性变化的效果。

（B）使用多种不同材料构成表面肌理时，由于不同材料质地特征的差异，已具备了丰富变化的多样性。此时，该建筑表面处理应重点关注各种材料在肌理形式构成上的和谐统一性。

2）肌理与形体关系的处理：肌理在实质上是形体表面的微观构造，其视觉表现效果自然与形体造型效果密切相关。因此，在处理形体表面肌理时，应考虑使用方式和观赏视线投注方向的影响。宜将肌理处理的重点配置在使用过程中较易接近和较常接触的部位，以利更好地发挥肌理在增强形体立体感、丰富形体表情和有效传递相关信息中的造型作用（图 4-106）。

3）形式群化型肌理的造型运用：人们在表面

图 4-106 香港希尔顿饭店
运用多层次肌理变化增强了形体表现力。

质感肌理的感知过程中，极少关注它的具体的微观构造形态，而是更多地关注它在建筑表面上的整体宏观造型效果，也就是它的微观形态的群体性表现效果。因此，随着工业化制造的需要，对建筑表面肌理造型运用的方式，逐渐出现了革命性的变化。肌理的利用已不再局限于对天然材质纹理的加工处理，而是开始出现了向人造肌理制造与利用的重要转变。这是由于肌理在实质上是由表面微观形式单元——材质微观构造形态在大面积表面上重复出现形成的整体表现效果，于是很容易利用工业化制造的特点，把形式作为一种可以重复制造的单元，并利用单元重复的群化效果，使之转化为建筑表面的肌理形态。这种工业化制造的人工肌理犹如"墙纸"一样，具有构成单元形式的多样随意性和自由延展性的特点，可以覆盖需要任何尺度的表面。这种墙纸式的建筑表面肌理处理，可以极大地丰富关于肌理的概念和造型运用方式，已在当代建筑中得到了应有的重视（图4-107）。

4）技术构造性肌理的创新运用：建筑造型艺术历来重视建筑空间外围护结构——外墙体的视觉表现效果。正因如此，现代主义建筑从理论和实践上竭力要将建筑外墙从重力的羁绊中解放出来，使其成为更具自由表现可能性的艺术"表皮"。但是受自身建筑观的约束，在早期现代主义建筑中，"表皮"的自由表现仍受反映内部功能要求的制约，仅能把外表变化局限为表现空间雕塑感的主要艺术手段，也因此引发了后现代主义的冲击。后现代主义则进一步认为建筑可以有两层"表皮"，其里层用于解决实用功能关系，外层可用于满足自由表现的需要，借以摆脱现代主义的清规戒律，使建筑"表皮"的表现变得更加自由和独立。解构主义者更提出了"表面可以脱离建筑主体"的理论主张，使其展现了自由放纵的激情式表现的性格。然而，随着时代的变迁与进步，当今建筑正面临着对建筑"表皮"意义的重新认识，并开始考虑从传统关注的艺术使命转向其作为围护机能的本质意义的回归。因此，肌理作为建筑"表皮"的基本属性，已成为当代建筑重新定义并实现造型创新的重要主题。

特别应予注意的是，当代建筑智能化和生态化技术的发展，已使建筑外围护体的"表面"属性开始出现了创新性的发展，"表皮"的艺术表现作用与技术构造形式实现了有机的统一。如（法）让·努维尔设计的阿拉伯文化研究中心，其建筑外墙肌理是由具有阿拉伯图案形式特点的单元重复而形成。这种肌理形式既展现了阿拉伯文化的特征，又展现了玻璃幕墙自动调光技术构造的形式，实现了技术构造与艺术效果在"表皮"肌理形式上的高度统一（图4-108）。又如雅克·赫尔佐格在1997年落成的美国加州葡萄酒酿造厂，其建筑围护体也充分表现

图4-107 （德）埃伯斯瓦德高级技校图书馆（1995，赫尔佐格）
运用形态群化型肌理的造型效果。

了"表皮"肌理形式的这种创新特征，其外墙由铁丝编织并填满石块的笼子堆砌而成。率真的墙体构造不仅极其巧妙而自然地反映了酿酒生产的环境特点，而且同时形成了一种独特的"表皮"肌理（图4-109）。从这类实例中可以发现，建筑的外墙已不再仅仅是单纯艺术表现意义上的"表皮"了，而是有了更多本质意义的建筑"皮肤"。它已成了建筑空间与外界环境进行物质与能量交换的界面。也就是说，传统的注重视觉效果的"表皮"，已转变为具有"皮肤"般深层构造和自我调节功能的有机组织形式。当代建筑正是基于这种新的认识，力求使建筑表面肌理成为艺术表现与技术构造的有效结合点，实现了艺术效果与功能技术的有机整合，极大地丰富了建筑质感肌理的艺术表现力。

6. 建筑色彩的造型运用

（1）色彩造型的情感效应

色彩的感觉能引起人们在生理与心理上的各种反应，这是由于人们根据生活实践的经验，常会把色彩与相应的事物加以联想，从而形成的一种共同经验性的生理与心理反应现象。然而它确实影响着人们对建筑形象及其周围空间环境的感知状

(a) 入口与室内景观

(b) 立面玻璃幕墙肌理

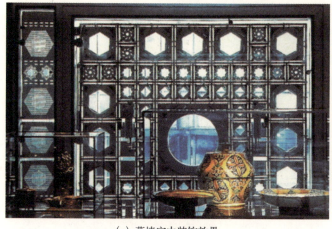
(c) 幕墙室内装饰效果

(d) 幕墙外观夜景

图 4-108　（法）巴黎阿拉伯文化研究中心（1987，让·努维尔）
具有自动调光功能的玻璃幕墙，其构造形式具有阿拉伯图案特征，形成立面质感肌理的创造性表现。

态，这种由色彩产生的情感性效应，可具体表现在下述方面：

1）冷暖感：色彩根据其在光谱中的波长变化，可以分为暖色系和冷色系。长波的红、黄、橙色可以给人温暖感，因为它们可使人联想到阳光、火焰等具有的温暖。而短波的蓝、绿色系容易使人联想到冰冷的河水，凉爽的绿荫，会给人以寒冷感，所以属于冷色系。同时，色彩的冷暖还与色彩的明度和纯度变化相关。如黑色比白色会显得较温暖；含白的明色会比暗色更显清凉感；纯度高的色彩比纯度较低的色彩会具有增温的感觉（图 4-110）。

图 4-109　（美）加利福尼亚葡萄酒厂酿造厂外墙（1997，赫尔佐格）
建筑外墙由铁丝编织筐充填块石堆筑构成，反映功能与地域特征。

(1) 墨西哥哈斯林科州立公众图书馆
炎热地区建筑外观喜用冷色调。

(2) 广东东莞理工学院教工住宅
炎热地区建筑外观喜用冷色调。

(3) 匈牙利布达佩斯库格利科住宅
寒冷地区建筑外观喜用暖色调。

(4) 瑞典马尔默"砖城堡"住宅
寒冷地区建筑外观喜用暖色调。

图 4-110　色彩的冷暖感

2）空间感：色彩的冷暖之分还具有使空间产生扩张或收缩感的属性。具有高明度色彩的物体往往可具有尺度扩大的感觉，而具有低明度深色的物体相比之下会具有尺度缩小的感觉。同时，明亮、鲜艳、高纯度的暖色调能使空间的距离相对拉近。反之，柔和、灰暗、低纯度的冷色调可使空间的距离感相对推远。也就是说，暖色和亮色系可产生前进和离心的空间感，而冷色和暗色系则可使被观赏的对象产生后退和向心的空间感（图 4-111）。

3）重量感：明亮的色彩会使人感觉观赏对象较为轻盈，而深暗的色彩相对感觉较为沉着稳重。不同的色彩处理可在心理上产生不同的重量感。如淡蓝色的天空可给人以飘逸、轻快的感觉，而深灰色的机器或混凝土墙体会给人以沉重、稳固的感觉（图 4-112）。

4）情绪变化：环境色彩的变化可对人的情绪产生不同的心理作用，诸如兴奋与沉静，紧张与松弛，舒适与困扰等情绪变化。一般认为，暖色系色

四、赋形思维的构图技艺

(1)（美）洛杉矶环球影城商业街
店面暖色标志突出鲜明。

(3) 墨西哥卡明诺旅馆
深红色外墙拉近视距。

(2) 广东深圳报业大厦
蓝色玻璃幕墙增强高度感。

图 4-111　色彩的空间感

(1) 西班牙巴伦西亚美洲杯大厦
明亮色彩具有飘逸轻快感。

图 4-112　色彩的重量感

(2) 广州电视台新址方案
明亮色彩减轻了立方体造型的沉重感。

(3) 武汉中国武钢博物馆
灰暗色彩表现了沉重稳固感。

109

彩容易引起人们兴奋的情绪，产生外向性的心理反应，可促进社交活动的开展，而冷色系色彩容易引起人们沉静与深思的情绪，产生内向性的心理反应，有助于人们视觉注意力与思维活动的集中；黑色或对比度与纯度较高的色彩，可以使人兴奋与紧张。相反，白色或对比度与纯度较低的色彩容易使人变得沉静、放松与舒展。因此，如果对室温较低、噪声较小、墙面肌理较单调的室内空间进行色彩处理，那么使用暖色调并提高色彩的明度和纯度，可有利于改善其环境氛围（图4-113）。

5）象征作用：色彩的象征意义对于不同民族、不同地区具有不同的历史背景和宗教信仰的群体而言，会出现较大的差异。一般而言，红色通常被称为"火与血之色"，它既可象征热情、喜庆和活力，也可产生恐怖和动乱的联想。黄色是所有色相中明度最高的色彩，它可象征光明、希望、明朗欢快、温馨健康的情感。橙色为红色与黄色的混合色，所以兼有红黄两色的性格，可以具有活泼和甜美的象征意义。绿色常会产生绿色植物的联想，可赋予事物以清新、宁静、平和，春天和生命的象征。浅蓝色可给人以高洁、冷静、深远和优雅之感，而深蓝色则会使人产生冷漠、死寂和阴郁的感受。紫色常会与夜空和阴影相关联，因此具有一定神秘感的表现，同时也可给人以优雅、高贵、庄重的感觉。大面积、低纯度的紫色还易产生郁闷、沉痛和不安的情绪；白色具有暗示洁净、纯真、朴素、明快和神圣的情感意义的一方面，另一方面也可给人以空虚、单调和令人冥想的感觉。黑色则易使人产生阴暗、忧郁的联想，同时可产生庄重、高贵、肃穆和坚实的感受，并具有反衬其他色彩效果的作用。灰色介于黑白两色之间，具有安静、柔和、质朴、大方和抒情等象征性意味。但当大面积单独使用时，会产生平板、呆滞和乏味的感觉。金色和银色均属具有金属光泽的色彩，可给人以质地坚硬，富贵华丽和高雅脱俗的感觉。然而也具有奢侈和豪华的象征，大面积滥用时则会显现淫富媚俗的弊端（图4-114）。

（1）深圳横岗城市中央花园
暖色系环境使人兴奋活跃。

（2）浙江台州景元花园
冷色系环境使人沉静松弛。

（3）南京日军大屠杀纪念馆
灰暗色彩使人沉思、忧伤。

图4-113　色彩的情绪影响

四、赋形思维的构图技艺

(1)（美）佛罗里达迪士尼总部大楼
五彩缤纷的外观象征多彩的娱乐生活。

(2) 上海世博会中国馆设计方案之一
红色象征中国建筑文化元素。

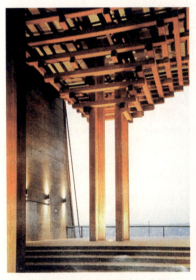

(3) 西班牙巴塞罗那世博会日本馆入口
红色木构门廊象征日本建筑元素。

(4) 北京人民检察院
黑白相衬的外观象征是非分明的执法精神。

图4-114 色彩的象征作用

6）联觉效应：色彩还可以产生与人的味觉与嗅觉的联系。如粉红色、淡黄色与淡绿色因可与花卉、瓜果色彩相关联，容易发生与人的嗅觉相联系的感觉；而桃红色、朱红色、橙色、蓝绿色等更容易与人的味觉相联系，因为这些色彩皆与一定的食物美味相对应。因此在化妆品商店或中西餐厅等建筑空间环境设计中，会更加重视色彩要素的联觉效应的运用（图4-115）。

(2) 色彩要素的造型运用

色彩要素是依靠它特有的情感效应，而能在视觉艺术中发挥重要造型功能的。按其与形体造型的相对关系，色彩要素的造型运用方式可分为三大类：一是独立造型。其色彩表现具有较强的独立性意义，如各种平面图形的色彩表现，具有特定的标识意义。二是协调造型。即是色彩表现用于配合和协助形体共同创造艺术形象，色彩与形体在造型中的作用显得同等重要，主要用于工业产品形象和外观形式的设计。三是辅助造型。这是配合形体表现的色彩运用方式，也可以说是以形体造型为主导的色彩造型作用，建筑色彩的造

111

(1)（美）洛杉矶环球影城商业街冷饮店
外观色彩似有冰淇淋的甜美感。

(2)（澳）墨尔本斯多雷讲堂
内外色彩似散发着山林洞穴的氛围。

(3)（德）汉诺威世博会大屋顶
展现木材本色的结构，似散发着木材的芬芳。

图 4—115　色彩的联觉效应

型运用方式应属此类。因此，建筑色彩的造型运用应始终服从于整体造型意象的表达，或是用于加强造型的整体性，或是用于调节形体组合的构图关系，有效地发挥色彩与形体相辅相成的造型作用。建筑色彩的运用应避免喧宾夺主的表现效果。根据色彩在配合形体造型运用中的作用，色彩要素的造型运用主要有下述三种方式：

1) 色彩强化作用的造型运用：在建筑造型设计中，通常可利用色彩的冷暖和明度的对比关系来增强建筑形体的立体感和空间感，从而达到加强形体或造型主体表现力的目的。为此，色彩处理一般采取在建筑形体中需要重点表现的部位（如凸出的阳台、壁柱或门窗套等）相对提高色彩的明度和对比度，在其余部分则相对降低明度或对比度。同时还可配合色调的冷暖变化，使需要凸现部分的色调趋暖，凹入部分的色调相对趋冷，从而达到强化建筑重点部位或主体造型的表现（图 4—116）。

2) 色彩调节作用的造型运用：由于受经济技术和使用功能等多种客观条件的制约，设计中常有对造型考虑难以满意或考虑不周的情况，致使造成建筑形体造型过于简单、粗俗，或过于刻板、呆滞，显露出某些明显的造型缺憾。此时为了弥补形体造型上的不足和缺憾，利用色彩在视觉上的调节作用，就成了最为经济而有效的办法。通过色彩处理，对形体造型上某些明显不良的特征，采取对非意向效果进行视觉改造或隐化处理，可以使整体造型取得向完美或期望的设计意象的转变。例如，当造型上的大片实墙面对整体效果和环境气氛产生不利影响时，如果对墙面采用适当的色彩装饰或壁画图案处理，可以有效改变其原有沉闷、压抑的视觉效果，使整体造型变得轻快活泼起来；又如在高层塔式建筑形体上，经常利用立面的横向划分进行色彩处理，可使平板粗笨的建筑形体呈现出重叠向上的节奏性美感；再如，形体显得扁长低矮的建筑，可利用平面转折变化形成的自然区段对形体进行色彩处理，形成竖向色彩分段，有助于调节形体在比例尺度上的造型缺陷（图 4—117）。

3) 色彩组织作用的运用：由于受基地条件、功能关系和其他客观条件制约，建筑形体可能出现过

四、赋形思维的构图技艺

（1）（美）旧金山现代艺术博物馆
外观红色强化了在城市背景中的形象。

（2）北京师范大学出版文化大楼
橘黄色体块强化了建筑入口造型特色。

（3）香港岭南大学主楼
正中红色校徽强化了校门位置。

图 4-116　色彩的强化作用

图 4-117　色彩的调节作用

（1）（美）某社区博物馆
墙面的色块处理用以调节过于封闭的外形。
（2）（德）莱茵河畔"超级信号"办公楼
临街立面丰富的色彩造型减轻了对街道空间的压迫感。
（3）西安紫薇山庄别墅
色彩分划调整立面造型。

113

(1) (美)亚特兰大高级艺术博物馆
单色统一复杂建筑形体。

(2) 天津经济技术开发区金融中心
单色统一建筑群体造型。

(3) 郑州大学新校区
两色组合协调群体造型。

(4) 上海西郊豪庭联排住宅
三色组合协调整体造型。

图4-118 色彩的组织作用

于复杂或群体关系过于松散、零乱的情况。此时为增强建筑整体统一的造型效果，经常可利用色彩的视觉组织作用，将显得复杂、松散的形体关系有效地转化为简洁统一的构图关系。在建筑形体上采取单纯统一的表面色彩处理，是发挥色彩在视觉上的组织作用最为简单而有效的处理手法。例如，著名现代建筑大师理查德·迈耶的白色派作品，尽管其建筑形体可能相当复杂，立面构件也形式多变，但它具有的单纯统一的白色外表处理发挥了有效的视觉组织作用，使造型表现了极强的整体统一感（图4-118）。

如果形体外表采用多种色彩处理时，只要色彩组合形式整体统一，仍然可以发挥色彩的视觉组织作用，使建筑产生统一协调的造型效果。例如，日本福冈博多水城商业娱乐综合体，虽然其建筑群体规模宏大，且复杂多变，建筑色彩也极其丰富并使用了较多的对比色彩，但由于色彩组合方式统一，仍然使色彩处理发挥了有效的组织作用，取得了极为圆满的整体造型效果，正如设计者所期望的造型意象：整个建筑群像一群条纹各异的斑马家族（图4-119）。

上述有关建筑形态要素特征与造型运用的基本内容，是掌握赋形构图技艺的重要理论基础。为便于读者总结思考和在实践中反复体会，在此有必要对上述相关内容，以列表方式作一个简明扼要的小结，以备随时查考（表4-1）。

四、赋形思维的构图技艺

(1)（日）福冈博多水城外景
多色彩组合协调群体造型。

(2)（日）福冈博多水城俯视
多色彩组合协调群体造型。

(3)（西班牙）莱昂当代美术馆
多色彩组合协调群体造型。

图4-119　色彩的组织作用

115

形态要素主要造型特性比较一览表　　　　　表 4-1

形态要素	特性	建筑表象	造型构图作用	造型处理技法
基本几何要素	点	• 总平面——点状（塔式）建筑 • 平面——柱、墩 • 立面——窗洞、装饰点	• 强调位置 • 形成视觉中心 • 点群组合表情运用	• 强化处理（加强独立性与对比度） • 弱化处理（点的线化与面化） • 表现次序感、韵律感、聚集感、运动感
	线	• 总平面——条形（板式）建筑 • 平面——墙体、地面分划 • 立面——天际线、轮廓线、材料分划线、装饰线 • 平立面设计控制线——轴线、关联线、构图解析线	• 表现视觉情态； • 直线的表现（粗、细、水平、垂直、倾斜） • 曲线的表现（圆弧、抛物、双曲、自由） • 形态的几何组织关系	• 主次感处理（粗细、密度变化突出主线） • 方向感处理（以主导方向取得统一感和整体感） • 节韵感处理（曲线可表现节奏的生动流畅） • 面化处理（线的弱化、丰富立面） • 形成经典构图关系 • 形成现代构图关系
	面	• 建筑外立面、屋面、墙面 • 室内地面、顶棚、构件表面 • 面状形体（板式形体）	• 平面图像二维构图 • 建筑形体三维构图	• 平面形态加工（外形剪裁、平面挖孔、曲面切削） • 立面视域调控 • 平面图像的图底关系
	体（块）	• 建筑立体空间外形	• 建筑形体构成单元 • 整体构成的基本几何形态 • 表现三维空间视觉特性（体量感、重量感、充实感、方位感等）	• 体量感处理（增强或减弱） • 方位感处理（垂直、水平、倾斜） • 形体组合和加工变形 • 形式法则运用
色彩要素		• 形体空间表面视觉特征	• 视觉心理作用（冷暖感、空间感、重量感） • 环境心理作用（象征意义、联觉效应）	• 视觉强化作用运用 • 视觉调节作用运用 • 视觉组织作用运用
质感肌理要素		• 形体空间表面材质特征	• 增强形体的立体感 • 丰富形体的表现力 • 传递相关造型信息	• 肌理与肌理关系的处理 • 肌理与形体关系的处理 • 形式群化式肌理运用 • 技术构造型肌理运用

（三）建筑形式结构的造型运用

人们从事建筑活动的动机是为满足实用的空间需求，建筑内部空间形态的构成自然成为建筑形式构成的首要问题。然而，人们在认知建筑的过程中，却总是首先从关注建筑外部的形式开始的，而后才进入建筑观察和体验到内部空间形态的构成。因此，在我们根据首要的空间需求计划进行建筑造型的设计创作时，必然十分重视并会精心考虑其空间体量所生成的外观视觉形式，也就是它的形体造型效果，以及建筑形体间相互联系所构成的外部空间形态。

实践表明，建筑形体是反映内部空间构成形式的外观视觉表象，是内部空间形式结构适应周边空间环境的协调结果。因此，建筑外部形体造型与内部空间形态构成了不可分割的、共生的和正负相合的同一关系。建筑形式结构正是这两者内外同一关系的意义概括。建筑形式结构在造型构图中发挥着组织架构的重要作用，具体表现在其结构图式的有效运用上。

1. 建筑形式结构的组成方式

本章前文已阐明建筑形式结构基本上存在两大类，就是指自然的形式结构和理性的形式结构。由

四、赋形思维的构图技艺

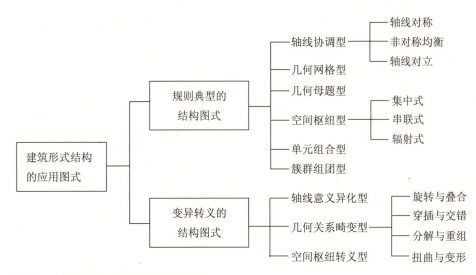

图 4-120　建筑形式结构应用图式分类

于理性的形式结构是人们根据事物运行与发展的客观规律经由理性思维创造的组织模式，具有较强的可控性而便于实施，因而成为建筑实践中最为广泛采用的形式结构类型，也是我们最需要重点了解与掌握的主要形式结构类型。根据理性形式结构的内在组织方式，又可分成组织关系简洁明确且有清晰规律可循的规则式，和组织关系模糊且难有规律可循的自由式（或称不规则式）两类组成方式。规则式主要是以一定几何关系作为参照架构的形式，通常是采用人们已较为熟识的几何图式，如轴线对称式、几何网格式、单元组合式、棋盘式、风车式、卫星式等几何图式关系。此类形式结构具有容易被人们在空间环境中认知，并具有约定俗成的视觉信息与心理效果；所谓自由式，则是指不按常规模式而灵活布局的形式结构。所指"自由"并非随心所欲，而是指隐含着更为复杂的形式规律。其结构布局形式可以根据环境、地形、运行模式与景观意向等灵活组织。在造型构图的实践应用中，理性的形式结构呈现为一定的结构图式，因此也同样可将结构图式归纳为两类：规则典型的结构图式和变异转义的结构图式。各种结构图式的造型运用特点具体分述如下（图 4-120）：

2．规则典型的结构图式

（1）轴线协调型

这是依靠形体与空间的几何轴线关系构成统一整体的造型结构图式。轴线是造型构图过程中虚设的控制线，可用以发挥支配全局的作用。建筑形体与空间形态皆以轴线为基准，按照内在约定的一定规则和视觉关系进行整体布局。轴线虽是视觉不可见的虚存线，但具有引导视线沿轴线方向运动的视觉心理功能。依照组成形态相对于轴线的定位关系，还可分为轴线对称，非对称均衡和轴线对位（中心对位，边角对位等）三种基本图式（图 4-121）。其中轴线自身形式也可有单一轴线，主副轴线和辐射轴线等变化。采用轴线对称图式的造型构图可具有端庄稳重的体态；以非对称均衡图式组成的空间构图，可以创造出既严谨有序又生动灵活的形体造型（图 4-122）。

（2）几何网格型

这是以建筑承重结构的轴线平面网格，协调组织建筑空间和形体造型构图的结构图式。结构轴线的网格（简称柱网）常用形式有正方形、矩形、三角形、六角形、八角形和放射形等平面形式。由于结构在统一的柱网中，具有相同的开间、进深、跨度，甚至可包括层高等空间体量参数，有利结构件标准化和施工的工业化。同时，统一的结构几何网格也使空间单元间形成了明确的理性秩序关系，相应的建筑形体可表现出统一的几何性造型特征，有助于在视觉上增强整体的统一感和节奏感。实践运用中，还可在基本网格的基础上采用增减、倾斜、旋转、插入、抽去、交替、套叠、

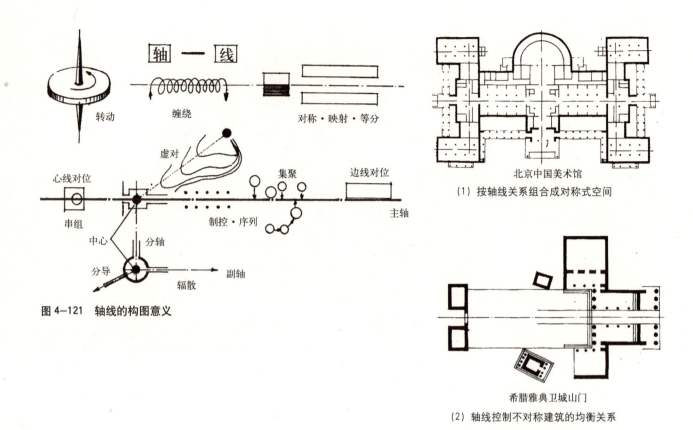

图 4-121 轴线的构图意义

图 4-122 轴线协调型形式结构
(1) 按轴线关系组合成对称式空间 —— 北京中国美术馆
(2) 轴线控制不对称建筑的均衡关系 —— 希腊雅典卫城山门

平移、混合等构图手法，丰富平面结构图式和相应的形体空间造型构图（图 4-123）。

(3) 几何母题型

这是按照形态单元群化构图原则，采用一两种基本空间形态为构图单元，按一定空间关系排列组合，形成具有同一几何形式母题的结构图式。它比上述几何网格型结构图式具有更为自由灵活的空间组合关系。这种结构图式具有简洁明晰和富有节韵感的空间形态，有利于增强空间形态整体的和谐统一性（图 4-124）。

(4) 空间枢纽型

这是经由一定空间枢纽系统连接各空间单元组成建筑整体的结构图式，所谓空间枢纽，就是根据使用功能确定的功能流线，组织交通空间而形成的相对独立的空间系统。空间枢纽系统一般可由各类通廊、大厅（门厅、过厅、广厅）、中庭、内部街和院落等公用交通空间有序连接构成。空间枢纽系统的构成形态对建筑造型构图具有空间骨架性的整体影响。根据建筑功能与流线的变化，空间枢纽的基本构成形式，可分为集中式、串联式和辐射式三种：

1) 集中式：即建筑内部交通流线交汇处形成建筑核心状枢纽空间，同时构成团块状建筑整体形态，使建筑形体显现相对集中体量的结构图式，即谓集中式。集中式空间枢纽一般具有尺度较大、形态较简洁的核心空间形态，并成为建筑整体构成的主体空间，使建筑内部空间关系相对集中紧凑（图 4-125）。

2) 串联式（或脊柱式）：这是由线状形枢纽空间将若干单体建筑空间，按一定秩序相连接而构成建筑整体形态的结构图式。其空间枢纽形态具有明显的方向性，并呈现出具有流动、延伸和增长的态势，可以组成具有较强可变灵活性和环境适应性的建筑空间形态，比较适用于流线分支较多、各建筑单元之间又需纵横多向联系的群体空间组成形式，如研究机构、学校建筑和工业厂房等。另外，按空

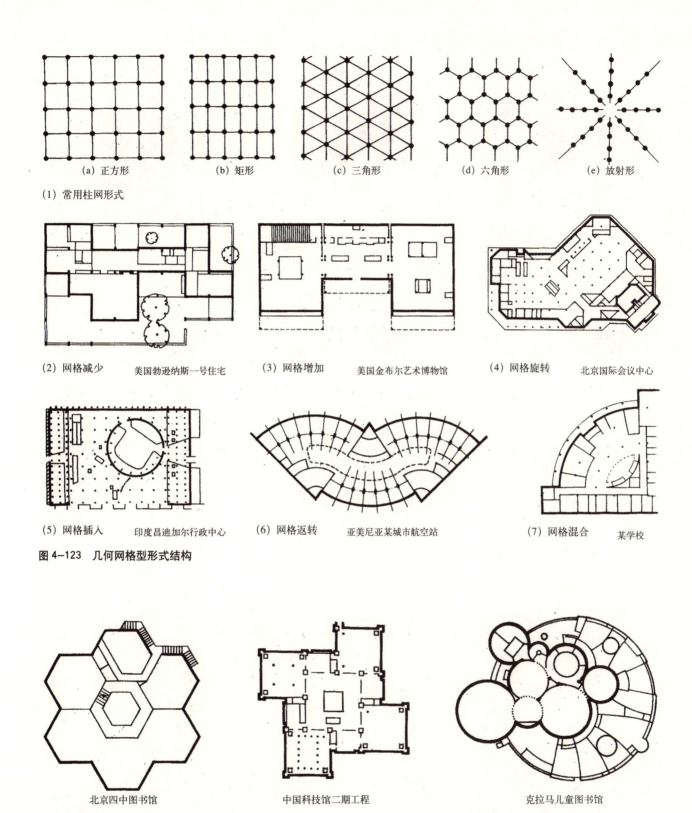

图 4-123 几何网格型形式结构

图 4-124 几何母题型形式结构

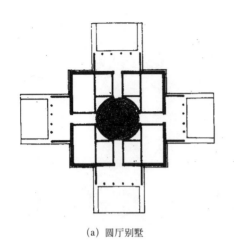
(a) 圆厅别墅

(b) 圣依沃教堂

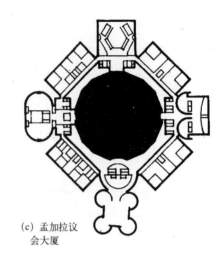
(c) 孟加拉议会大厦

(d) 次要空间的功能、尺寸可以完全相同，形成双向对称的空间构成

(e) 两大空间相互套叠后构成对称式集中空间

(f) 次要空间形式和尺寸可以不相同，按功能和环境构成不同形式

图 4-125　集中式空间枢纽形式结构

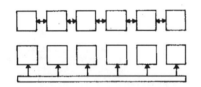
(a) 各单元空间逐个彼此相连；也可使各单位空间用单独的不同线式空间相连接

(b) 各相连空间的尺寸、形式和功能可都相同，也可不相同

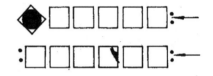
(c) 串联空间的终端可终止于一个主导空间，或突出的入口，也可与其他环境融为一体

图 4-126　串联式空间枢纽形式结构

间枢纽线状形态的不同变化，还可以分为直线式、折线式、曲线式、侧枝式（鱼骨式）和圆环式等不同连接方式（图 4-126）。

3）辐射式：可认为是由集中式和串联式两种枢纽空间形式结合构成的结构图式。它由核心状中心空间与向外辐射伸展的线状形交通空间相结合，而共同构成的空间枢纽结构形式，呈现为由中心空间与向外辐射伸展的整体构图形式。中心空间一般为规则的几何形、向外辐射伸展的建筑肢体状空间的长度、方位因内部功能流线和场地环境条件而有不同变化，使建筑整体形态的造型效果发生相应变化（图 4-127）。

(5) 单元组合型

所谓单元是指具有相似空间功能和结构形式，而可供独立使用的建筑单位空间。以单位空间重复方式组成建筑整体形态的构图形式，可称为单元组合型结构图式。其所用建筑单元空间可大可小，可简可繁，单元间采取按层级秩序组织重复式的群体空间形态。这种结构图式大多适用于，由多个单独使用空间按一定秩序组成的居住建筑，教育建筑，医院建筑和旅馆客房楼等具有多细胞式空间组成的建筑类型。由基本空间单元按精心拟定的组织系统不仅可以构建一个有机统一的建筑单体、群体和城市社区，而且还是当代城市住区通常运用的基本规划方式（图 4-128）。

(6) 簇群组团型

客观现象表明，建筑群体形态常因其组成单体建筑间的相互衬托与融合作用而获得独特的群体视

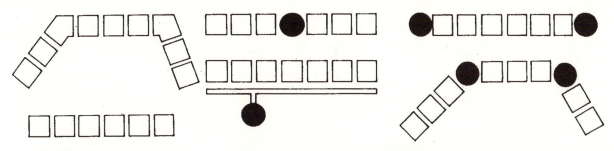

(d) 曲线或折线的串联构成可相互围合成室外空间

(e) 串联构成中具有重要性的空间单元，除以其形式与尺寸之特殊表示其重要性外，也可以其位置强调：位于序列中央、端部，偏移序列之外，或在序列之转折处

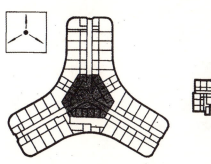

(2) 环式串联

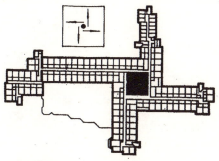

北京昆仑饭店
(1) 折线式串联

(3) 曲线式串联

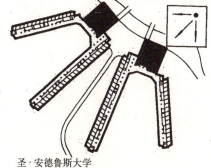

(4) 侧枝式串联

图 4-126　串联式空间枢纽形式结构（续）

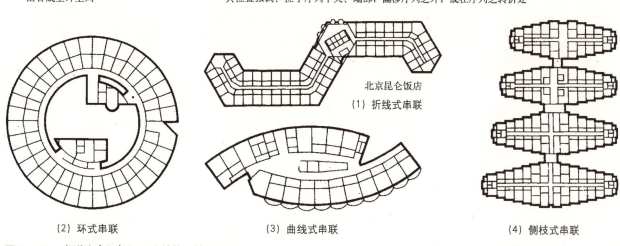

东京新大谷饭店
(1) 线式臂相同　线式臂在长度、形式方面大体相同，保持整体组合的规则性，构成的空间具稳定与均衡感

伦敦塔旅馆
(2) 线式臂相互垂直　线式臂的长度、形式相同或不同，方位相互垂直地向外延伸，构成富有动势的旋转运动感

圣·安德鲁斯大学
(3) 线式臂互异　线式臂的形状、长度、方位互相可不相同，中央空间处于一侧，以适应功能或地形的条件

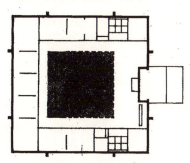

M·W·普罗克特学会美术馆
(4) 围绕室内主体空间

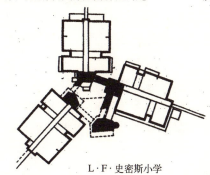

L·F·史密斯小学
(5) 围绕入口分组

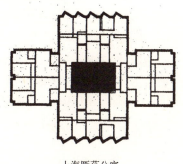

上海雁荡公寓
(6) 围绕交通空间分组

图 4-127　辐射式空间枢纽形式结构

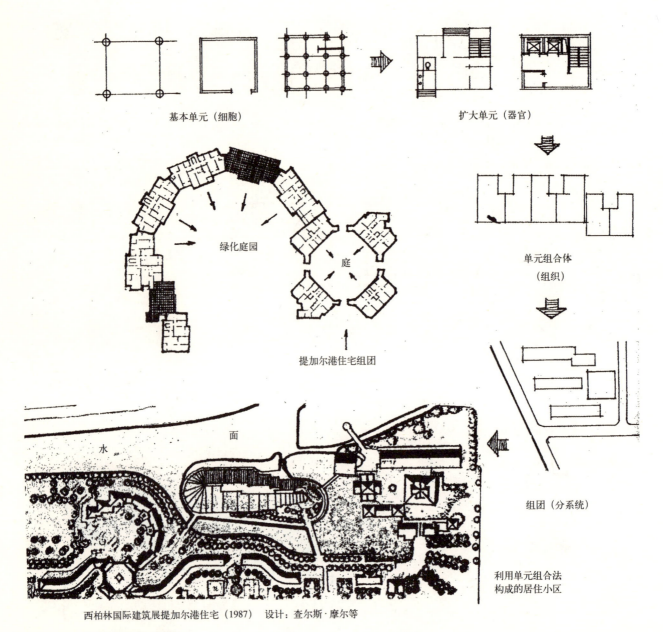

图4-128 单元组合型形式结构

觉效果，可以有利于增强群体造型表现力。据此启示，单体建筑造型也采取了效仿这种群体视觉效果来丰富建筑造型表现力的构图形式。这就是以模拟城市建筑群体的形体空间关系，形成簇群状单元空间组团的形式结构图式，即所谓的簇群组团型结构图式。它不强调组团中空间的主次等级关系，几何规则性及整体的内聚性，便于构成灵活多变的群体关系。

簇群组团型结构图式，是将功能上类似的空间单元，按照其相关的形态特征聚集组成的具有相对紧凑的空间关系的形式结构。按此结构图式形成的建筑形态，一般具有可自由延展和生长的特点，空间组成可按照一定规律进行扩展，或与其他建筑群体形成联系。簇群组团型建筑形体空间的形态可以是规则的，也可以是不规则的形态。具有一定模数化组合关系的簇群组团比自由式组合的簇群组团形态，更易形成具有韵律感和统一感的形体空间形态（图4-129）。

簇群组团中的单元空间还可以采用分离式并置的方法进行布局。此时，建筑整体形态将具有一种

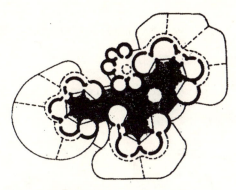

北京动物园犀牛馆

(1) 围绕室外空间分组

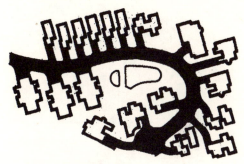

香港大屿山蝶岗花园住宅

(1) 沿道路组合

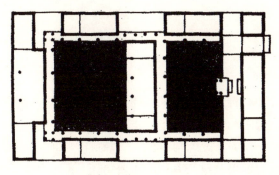

北京四合院

(2) 围绕庭院成组团

图 4-129 簇群组团型形式结构

镜泊湖旅游宾馆

(2) 按地形成组团

图 4-130 地段控制性组团结构

能支配周边环境空间的力度，可成为城市局部地段上的控制性建筑（图 4-130）。其用作并置的单元空间形态可采用有连接体和无连接体的两种形式。连接体可以是建筑功能的主体部，也可以是建筑功能的附属部分（图 4-131）。单元空间并置的形式也可有丰富的变化，如可借鉴古典建筑采取多轴线组织的并置单元，也可采取以虚实、方位、尺度等形态要素对比和变化的形式（图 4-132）。

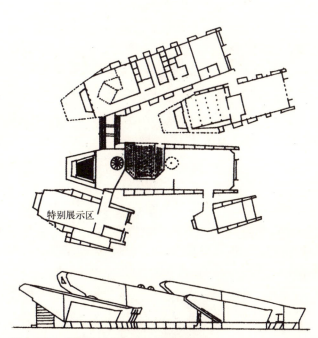

图 4-131 空间单元分离并置式组团结构

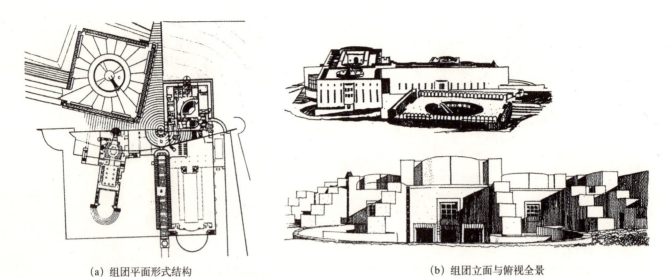

(a) 组团平面形式结构　　　　　　　　　　　　　　(b) 组团立面与俯视全景

图 4-132　以色列耶路撒冷最高法院——轴线组织并置单元的组团结构

3. 变异转义的结构图式

当代建筑在市场经济推动下的商业化倾向，使建筑造型艺术表现了越来越多的时尚性特点。基于对建筑形式求变、求奇的社会审美心态，推动了建筑造型构图技巧的不断更新发展。如果将前述常规的结构图式归为传统的技法，那么近年来更为令人关注的许多新的结构图式，它们在概念与技巧上皆表现了与以往常规结构图式颇为不同的视觉形式特点，则可以归为创新的技法。如果传统的构图形式可以用"组合"和"连接"的概念作基本诠释的话，那么创新的构图形式则宜用"变异"和"转义"的概念来理解。近年引人注目的创新构图形式及其造型意义，基本表现在下列形式结构图式的运用中：

（1）轴线意义异化型

在近年创新的构图形式中，轴线在构图中所承担的作用已发生了多样化转变。首先，在以往传统的构图形式中，特别是在经典的构图理论中，轴线关系始终被奉为至尊的构图手段，主宰着造型布局的对称，均衡和空间序列的安排。然而在新的构图形式中，对轴线的构图运用方式作出了大胆的扬弃与变革。如在后现代主义作品中，常赋予轴线作为信息的载体，扮演着更多的构图角色。解构主义建筑作品中更多地将其转义、扭曲和分解，发挥了引导各种构图要素对立和冲突的作用，其构图形式结构崇尚无轴线而有序，非对称而均衡的造型格局。

其次，传统构图形式中经常借助轴线关系作为造型审美分析与判断的重要依据。然而在新的构图形式中，却常被赋予特定的历史和文化内涵，用以表达城市或地域文脉的关联性，并可借用坐标网格的方位变化来表达不同轴线的空间系统关系。例如解构主义建筑大师彼得·埃森曼，在美国俄亥俄州立大学视觉艺术中心的设计中，基于对校园空间的"深层结构"的分析，作出了轴线转义的表达，使该中心建筑成为校园空间轴线网格与该城市街道轴线网格的交汇处，也使该中心的建筑造型形成了一个具有地理上象征性的视觉焦点，表达了校园与城市文脉相关联的设计意象。尽管其轴线意义异化所具有的创新意象似乎有点似是而非，但毕竟借以创造了一个新奇独特的建筑艺术形象（图4-133）。

再次，轴线意义异化型结构图式的运用还具有多向性选择的发展趋势。具体表现为轴线关系可以采取整体松散而局部严谨的处理方式。运用这种轴线处理方式时，建筑整体形态的无序与局部形态的有序并存。这类新潮的造型作品，表现上看来似乎杂乱无章，更难觅其明确的轴线组织关系，但深入观察后却可依稀发现其局部自成系统的轴线组成结构。如解构主义代表人物之一的英国建筑大师哈迪

四、赋形思维的构图技艺

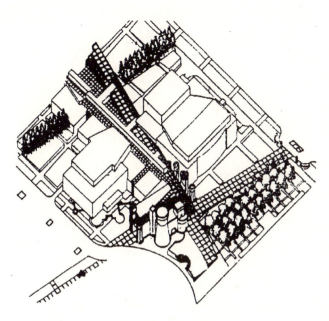

图4-133 （美）俄亥俄州立大学韦克斯纳视觉艺术中心（1989.彼得·艾森曼）
建筑轴线转义为校园空间与城市空间网格交汇的形式结构。

(a) 总平面

(b) 模型

图4-134 香港顶峰俱乐部方案（1987.扎哈·哈迪德）
建筑总体无轴线系统与建筑局部自成轴线系统的形式结构。

德所设计的香港顶峰俱乐部，其造型构图运用了一种可称为非理性的理性手法，采取以裂变、扭曲等新的构图手法，使作品呈现了独特的造型效果。作品表现了具有自律性的局部在无序的整体形态中相互作用的特殊审美趣味和轴线意义异化生成的设计意象（图4-134）。

(2) 几何关系畸变型

变异转义的结构图式在处理建筑形式的几何关系上，采取了对传统的几何结构图式进行一定必要的变形处理，利用多种图形复合与转换的技巧使原本相对简单而明确的几何关系变得较为复杂和含糊，并导致建筑形态几何关系的畸变，借以生成陌生而又新奇的几何形造型效果。运用几何关系畸变的结构图式达成建筑造型创新的目的，其经常采用的构图形式有图形的旋转与叠合，穿插与交错，分解与移位，扭曲与变形等。

1）旋转与叠合：这是将平面图形的几何轴线围绕原定几何中心位置旋转一定方位角，并将旋转后的图形与原图形叠合，形成新的平面图形的构图手法，借以丰富建筑形式的几何关系，改变刻板单调的几何形造型效果。如突尼斯青年之家设计方案，其入口大厅空间与门廊形体绕其几何中心旋转了一个与道路折角相同的方位角，有效地丰富了原本单一的形体几何关系，增添了新的造型表现力。设计显示，在其由旋转叠合而生成的平面图形中，由于存在两个成角的几何构图网格，不仅产生了新颖的形体造型，而且也使内部空间形态变得更为丰富有趣，表现了特别的视觉效果和空间意义。采用这种构图手法时，通常为简化结构与室内空间关系，平面图形旋转的角度常宜采用几何关系相对较为简单的30°，45°或60°转角（图4-135）。

2）穿插与交错：这是采用两个或两个以上不同的建筑平面图形，以任意角度相互穿插与交错后叠合生成新图形的构图手法。其新生成的几何形态常能显示出相应各图形间的主从关系，使建筑形体借以表现出强烈的雕塑性意象。如俄国某乡村俱乐

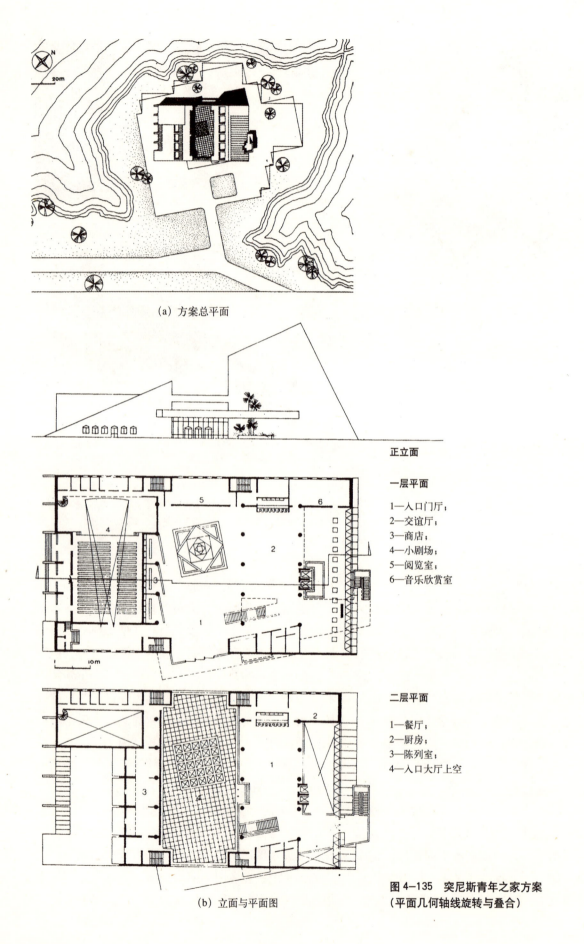

(a) 方案总平面

正立面

一层平面

1—入口门厅；
2—交谊厅；
3—商店；
4—小剧场；
5—阅览室；
6—音乐欣赏室

二层平面

1—餐厅；
2—厨房；
3—陈列室；
4—入口大厅上空

(b) 立面与平面图

图 4-135　突尼斯青年之家方案
（平面几何轴线旋转与叠合）

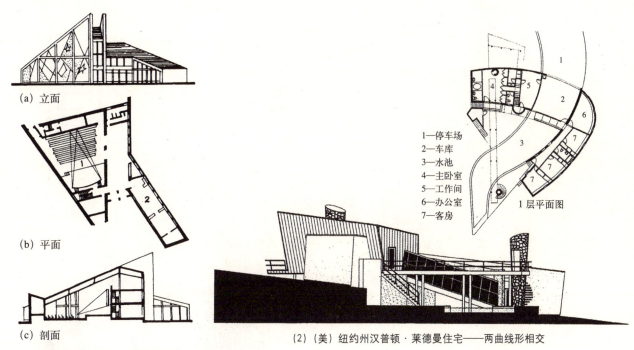

(1)（俄）某乡村俱乐部——等腰梯形与长平行四边形相交

(2)（美）纽约州汉普顿·莱德曼住宅——两曲线形相交

图 4-136　几何形态穿插与交错

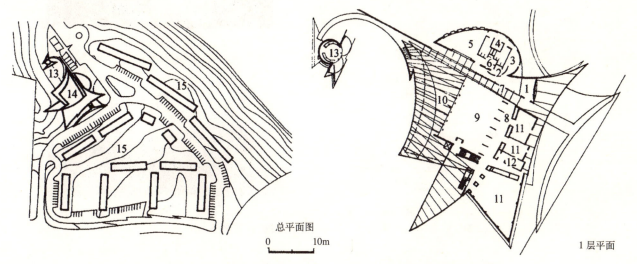

1—入口；2—接待；3—休息；4—设备；5—阅览；6—办公；7—通道；8—走廊；9—活动厅；10—露台；11—会议室；12—厨房；13—小教堂；14—学生中心；15—学生住宅

图 4-137　（美）佐治亚州·埃默里大学学生活动中心——由多种几何形态相互穿插，交错与叠合构成。

部的设计，其平面图形显示了由两个顶角为30°的等腰三角形构成的几何关系。设计在此几何关系的基础上，采用了由一个等腰梯形与另一个细长的平行四边形穿插相交的结构图式，创造了一个由两个斜坡顶形体相向交集的空间形态，成功地塑造了乡村小俱乐部亲切活泼的建筑形象（图 4-136）。又如美国佐治亚州·埃默里大学学生活动中心的平面构图，如一幅现代抽象派艺术的杰作。其平面图形由椭圆形、圆弧形、三角形和楔状形等多种几何形态相互穿插、交错、叠合和相互作用而构成，使其室内外空间和外观造型都充满了新奇有趣的动态性美（图 4-137）。

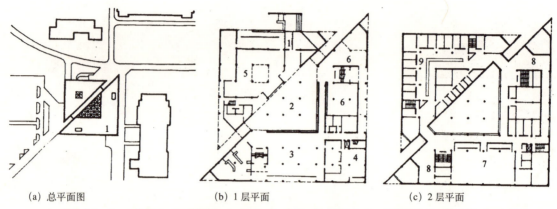

(a) 总平面图　　　　　　　(b) 1层平面　　　　　　　(c) 2层平面

1—学生中心；2—大休息厅；3—快餐厅；4—厨房；5—书店；6—游艺厅；7—多功能厅；8—休息厅；9—办公室

图4-138 （美）新泽西州，特伦顿大学学生活动中心——平面由正方形分割后重组构成

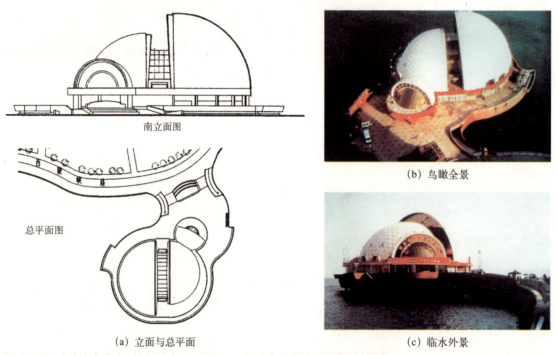

(a) 立面与总平面　　　　　　　(b) 鸟瞰全景　　　　　　　(c) 临水外景

图4-139　山东青岛海上皇宫娱乐中心，1999——形体由半球形分割后重组构成

3）分解与重组：这种造型构图形式是从解析分解既有形态或意象造型着手，然后重新利用分解后的原形片断或关系重新组成新形态的过程。由于既有的原形已被肢解分割成片断形态，突破了常规或习见的一般形式，致使在意义表达上为新形式提供了一定的模糊性和多义性，也就为审美联想和想像创造了更大的空间。新形式的造型效果因可借助审美机制中"完形心理"的作用，仍能启发联想起部分原型的形式特征和意象，使人们自然不难理解构图生成的新造型形象。例如，美国新泽西州特伦顿大学学生活动中心的造型构图，可以被理解为是由一个立方体沿其对角线切割分解后，将其1/2体块与1/4体块重新相对组合而成的新形体。因而新形体既保留了原本立方体造型固有的特征，又增添了45°直角三角形体块造型所具的新形象（图4-138）。这种构图形式还可以根据设计意象，采用分解并置，部分离异或整体断裂等不同重组手法，创造出不同性格的造型效果。例如，山东青岛海上皇宫娱乐中心的造型构图，即可以理解为由半球体切割分解后以多种方式重组构成的复合形体（图4-139）。

四、赋形思维的构图技艺

(1)（法）艾斯贝思游乐场入口
古典式门廊与尖帽形屋顶的扭曲结合。

(2)（美）佛罗里达州沃尔特·迪士尼游乐场
喜剧化的墙面与屋顶变形。

图 4-140　几何关系扭曲与变形

4) 扭曲与变形：这是在保持原型基本结构图式不变的情况下，利用形态的拓扑变换关系创造新形态的构图形式。拓扑形态不同于规则的几何形态，它是一种接近于自然形态，并受一定自然法则支配的不规则的几何形态，具有较强的自然性美感。所谓"拓扑"之词来自周相几何学。"周相"原意为图形周边轮廓的形态，用以特指未经人为加工的自然形态。从周相几何学角度来看，规则的几何形态与不规则的自然形态之间，存在着一种拓扑转换关系，两者间具有异形同构的形态转换关系。将此类形态关系用于建筑形态的变换中，可以极大地丰富造型的形式，满足多元化审美的理想和需求。

正因为通过拓扑变换产生的新形态有着与原型同构异形的亲缘关系，所以它能强烈地表现出新旧形态之间的异同变化关系与相应的视觉特征，并易于吸引人们视觉的关注和解读。当今还常以此法用于表达与建筑历史、文化环境及类型特征等方面相关理念和情态，往往同时还可隐含某种诙谐、戏谑和反叛的意味。因而此类构图在当代休闲娱乐类建筑中较多运用，似乎更便于表达对当代娱乐文化的有趣诠释和善意的嘲弄（图 4-140）。当然这种构图形式更可以用来表达建筑文脉延续发展的意义。此时，常会同时采取置换、夸张、逆反和抽象等处理手法，以突出表现由原型经由扭曲变形处理而产生的特殊造型效果。如日本著名建筑大师矶崎新设计的日本武藏丘陵乡村俱乐部。其入口大厅顶部构建的方塔形态和活动室的天窗造型都鲜明地表现了该建筑造型与日本乡土文化的紧密联系和变形生成的设计意象（图 4-141）。

当今利用几何关系畸变生成新形态的建筑造型构图形式，具有积极的创新意义，其运用手法也渐趋丰富与成熟，除上述数种构图形式变化外，尚有许多未知的几何关系和变换形式可待进一步开拓与运用。

(3) 空间枢纽转义型

在传统的构图形式中，主要由交通空间系统构成的空间枢纽发挥着组织功能流线和整合建筑整体形态的骨架作用，主导着建筑造型构图的总体格局。但是，它在建筑造型的审美表现功能上，却往往处于被忽略和被隐没的角色。然而在创新的构图形式中，改变了这种习以为常的结构图式，使处于被隐没在整体造型中的枢纽空间形态，发挥了应有的造型表现作用，有时甚至"反串"成建筑造型的主体。实现这种改变的主要途径，就是通过空间枢纽功能和形式的转义变异，将原来只是单一交通功能的公用空间系统改变为可作多功能灵活使用的综合性主体空间，从而使空间枢纽原有的构图意义变得模糊含混，也使其空间形态变得更为自由和多样化。这一与传统惯例相悖的改变，更为建筑整体的造型构图提供了更多灵活自由的创作空间。在当代建筑的创新探索实践中，这种构图形式的运用已显示了它特有的造型效果。

例如，日本著名建筑大师矶崎新设计的富士乡村俱乐部，其蛇形管状的建筑主体造型，实质上是设计在其交通空间系统中综合布置了休息、阅览、餐饮和娱乐等多种功能空间，从而使枢纽空间系统扩大，形成建筑的主体空间，发挥了整体控制性的造型表现潜力（图4-142）。同样，在矶崎新的另一个重要作品武藏丘陵乡村俱乐部的设计中，也突出地表现了建筑内部交通空间系统（包括门厅、过厅、坡道和连廊）构成的空间枢纽的丰富形态，使原本被隐没于建筑群体中的交通枢纽空间"反串"成为建筑造型表现的主体形象（图4-143）。在我国当今的建筑设计作品中，也有着类似的构图形式运用，如2000年建成的南京文化艺术中心，在构成其主体形态的椭圆形和圆柱形的体量中，综合了室内广场、剧院大厅、音乐厅、多功能厅和电动交通系统空间等多样复合的公用空间，使室内空间交错融通、浑然一体，同时也使通常会被隐没的交通空间系统以空间枢纽的形态发挥了强势的造型表现作用（图4-144）。

空间枢纽在造型中突破传统构图定义的形态转变，除了上述实例中以实形态变异参与造型构图与表现外，也可以空间的虚形态主导造型构图，并"反串"造型主体的角色。如芬兰考斯丁纳民间艺术中心设计，由四栋单体建筑随地形顺坡聚合组成，以建筑围合的室外交通空间系统（包括踏步、平台、广场、绿地和隐设在坡地台阶下的入口门厅）形成了整个建筑的枢纽空间。然而，该空间枢纽的虚形态在周边各栋建筑的映衬下，却成了该中心造型表现的主体形象（图4-145）。

当代建筑在造型构图形式上的创新实践，除了上述运用非传统的变异转义的结构图式外，近年还出现了对非线性，非几何与非理性形式构图理论与实践探索的热潮，新的结构图式仍在不断涌现，预

(a) 由乡土文化变异生成的意象

(b) 远眺全景

图4-141 （日）武藏丘陵乡村俱乐部（1987，矶崎新）

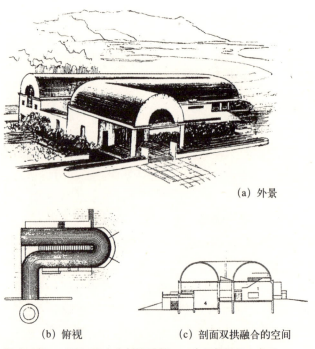

(a) 外景

(b) 俯视　　(c) 剖面双拱融合的空间

图4-142 （日）富士乡村俱乐部——空间枢纽转义变异

四、赋形思维的构图技艺

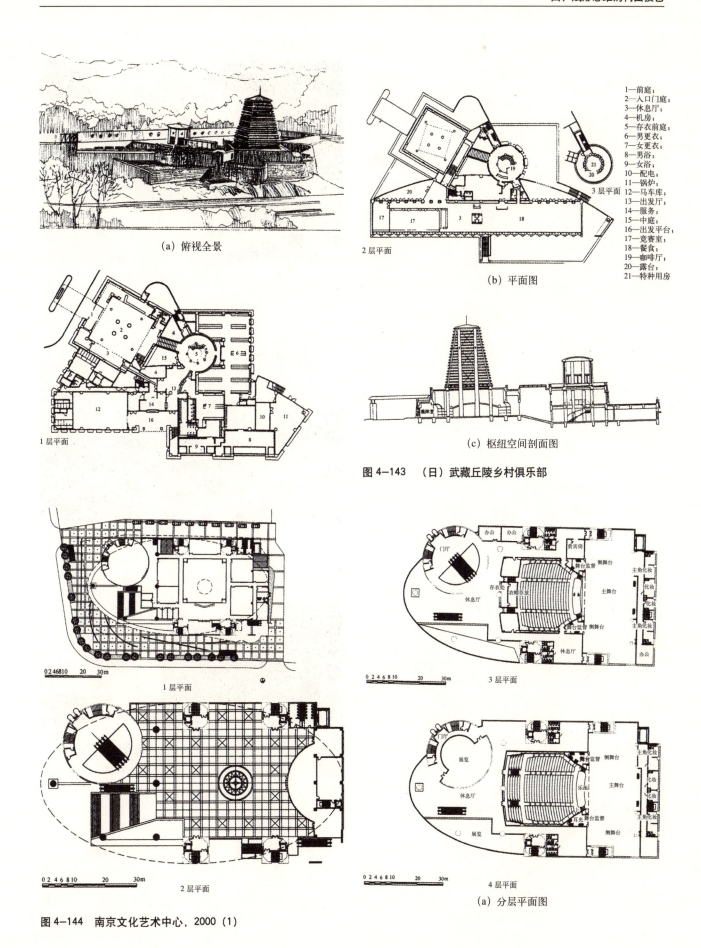

(a) 俯视全景

2层平面

(b) 平面图

1—前庭；
2—入口门庭；
3—休息厅；
4—机房；
5—存衣前庭；
6—男更衣；
7—女更衣；
8—男浴；
9—女浴；
10—配电；
11—锅炉；
12—马车库；
13—出发厅；
14—服务；
15—中庭；
16—出发平台；
17—竞赛室；
18—餐食；
19—咖啡厅；
20—露台；
21—特种用房

1层平面

(c) 枢纽空间剖面图

图 4-143 （日）武藏丘陵乡村俱乐部

1层平面

3层平面

2层平面

4层平面

(a) 分层平面图

图 4-144 南京文化艺术中心，2000（1）

131

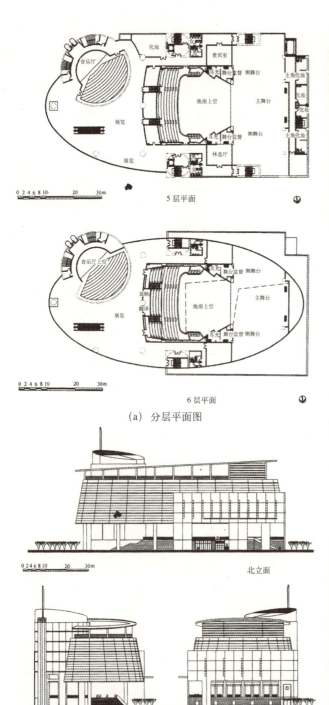

图4-144 南京文化艺术中心，2000（2）

示着当代建筑审美意识更为激进的重大变化，也预示着建筑造型理论将会出现的多样化和多层面的结构性转变。为了不断满足当代社会对建筑造型多元化和高品质的追求，基于职业技能的需要，我们有必要对最新相关发展动向作一些基本的和概念性的了解，以利在造型创作实践中更加自觉和自主地掌握创新探索的方向。为此，将在下文中对有关"完形"和"非完形"的造型构图理论问题作一简要的概述。

(a) 外景

1—入口；
2—门厅；
3—坡道；
4—讲堂；
5—衣帽间；
6—商店；
7—咖啡厅；
8—乐器陈列；
9—露天剧场

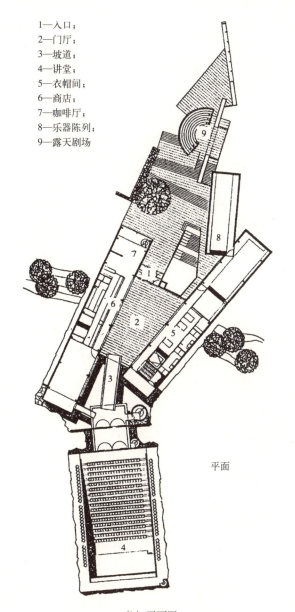

平面

(b) 平面图

图4-145 芬兰·考斯丁纳民间艺术中心，1998

（四）完形与非完形的造型构图

1. 两类造型美感的视觉形态

人们在观赏建筑的造型美时，通常会发生两类不同的美感心理反应。一类是，当我们观赏某个"简洁完满"的建筑造型时，其心理反应常会表现为舒心、顺畅、轻松和愉悦的状态，使人享受到一种"满足"性的美感；另一类是，当我们被某个"新奇特异"的建筑造型所吸引时，其观赏时的心理反应则首先表现为惊讶、疑惑、思索与解读的亢奋，然后使人能享受一种带有"刺激"性的美感。按两类审美心理形态的差异，通常认为前者的造型可称为"完美型"的视觉形态，而后者则可称为"异常性"的视觉形态。通观从古典建筑发展至现代建筑的造型表现，可以发现造型构图形式大多惯于沿用遵循整齐统一、几何规则和轴线对称等传统形式美法则的"完美型"视觉形态，而少有造型表现或新奇诡异、或随机畸变、或比例夸张、或残缺断裂的"异常型"的视觉形态。诚然，在造型审美中，人们的视觉心理需求通常倾向于对简洁、规则与完整的形态的追求。这是由于人们在视觉心理上更愿追求安定平衡，以求摆脱紧张不安和疑虑不定状态的自然倾向。因此，上述"完美型"的视觉形态，更易于被观赏者接受和认同，而上述"异常型"的视觉形态则往往由于违反常规的视觉心理，易于首先引起观赏者的惊异和抗拒，并随之产生对人们观感的"刺激"，引发"紧张"的心理反应。但这并不意味着只有"完美型"形态才能给人以美感，才有审美意义。事实证明恰与此相反，"完美型"的形态虽能给人以"平稳"、"顺畅"和"轻松"的美感心理，但也容易流于刻板、平淡，难以激发观赏者更为强烈的审美兴趣。可以说，它仅能给人们以"低强度"的审美快感。特别是，它若是处于举目皆是、屡见不鲜的环境中时，甚至会令人感到平淡乏味。比较而言，"异常型"的形态虽有刺激性和紧张感，但是，由于能激起观赏者内心情感的振荡，并可传递各种相关的信息，因而它往往可给人们带来更"高强度"的审美愉悦。尤其是，当这种"异类"的视觉形态出现在一群平淡无奇的习常建筑造型中时，往往更会收到意外的造型审美效果。当今人们所共知的现代建筑的惊世名作，如纽约的古根海姆美术馆、巴黎蓬皮杜文化艺术中心、悉尼国家歌剧院等等，无不具备这类审美特征，在视觉形态上皆可划归非完美的"异常型"。正是因为它们让观赏者在审美过程中经历了"紧张"与"刺激"的心理冲击，或对形态上某种缺憾的"心理完形"机制，而可使人获得独特的美感享受。应该指出，这里所指的"完美型"与非完美的"异常型"视觉形态，实质上只是审美心理上的概念，是指人们特有的视知觉功能对造型视觉效果的整体性概括，而并非指建筑形式本身。这里所谓的"心理完形"与"视知觉"，是当代完形心理学美学的重要理论概念。完形心理学美学理论的建立，为系统诠释造型审美中美感形成的机制，提供了更为科学的理论依据。在该理论的引导下，理论界通常已惯于将上述"完美型"视觉形态归属于"完形"，相应将"异常型"归属为"非完形"。为此，下文需要对完形心理学美学相关理论的基本内容再作一些概念性的介绍。

2. 完形心理学美学理论的相关诠释

完形心理学美学是当代西方美学理论的重要学派，也称作"格式塔心理学"。"格式塔"之词是德语"Gestalt"的音译。德语中它的原意是"形式"或"形状"的同义词。1890年奥地利心理学家埃伦菲尔斯（C.Von Ehrenfels）首先在其论文《论格式塔特质》中提出这一用词（Gestalqualrtut），继而由德国心理学家惠尔泰墨（M.Wertheimer）、柯勒（W.Köhler）和卡夫卡（K.Koffka）共同发展完善。直至1954年，他们的学生（美）鲁道夫·阿恩海姆（Rodolf Arnheim）相继发表了《艺术与视知觉》和《视觉思维》等重要著作后，理论日臻成熟，已成为当代西方美学的重要理论学派。

完形心理学美学最重要的理论贡献，在于全面揭示了人们审美活动中视知觉的特殊功能。它认为，人的视觉对客观事物的反映，可分为"视感觉"和"视知觉"两个层次。"视感觉"是视觉对物象的片断、离散和表象的直接映照，而"视知觉"则是视觉对物象的整体、综合和具有本质意义的观照与把握。并认为，只有"视知觉"才是艺术创造与观赏中参与审美活动的高级视觉机能。鲁道夫·阿恩海姆指出："一个艺术作品必须为世界提供一个整体的形象……"。而对艺术形象的整体把握，则需依靠人们特具的"视知觉"功能。完形心理学美学理论还进一步阐明了人的视知觉的特殊功能表现在下述三个方面：整体性组织功能，选择性分辨功能和简约性调节功能。

（1）整体性组织功能

所谓整体性组织功能，就是指人们在观赏建筑造型的审美过程中，对造型整体形象的感知并不是从各个局部开始，再由局部相加而形成整体感知的。其实际过程恰恰相反，而是依靠视知觉特有的感知方式——直观的视觉思维，首先直接完成对造型整体性形态的感知。人们首先感知的整体形态已不同于造型客体自身的形态，而是由视知觉进行了积极的组织活动所获得的结果。它是一种具有高度认知水平的知觉载体。正是视知觉特具的这种整体性视觉组织功能，使我们才能在发生透视变形的画面上，正确认知水平线的透视"倾斜"和垂直线的近长远短变形。才能使我们不将透视图中的"方盒子"曲解为"梯形盒子"或"倾斜盒子"。同时也说明，不但视知觉中的整体物象超越了组成的各部分之和，而且视知觉整体中的局部也不同原来意义上的局部，而是在各自整体中的性质、位置乃至本质上发生了重大变化。同理，正是视知觉这种特具的整体性的视觉组织功能，才会使我们能在众多中西传统建筑间，或现代与古代建筑间，以及在各种不同风格流派的当代建筑间，及时而瞬间地分辨出各种建筑造型的整体性特征。因此，前文所述，具有代表两类不同造型美感心理意义的视觉形态——"完美型"与"异常型"，或是"完形"与"非完形"，皆是从视知觉的整体性感知效果而言的概念，可以认为这是指客观形态在视知觉中的不同心理形象。同时，由于视知觉更容易从整体感知符合传统形式美规律的形态，于是也就从理论上诠释了具有较强艺术完整性的"完美型"视觉形态（或"完形"）更易被人们所接受与认同的缘由（图4-146）。

(a) 主体育馆外景

(b) 中心三馆鸟瞰全景

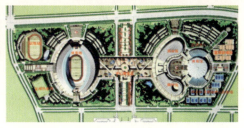

(c) 总平面规划

图4-146 "完美型"的视觉形态具有较强艺术完整性(1)——山东济南奥林匹克体育中心（2009）

(a) 北京民族文化宫

(b) 北京天文馆

图4-146 "完美型"的视觉形态具有较强艺术完整性（2）

(2) 选择性分辨功能

视知觉不但具有整体性的组织功能，而且还具有选择性的分辨功能。造型审美实践表明，人的视知觉对建筑的形体、色彩和光影等具有重点观照的选择性，呈现着不同强度的注意力。如建筑物的外形轮廓、高层建筑的天际线，以及建筑立面上华美精致的图形总是可成为视觉优先选择的目标；此外，通常曲线比直线、锐角比钝角、动态的比静态的、非对称的比对称的、不规则的比规则的图形也更容易受到视觉的关注和优先选择；同样，强烈的光影变化会使图像效果鲜明生动而吸引视觉的重点关注；在大片中性色调的建筑背景中，具有鲜艳明亮暖色调的建筑形象，可以优先进入视觉关注的焦点……。视知觉的这种选择性分辨功能，更重要的还表现在完形心理学所提出的有关视觉中"图"与"底"生成与转换的心理现象与形式概念上。这是视知觉对图像的分辨能力的具体表现，就是它能把一定的"图形"（即谓"图"）从一定的视域背景（即谓"底"）中分辨识别出来的能力。用以验证这种现象与能力的典型实例是"彼得－保尔高脚杯"图像所揭示的"图底效应"（图4-147）。人们从画面上既可看出两个相对的黑色头像，又可以看出一个白色的"高脚杯"，但是在同一瞬间总是只能专注其一，而不可能兼而同视。这种互为"图"与"底"的视觉关系，同

图 4-147 "彼得-保尔"高脚杯图形效应

图形与背景的视觉特性比较　　　表 4-2

图形	背景
表现有前趋性，易从视域中显现出来	表现有后退性，易在视域中隐没进去
具有明确的轮廓或物象特征	无明晰形状，难以表述存在形态
具有确定的位置	位置不确定，一般呈现为连续性
具有一定结构的完整形	不具一定形式结构的不完整形

样也存在于建筑造型的观赏视野中，被观赏的建筑形体如想要从一定的视域背景中突现出来，必须具备"图形"所应具有的视觉特征，使其能在图形与背景的视觉关系——"图底关系"中形成清晰明确的图形意义（表 4-2）。

"图形"与"背景"是同一个审美视域中的两个毗邻互动的区域，只是在视觉性质上呈现有不同的特征。在一定的视域范围中，"图形"与"背景"（即"图"与"底"）的生成与相互转换，取决于这两个毗邻区域的大小、位置和形状等多种因素的互动作用。实践证明，在其他视觉条件相同的情况下，具有如下特征的形态更利于在视域中被感知为"图形"：

1）集聚性：较小且较封闭的区域，更易被感知为图形；

2）简洁性：较简单、较规则或较奇特的形体，较易被感知为图形。

3）活跃性：具有动感和活力的图形，更易被认作图形。

4）居中性：组合形态中，被围合而居于中心的形态，比包围它的形态更易被认作图形。

5）集中性：形态组合时，集中状的形态比散乱状的形态，更易被认作为图形。

6）趋光性：前凸明亮的形态比内凹灰暗的形态，更易被认作图形。

7）显色性：在具有色彩的视域中，暖色比冷色、高彩度比低彩度的形态，更易被感知为图形。

8）会意性：较具统一意涵并能引起一定联想而易被识别的形态，也容易被感知为图形。

实践证明，只有在一定视域环境中能承当"图形"角色的建筑形态，才能引人关注成为视觉的焦点，进而形成审美观照的对象，并给人以不同的美感体验。"完美型"的建筑形态，可以其简洁、完整和规则的形式特征在视域中突现清晰明确的"图形"意义；而非完美的"异常型"建筑形态，则可以其特具的活跃、紧张和刺激性的视觉心理特征，凸现其在视域中的"图形"地位。完形心理学美学有关"图底关系"的理论充分揭示了视知觉在审美过程中的选择性分辨功能及其重要作用。同时，也从"图形"的视觉心理特征，科学地诠释了"完美型"（完形）与"异常型"（非完形）两种视觉形态所具有的不同美感体验。

（3）简约性调节功能：视知觉基于上述"整体性组织功能"和"选择性分辨功能"，同时还表现了"简约性"的调节功能。这项功能主要表现在视知觉对图像的力动性感知所具有的高度抽象概括作用及相应的心理机制上。完形心理学美学认为，任何艺术作品的形式美都表现为一种具有内在生命活力的力的样式。鲁道夫·阿恩海姆在《视觉思维》一书中指出："这些'力'都可以被假定真正存在于心理领域里和物理领域里，……"。也就是说，建筑图像在物理空间环境中所呈现的"力"的样式，也可在人们的心理环境中找到"同构同形"的对应关系。于是，据此导出了所谓"物心同构"的理论概念，并可以诠释视知觉所具"简约性"调节功能的基本心理机制。可以认为，这是人们在长期的审美实践中形成的一种心理经验与机制。在这种心理经验的诱导下，使各种实体形态都具有了"力的显示"作用，从而人们可以从形态的图像判断出施加于其上的各种"力"的影响。人们正是借助于视知觉对图像力动性的这种特殊感知功能，得以表达某种审美意味和增强艺术感染力的。

完形心理学美学认为，当我们观赏物象时，视知觉所感知的运动感和方向感，也就是物象的力动感，同时在心理诱导的方向上产生一定的力度。该力作用的矢量方向也即形成为视线，视线运动停留的目标即自然构成视觉中心，成为视觉关注的焦点。因此，任何被注视的物象都会形成以注视点为中心的，可吸引视线汇集的视觉力场。物象所构成的视觉力场，反映着物象形态所具有的力动性特点。视觉力场的运动状态，也反映着物象形态的动静状态或活跃或呆滞的情态变化。造型观赏过程中对物象形态力动性的感知，自然成为视知觉发挥"简约性"调节功能的重要心理机能。

按照"视觉力场"的原理，也可以对视知觉的上述三种审美心理功能作出以下的诠释：视知觉对"整体性"组织功能的把握，可归结为建筑形态在"心物同构"的力场中，其整体"力象"呈现和感知所形成的整体平衡；视知觉对"选择性"分辨功能的发挥，可理解为在"心物同构"的力场中，"图"与"底"各自"力象"相互作用的结果。就是指建筑物象的背景，借助"力"的作用力，把物象中的"图形"推向前沿，得以清晰呈现和感知所具有的视觉分辨效果。然而，视知觉所具"简约性"调节功能的形成，可确认为建筑形态所现"力象"特性的抽象概括。简约、完整的"完美型"建筑形态，呈现为简单而平衡的"力象"；新奇、独特的"异常型"建筑形态，则呈现为复杂而均衡的"力象"。虽然两类造型都因能在"心物同构"的视觉力场中保持平衡的态势，而具有不同的审美效果，但是比较而言，"异常型"的建筑形态对视觉往往可具有更大的吸引力。

3. 造型构图理念由"完形"向"非完形"演变的审美意义

完形心理学美学的另一个重大贡献，可以认为是"完形"理论在诠释传统形式美的审美机制的同时，也开启了相应的"非完形"造型构图的理论研究和实践探索的进程，使当代建筑造型艺术正在更高发展阶段上，经历着又一种微妙的审美意识的更新变化，这就是建筑造型构图理念从"完形"向"非完形"的历史性演进过渡。"完形"与"非完形"造型构图的强烈反差，表现了两种完全不同的审美发展倾向，也代表着两种截然不同的造型构图思维方式。

（1）"完形"（Gestalt，或称"完全形"）

在完形心理学美学的引导与启示下，理论界已惯于将构图简洁、完整和规则的形态称为"完形"。"完形"在审美意义上总是符合传统的形式美法则的。因此，本章前文讲述的相关形式构图技艺，其基本的造型运用对象应是皆指"完形"而言的。客观现实表明，以往无论是古典建筑、传统建筑或是现代建筑，绝大多数在造型的观赏、创作和评价上，都是以"完形"为审美追求的目标。人们视觉感知的"完美型"建筑形态，通常也成为视知觉认知或追索的"完形"构图形式。简单而规则的"完形"构图形式，可以认为是艺术创作的起始点。因为，原始建筑艺术通常就呈现为简单、规则且对称的图形，使其在混沌的现实世界中创造了一种秩序。古典建筑艺术形式由初始状态发展至成熟阶段，其造型理论上逐渐形成的有关比例、尺度、对立统一与对称均衡等完整的形式法则，也均属于"完形"审美的范畴。尽管如此，由于"完形"造型构图仅限于采用简单、规则和完整的形态，它对于属于几何性抽象艺术的建筑造型艺术而言，其形态选择的局限性，自然难以避免形成造型的类同与重复，并因此逐渐丧失应有的视觉吸引力和相应的审美价值。现代主义建筑逐渐向"国际式"建筑沉沦正是这种退行性变化的明证，它导致了后现代主义建筑理论的挑战，反映了"完形"类建筑造型在视觉心理上固有的局限性。

（2）"非完形"（Incomplete Shape，或称"不完全形"）

当代造型构图形式的发展中，相对于"完形"而言，则还有"非完形"的造型构图。它是指那种介于"完形"和"混乱形"之间的形态，而并非指一个模糊性的、无规则的任意形态。它应是通过对"完形"进行某种加工与重构，从而构成一种全新的、更富于变化、更具形式意味与吸引力的形态。前文所指的"异常型"建筑形态就应归属于"非完形"之类。"非完形"由于突破了"完形"所遵循的严格的传统形式规则,因而使其造型构图可选择的范围和可能性获得了极大地扩展。

完形心理学美学认为,"每一个形都是一种紧张力的呈现"。"完形"由于其简单,规则和完整的视觉形态,因而缺少了紧张的"力"感,表现为一种处于静态平衡的"力象";"非完形"则通过对"完形"的倾斜、扭曲、颠倒和缺省等新的构图处理,使其产生某种更大的内在力动性"压强"与"张力",从而增强了它对视觉的兴奋刺激度,借以激发观赏者更强的探究解读的冲动与造型运用的潜力。因此,"非完形"概念的形成与发展,为当代建筑造型的创造性思维和多样化、多层次的实践探索,提供了有效的理论依据和广泛的造型可能性。实际上,"非完形"造型构图的实践运用和探索,早在20世纪末期的晚期现代主义建筑中已出现了许多成功的实例。例如,约翰逊的玻璃教堂(Gardem Grove Community Church);贝聿铭的梅隆艺术中心(Paul Mellon Art Center)与达拉斯的麦耶生交响乐中心(The Merten H·Meyet Son Symphony)等等。现代主义建筑大师柯布西耶的朗香教堂更是走在时代发展最前沿的"非完形"建筑造型的独特典范(图2-2)。

完形心理学美学理论更从视觉心理分析中揭示了形式与情感联系的基因,这就是形式所表现的"力象"。并认为,当艺术形式所呈现的"力象"能体现出与生命活动相类似的逻辑形式时,就可以相应激发起观赏者同样的情感体验。正因如此,运用"非完形"形式构图与情感的结合,可以获得极大的表现可能性。诚然,其形式已不能完全用"美"来衡量与概括,有时甚至可被认为是一种特殊的"丑"。但是,它却能给人以极大的视觉震撼和引发强烈的解读的冲动,使形式成为一种具有生命意义的活的形式,这正是所有成功艺术创作的必然产物。

在当今信息化时代中,人们多元化的审美需求,以及在旅游经济发展的刺激下,社会对城市标志性建筑的热烈追求,极大地促进了"非完形"建筑形态的繁盛发展。同时,新材料与新技术的迅速发展,也使任何复杂造型的实施成为现实可能。建筑造型在当今艺术观念的影响下,构图理念已发生了深刻的变化,开始从简单的效仿自然,严格遵循"形式美"法则转向对艺术创作意图的发掘与表达,从而超越了实体形态与视觉经验所涉及的有限形式范围,使造型创作不仅突破了"完形"局限的选择空间,也极大地扩展了"非完形"创作的造型构图形式。

4. 当代建筑"非完形"造型构图的探索发展

(1) 理论体系的演进更替

从系统论的观点来看待西方建筑思想理论系统的演化进程,可以发现其演变所遵循的一般进化规律。它表现为该时代主导的思想理论体系由确立盛行到离析衰微的过程与思想理论体系多元化发展过程,相互交替出现和重复轮回的演进过程。回顾历史可以发现,19世纪末以巴黎艺术学院为代表的西方经典建筑理论,其在长期历史发展中的主导地位,在欧洲工业革命的影响下,经受了来自古典复兴、折中主义、浪漫主义及工艺美术运动等多种思潮的挑战,此后又在第一次世界大战前后经历了分离派、风格派、构成主义和立体主义等各种思想理论流派的多元化发展的局面,最终才于20世纪20年代确立了现代主义新理论体系的主导地位,并成功地主宰了世界建筑的思想理论体系近半个世纪的发展历史。然而历史进程又发生了轮回的迹象,20世纪后期出现了后现代主义针对现代主义教条的责难,以及紧随其后的解构主义与新现代主义对其主宰地位的挑战、攻击与否定,使现代主义理论体系再次重现了19世纪末旧理论体系离析衰败的命运,建筑历史似乎再次重现多元化发展的局面。同时,我们从20世纪90年代以来的多元发展的广谱建筑思潮中可以发现,有一种全新的可能成为当代建筑思想主导方向的理论体系已在隐约显现。这就是在当今信息化社会的背景下,由数字化技术强劲发展所推动的、建筑造型艺术出现的向非线性复杂性形式探索发展的理论趋向,极大地丰富和扩展了"非完形"造型构图的艺术空间。这种造型发展的新趋向,也从多层面表达了对当代建筑形式特征和本质意义的

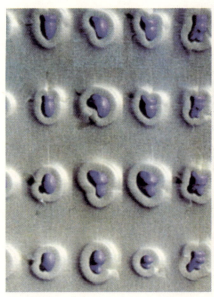  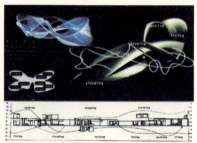  

(a) 设计意象及模型　　　　　　　　　　　　(b) 设计草图及室内景观

图 4-148　胚胎住宅（2002，格莱格·林）

重新理解与诠释，并标志着当代建筑思想理论体系正在酝酿中的系统性演变。

可以认为，当今建筑造型所出现的向非线性的复杂性形式发展的趋向，是当代建筑理论体系建构的重心转移的具体表现。因为事实表明，古典建筑理论是以人文艺术为系统建构的重心，现代主义理论则以功能技术为系统建构的重心，而当代建筑理论建构的重心，则正在转向环境生态的复杂系统。基于当代建筑理论体系正在发生的这种系统性转变，于是有理由认为也应把建筑设计看作是一个复杂的系统，设计方案应是由众多外部及内在因素综合作用决定的结果。作为设计创作成果的建筑形态，自然应是对综合性复杂问题的整体解答，建筑形态的造型审美也就具有了表现建筑复杂性的意义，而不应是任何主观的先验性图式。"复杂性"的本质意义是指远离平衡状态的动态有序结构，及其所表现的形式的无限多样性。它揭示了世界永恒多变的客观规律，是对自然与社会现实更为深刻的表达形式。因此，当代建筑造型艺术显现的向表现复杂性的复杂性形式探索发展的趋向，在建筑思想理论体系上，具有时代性和系统性演进更替的意义。从当前这种表现建筑复杂性的造型创作实践来看，其所采取的"非完形"造型构图形式，主要表现在两类不同思维方式的实践探索中：非线性形态的数字化生成，和自然意象的高技化运用。

（2）非线性形态的数字化生成

基于建筑造型应表现设计复杂性的理论认识，设计过程中可以将各种内外影响因素当作参变量，并在对场地及建筑功能进行研究的基础上，发现联结各个参变量的规则。然而，可以据此进一步建立各种参变量的数学模型，并运用计算机强大的功能，快速生成建筑的形体、空间或结构的三维图像模型。而且，还可以通过改变参变量的确定值，来获得多个设计的解答或动态的设计方案。由于设计过程中的各个参数间具有按某种规则集合的动态稳定结构，设计结果只不过是这一结构在过程中某阶段的定格记录，因而该结构形态的动态特性，更能科学地体现建筑设计这个系统复杂性的本质意义。同时，参变量数学模型所显示的参数化曲线，通常呈现为非线性的存在状态，于是作为设计结果的建筑形态，必然会逾越经典的欧几里得几何体系，而生成一种具有流动性的非线性形态。这种具有非线性形态的崭新造型形象，在20世纪最后几年就开始显现了强劲的发展势头，并出现了一批具有代表性的作品。例如，格莱格·林（Greg Lynn）设计的胚胎住宅（图4-148）；FOA设计的日本横滨国际候

(a) 公园式的顶层平面　　　　　　　　　(b) 横滨客运站全景

(c) 室外通道景观　　　　　　　　　　(d) 连通室内外的木质通道

图 4-149　日本横滨国际候船室，2002，FOA

船室（图 4-149）；渐近线（Asymptote）设计的荷兰水上码头（图 4-150）；联合网络工作室设计的斯图加特奔驰汽车博物馆（图 4-151）；以及 NOX 设计的音效房屋等等（图 4-152）。这类建筑造型都是对多种因素综合影响下的建筑复杂性的不同表现，其造型特点可以用不规则、非标准、自由形和柔性流动等词汇来描述。它是依靠数字技术设计生成的并依赖数控技术制造建筑构件和施工安装的非线性建筑形态，可以使观赏者获得与以往建筑形式截然不同的另类视觉体验，反映了具有"反先验图式"的造型审美意识。其所展现的具有强烈流动感的视觉形态，表现了强大的视觉冲击力，使造型构图形式完全摆脱了传统形式美法则有关模数、比例、对称均衡、主次二元和轴线对位等构图原理的制约，也就是突破了建筑师种种主观先验的形式构想和局限的想像力，也突破了建立在欧几里得几何学体系

四、赋形思维的构图技艺

(a) 外观夜景

(b) 入口及玻璃屋面结构

(c) 候船平台

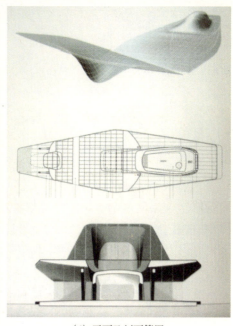
(d) 平面及剖面简图

图4-150 （荷）哈莱姆尔水运码头（2002，渐近线工作室）

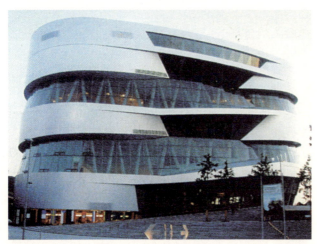

图4-151 （德）斯图加特奔驰汽车博物馆主楼（2006，联合网络工作室）

之上的传统几何形态的范畴，为建筑造型创作开辟了无限广阔的新形态运用的领域。

由于非线性形态的形成是由影响建筑形式的诸多内外复杂因素综合作用的最终结果，因此，借助计算机软件的功能来生成非线性形态的关键，就在于如何确定参与作用的各种因素，和如何使各种因素的综合作用效果实现图形转化的两个主要环节上。为解决此关键问题，首先，就要确定该设计项目中影响建筑形体与空间的各项因素，这是设计的基本依据。为此，必须对设计场地进行必要的实地勘察与调研，通过直观捕捉影响设计的主要因素，并把这些因素作为该项目复杂设计系统中的参变

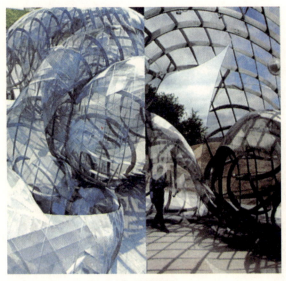 

(a) 住宅内景　　　　　　　　　　　(b) 设计模型

图 4-152　音效房屋（2005，NOX 工作室）

量。其次，如要把众多的参变量转化成非线性形态，还需要图解影响设计的各种因素间的关系。"图解"就是将可以用语言描述的概念，转化为可视的图形。这个过程则需要通过分析研究，找到可以把各个参变量联系起来的规则，并建立各参变量的数学关系模型（或称建筑信息模型 .BIM），也就是参数化曲线，然后再以某个计算机语言编程，通过应用软件实现从数学模型到三维图形的转化。数学关系模型——参数化曲线代表了设计者对各种参变量规律的认识，是决定最终设计形态生成的关键。在实际应用中，往往可以借用已有的适用软件来实现从数学关系到可视图形的转变过程。当前运用数字化技术生成非线性建筑形态的具体应用方式，根据设计者的创作个性差异，可见到有下述三种较为典型的方式：

1）直接生成：设计者直接在数字化平台上生成设计概念，并进而产生最终的建筑形态成果。这是一种完全依赖计算机智能软件演绎设计结果的方式。设计者没有任何"先入为主"的预期图像的设想，一切取决于各种参变因素的客观影响。这种方式强调的是设计的"过程"，而不是其结果。彼得·埃森曼是这种运作方式的典型代表，他在哥伦布市会展中心的设计过程就是一个典型的实例。设计既没有采取惯常使用的大体量空间模式，也没有刻意去表现哥伦布航海之类主题的造型意象，而只是在创造

各展区和各功能分区的可识别性的同时，采用了故意隐射基地现状中保存的铁轨和光缆的断面样的形式，意外地表现了建筑与场地之间的种种联系（图 4-153）。

2）授意生成：设计者在综合分析研究众多设计影响因素之后，按照主观浮现的基本创意雏形，直接授意计算机对其三维原始雏形进行必要的拉伸、旋转、扭曲等图像变形操作，直到图像形态让设计者满意后确认定格。然后，再按该确定形态的三维模型，作出相应的平、立、剖面设计，并对其形体与功能、结构、设备等技术性要求之间进行适当的整体调整后，最终完成数字化建筑形态的建构。这种运作方式有利于使作者在将原始创意转变为可量度的图形过程中，充分发挥主动性和应变能力，并可通过多解的方案比较分析，确定作者与观者都较满意的完满结果。例如，扎哈·哈迪德在广州歌剧院方案设计中，就是根据 1800 座歌舞剧场和 400 座多功能厅的综合设计要求，并按照设计者构想的"珠江边上的两块石头"的原始意象，运用功能优越的"犀牛"软件表达造型概念，并进行必要扩展、充实和优化而最终完成其图解生成任务的（图 4-154）。

3）转化生成：设计者先从制作，研究概念方案的实物模型着手，当方案的基本空间形体关系确定后，通过拍摄模型和利用相应计算机软件实现数

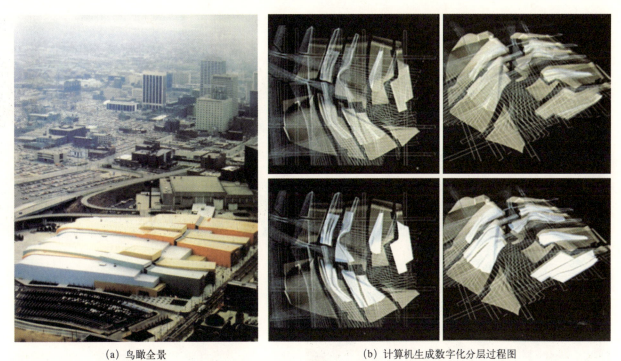

(a) 鸟瞰全景　　　　　　　　　　　　(b) 计算机生成数字化分层过程图

图4-153　（美）俄亥俄州，大哥伦布地区会展中心（1993，彼得·艾森曼）

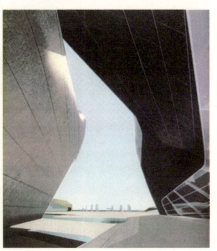

(a) 方案透视图（全景）　　　　　　　　(b) "双砾"题名的景观透视

(c) 室内景观

图4-154　广州哥舞剧院（2008，扎哈·哈迪德）

(a) 滨河外景

(b) 工作模型

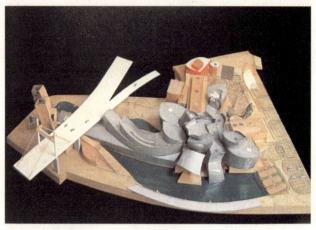
(c) 工作模型

(d) 主体外观实景

图 4-155　西班牙毕尔巴鄂古根海姆博物馆（1997，弗兰克·盖里）

字化过程，然后进行必要的深化设计而形成最终设计成果。这种运作方式以弗兰克·盖里的创作实践最为典型。他所使用的 Catia 软件是由航空航天设计系统解密后转为民用而获取的，并在其多项博物馆建筑复杂的造型构图中，发挥了积极而高效率的作用（图 4-155）。

利用数字化技术环境中的非物质世界，来解决建筑实践中的物质世界构成问题，已是当今信息化社会的必然趋向。应用数字化技术生成的建筑形态，已成为新一代建筑造型的特征和创新性的建筑环境。同时，也使人们认识到计算机数字技术的潜力不仅仅是作为一种先进的绘图和渲染工具，而更是具有强大潜力的设计生成工具。非线性形态的数字化生成的造型运用，其意义不仅是推动了建筑新形式世界的发现，而且还推动了建筑造型构图思维的决定性转变。这就是由线性思维转变为非线性思维，使非线性思维成为表现建筑复杂性的特定有效方式。向非线性造型构图思维的转变，具体表现为三个基本特征：一是由还原论思维转向整体性思维；二是从实体思维转向了关系思维，三是从静态思维转向动态思维。因此，如果说现代主义建筑是以工业技术为基础，代表着 20 世纪工业社会的建筑艺术的主流方向，那么也可说，以数字化技术为基础的非线性建筑的造型构图思维，则将代表 21 世纪信息社会的新一代建筑艺术的主流方向。

（3）自然意象的高技化运用

当代"非完形"的建筑造型，不仅有利用计算机强大功能实现数字化生成的非线性形态，而且还有运用当代各种高科技手段并在计算机功能支持下，从大自然奇妙的形式世界中吸取灵感，实现自

四、赋形思维的构图技艺

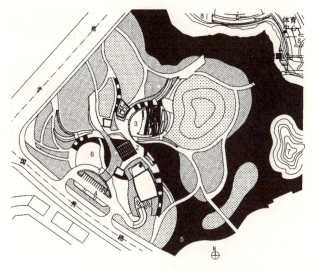

(a) 总平面规划

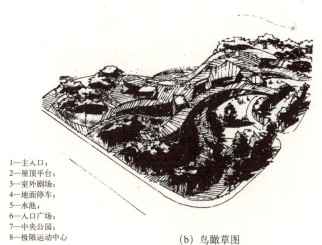

1—主入口；
2—屋顶平台；
3—室外剧场；
4—地面停车；
5—水池；
6—入口广场；
7—中央公园；
8—极限运动中心

(b) 鸟瞰草图

(c) 主入口室外景观　　　　　　　　(d) 室外景观

图4-156　上海新江湾城文化中心（2005. RTKL设计公司）

然意象高技化表现的创新型形态。自然意象历来都是造型创作灵感的源泉，其视觉形态变化万千，取之不竭。其中包括绮丽多姿的自然地貌、令人神往的自然现象，以及形色各异的生命形态皆是可资借鉴的自然意象。然而，"非完形"建筑造型对自然意象的借鉴，不同于"完形"建筑造型借鉴自然所采用的传统方式。传统方式惯于采取外部形态的简单模仿、或自然空间要素的真实引入，或自然景观的再造因借等手段。而"非完形"建筑造型所采取的非传统方式，则在信息化社会的背景下已发生了重大的改变，变得更加注重将源于自然的灵感，以当代高科技手段运用到建筑空间形态的创新过程，使自然意象融入到建筑的基本理念中，并在更深的层面上表达出建筑与自然的密切关系。高科技手段、信息化和数字化技术，也为这种借鉴自然意象灵感的复杂性造型构图形式提供了强大的物质技术支持。这使以高技化包装的那些时尚耀眼的"非完形"建筑形态，在给人以强烈的视觉冲击的同时，也能给人以某种自然形态、氛围和情景的美感体验。如在这类作品中出现有溶洞般的中庭、鸟巢般的体育馆、水分子般的游泳馆、花丛般的博物馆等。它们既能让人耳目一新，又能让人联想起周围与之相关的自然景象。当今"非完形"造型构图借鉴自然意象的常见手法，大致可归纳为下列三种类型：地景形、柔体形和表皮肌理形意象的构图运用：

1）地景形意象的构图运用：即是以自然山林、丘陵、坡地、洞穴与河谷等地形地貌作造型意象，用以表现空间形态的混沌性结构，表现自然生态有机体所具有的不断进行能量循环的复杂性系统，如列举以下数例可以解读其意：

（A）日本横滨国际客运码头设计中，FOA设计事务所首先提出了地景建筑的概念。它以一个扁

 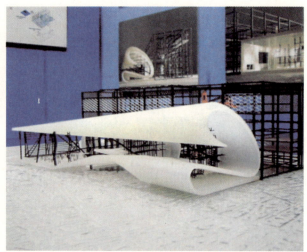

(a) 参赛方案模型　　　　　　　　　　　　　(b) 模型及表现图

图 4-157　广州歌舞剧院方案（2008，雷姆·库哈斯）

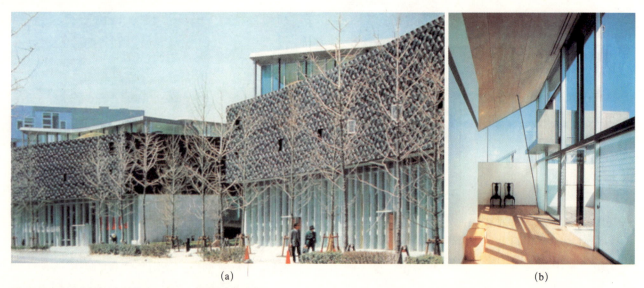

(a)　　　　　　　　　　　　　　　　　　(b)

图 4-158　日本福冈系列住宅（1991，雷姆·库哈斯）

长的钢盘将建筑的地面、屋顶都制作成连绵起伏的山丘地貌状形态，消除了传统的屋面、地面和墙面的区分，彻底打破了以往习以为常的空间概念，整体造型犹如地理景观给人带来不同寻常的空间体验（图4-149）。同样，由RTKL设计公司完成的上海新江湾城文化中心，也表达了融入大地环境的地景艺术概念（图4-156）。

（B）雷姆·库哈斯的作品中，利用建筑室内外地面，表现自然地面起伏交错的造型意象，在建筑空间环境中创造出丘陵起伏般的地形地貌是其常用的构图手法。如他在广州歌剧院方案设计中，以灰黑色调的粗面石材构成了自然、旷野的原生态造型景象，与其周边林立的高楼环境形成了强烈对比。建筑外部场地也设计成跌宕起伏的"丘陵"形态，让来访的人们顺着曲折粗糙的石板路面犹如步入"峡谷"之中，然后进入室内，再利用合成光影的照射效果，使人逐步感受其特有的文化艺术的魅力（图4-157）。库哈斯的其他作品也经常利用很多地面交错倾斜的表现手法，如索尔鲍努图书馆方案、西雅图公共图书馆、日本福冈系列住宅、万特莱黑特大学教育中心等（图4-158）。

（C）扎哈·哈迪德的作品中，利用建筑结构支

四、赋形思维的构图技艺

(a) 火车站月台夜景

(b) 火车站月台近景

(c) 地面停车场灯光造型

图 4-159 （法）斯特拉斯堡多用途交通终点站（2001．扎哈·哈迪德）

(a) 新馆外墙立面

(b) 由东西望新馆与老馆

(c) 新馆内景

图 4-160 （德）柏林犹太人博物馆（2000，D. 里伯斯金德）

柱来表现自然林荫空间的意象，有着绝妙的造型效果。如在法国斯特拉斯堡停车场和铁路终点站的设计中，建筑只是由月台、自行车存放处、洗手间和小卖店组成的一块深色的混凝土建筑区域，其他空间犹如由随意倾斜的树干状细柱支撑着的虚构的林荫区，与建筑周围的树林遥相呼应。进入其中，犹如身居林中树荫下，几乎能以假乱真。同时，停车场上等距排列的光柱与地面车位分划线，在晚间便呈现出森林般的光柱视觉效果。设计正是期望通过这种人造自然景观，达到模糊自然与人工环境之间的差异，以改善城市生活环境的目标（图 4-159）。

（D）丹尼尔·里伯斯金德，在建筑室内表现天然洞穴空间的自然意象，也是当今常见的造型构图手法。他在丹麦犹太人博物馆设计中，以不规则的外观形态和内部空间，寓意当年犹太人为躲避纳粹迫害而被迫逃亡的曲折经历。其室内空间没有任何直线视觉形态，墙面、窗洞是许多不规则形的光缝裂口，顶棚嵌入斜行灯具，展柜也同样采用不规则开口，参观者感觉犹如走在崎岖深邃的洞穴空间中，使人感受到不由自主地卷入了一个扭曲的时空，也使整个展示空间充满了不平静的氛围，这正符合了参观者的心情（图 4-160）。

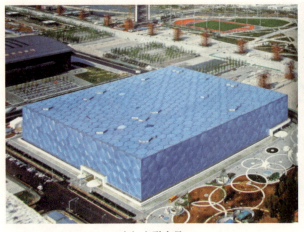

(a) 鸟瞰全景　　　　　　　　　　　　　(b) 立面冰晶状墙面

图 4-161　北京奥林匹克体育中心游泳馆"水立方"（2008）

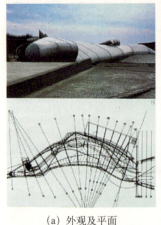

(a) 外观及平面　　　　　　　　　　　(b)、(c) 展馆内景

图 4-162　（荷）水务博物馆（2001. NOX 事务所）

2）柔性形意象的构图运用：由自由曲线和曲面构成的柔性形体，其具有随机性和流动性的视觉特征最能表现信息时代人们对建筑复杂性的理解，也最具非线性思维的审美特征。因此以自然存在的柔性物体为意象的造型构图，也在当今"非完形"的建筑实践中大放异彩。这类建筑造型或以水体形态的视觉特征为题材，或以其他柔软性物体为摹本，产生了一批颇具时代感的新颖作品。

（A）表现水体的流动性和柔软性，历来是建筑造型热衷的自然意象。不仅因为水体呈现的纯净和丰富的光影变化，可以给造型构图提供船帆、海岛之类的联想，而且因水体自身的物理特性而成为启发创作灵感的表现题材。如北京奥运中心由中建国际（深圳）公司主持完成的国家游泳中心项目，其设计方案将"水立方"作为造型概念，不仅利用水体透明性的装饰作用，而且还利用了水的冰晶分子结构的几何形状作为建筑外立面的装饰，给建筑外观包裹上一层类似"泡沫"状的外表，赋予了建筑与众不同的外观造型（图 4-161）。

另外，还有一些造型作品刻意表现水体的柔韧性和动势。如 NOX 设计工作室为荷兰水务部门设计的博物馆，如同是一块由人类肌体与金属组成的合金，它既坚硬又柔软，像处于电流或水流所构成的紊流状态中，创造出令人匪夷所思的不规则空间造型（图 4-162）；还有哈迪德设计的（英）伦敦 2012 奥运会水上中心方案，运用众多的曲线和曲面，形成了海浪般涌起跌落的自然水体意象（图 4-163）；又如天津奥运中心体育场各场馆皆以表达水滴形态为主题,中心建筑群造型犹如三颗从天而降的晶莹水滴(图 4-164)。

(B) 表现柔软性物体情态的造型构图运用,由于建筑材料和制作技术的高科技化而变得轻而易举。如哈迪德在香奈尔国际巡回展馆的造型中,其流畅的自由曲面形体似乎隐含着女用时装手袋的意象。其连续变化、平滑过渡的非线性造型构图形式,充分演绎了香奈尔品牌文化的价值形式,并彰显出哈迪德造型设计的一贯风格(图 4-165)。同样的造型构图手法,也运用于伦敦市政厅,和斯图加特奔驰汽车博物馆的设计中(图 4-166)。

3) 表皮肌理形意象的构图运用:建筑空间界面的质感、肌理与构造会直接影响人们对空间质量,视觉形态和艺术形象的多重感知。作为建筑内外空间界面的外围护结构发挥着具有艺术表现意义的"表皮"功能,高技化和数字化技术的发展不仅为建筑"表皮"功能增添了新的技术性和艺术性意义,而且也为其造型构图提供前所未有的自由创作的手段。复杂的自然现象中,绚烂多彩的绿色世界、充满生机的动物王国都已成为造型创作灵感的源泉。人工编织工艺表面的质感肌理,作为人类智慧和艺术才能的自然体现,也同样被当作智能生命的自然现象,成为建筑造型构图形式效仿的自然意象。这类"非完形"的创作实践,当今已屡见不鲜,且以下列数例为证:

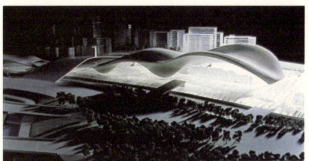
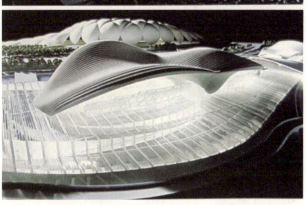

图 4-163 (英)伦敦 2012 奥运会水上中心方案(2005. 帕特里克·舒马赫 & 哈迪德工作室)

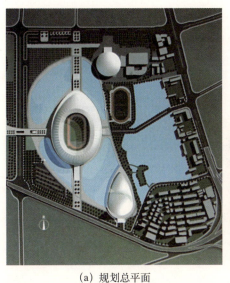

(a) 规划总平面

(b) 体育馆外景

图 4-164 天津奥林匹克体育中心(2007)

(a) 展馆入口广场

(b) 展馆外景

(c) 展馆入口

(d) 鸟瞰夜景

图4-165 香港香奈儿流动艺术展馆（2008. 扎哈·哈迪德）

图4-166 非线性柔体造型（1）——
（英）伦敦新市政厅, 2002. 诺曼·福斯特

(a) 鸟瞰全景

(b) 双锥体屋盖夜景

(c) 东向外观

图 4-166 非线性柔体造型（2）——
（德）慕尼黑宝马汽车世界（2007，奥地利兰天组）

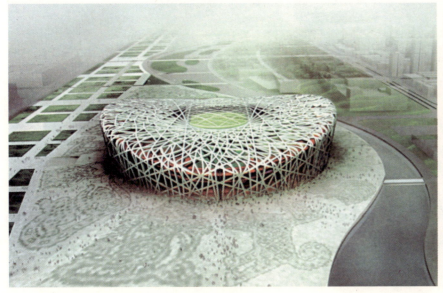
(a) 鸟瞰全景

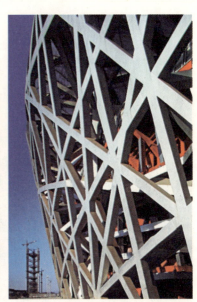
(b) 由结构构架编织的"表皮"造型

图 4-167 北京奥林匹克体育中心，国家体育馆"鸟巢"（2008．赫尔佐格＆德梅隆）

（A）由赫尔佐格与德梅隆事务所设计的我国北京奥体中心国家体育场，其建筑结构形式与表皮造型表现相结合，以结构构架系统编织成一个形似"鸟巢"的外观形态。为使构架的日影不致纷扰观众视线和场内赛事的进行，设计又在构架编织网的空格中用双层半透明的薄膜材料来填充。半透明的薄膜给场内空间提供了柔和的漫射光。如此，以新型材料技术综合解决了建筑空间、造型、结构与采光等多种功能关系，完满地达到了非限定界面的"表皮"造型效果（图 4-167）。

（B）澳大利亚墨尔本的联邦广场，由 11 栋建筑组成的建筑造型诡异奇特。其"表皮"大面积不规则的构图形式，使其外观造型让人产生各种错觉，犹如没完工或是随意搭建的积木般造型。建筑"表皮"复杂的三角形骨架组合形式，源自分形几何学的概念，给建筑立面创造了独特的视觉效果，如同原始森林里的藤蔓爬满了整片墙面，其不同朝向的墙面也呈现了不同的肌理变化，使建筑群体中每栋建筑既各有差异，又能共同形成完整的群体形象（图 4-168）。

(a) 广场全景　　　　　　　　　　　　　　(b) 文化中心近景

(c) 中心入口大厅　　　　　　　　　　　　(d) "表皮"骨架及外观

图4-168　（澳大利亚）墨尔本联邦广场文化中心（2002，实验建筑工作室 & 贝茨·斯马特）

此外，仿生建筑也在同样的理念引导下，借助高技术化和数字化技术提供的无所不能的强大功能，也借鉴自然界生命演化的种种现象，创造出了前所未见的和令人眩目的全新建筑形象，在新的历史条件下为仿生建筑学增添了新的科学意义和艺术价值（图4-169）。

四、赋形思维的构图技艺

(1) 新加坡海湾剧院（2002）
钛合金壳体"表皮"造型结合生态技术。

(2)（英）圣奥斯忒尔，伊甸园（2000，格雷姆肖）
与地形紧密结合的总体布局与穹顶表皮肌理

(3) 新喀里多尼亚，努美亚，吉芭欧文化中心（1998，伦佐·皮阿诺）
具有地域性意义的编织型"表皮"

图 4-169 仿生建筑"表皮"的创新意义

五、表意思维的构图技艺

建筑造型创作实践中，人们在不倦地追求形式美的同时，也强烈地追求着艺术美的创造。这是因为艺术美更能集中地显示美的本质特性，具有形式美无法替代的特有审美价值。建筑造型的创作如缺少艺术美的表现，那么社会多元化的审美需求就难以得到充分的满足，人们生活的环境将会变得单调而枯燥。因此，将艺术美与形式美相比较，可以说艺术美的创造是造型构图技艺运用中较高层次的创作实践过程。当然，并非所有建筑的造型都需要达到艺术美表现的高度的，只有当建筑造型作为自我完善的艺术整体，而要求造型的形式与意义成为整体的有机组成部分时，才需要通过表意思维的造型创作过程来实现建筑艺术美的创造。

前文已阐明，当代建筑造型构图技艺的演进基本是根据两种不同的构图理念，沿着两条不同的思维路径而发展的。那么与前述赋形思维理念及其构图技艺既相区别，又相关联互补的，则是表意思维理念及其构图技艺的运用。所谓表意思维的构图技艺，即是在造型过程中刻意运用构成建筑艺术美的各种意涵形式，引领造型的创作构思与艺术形象塑造，并注重于艺术美表现的造型构图方法。此法审美关注的重点，在于创造能充分反映创作主体的思想情感和艺术意志的具有特定意蕴内涵的建筑形式和理想的艺术境界。简而言之，可谓以形表意。

可以认为，相对于以物质形态为基本表象的建筑形式美而言，建筑艺术美应属于观念形态的美感表现。建筑艺术美的创造离不开其内在意涵的表达效果，即所谓"表意"效果。也就是说，"表意"是建筑艺术美的本质体现。正如我国古代美学理论家刘勰所著《文心雕龙·神思》篇中所言："意授于思，言授于意"。就是说"意"来源于构思，而"言"来源于作品的意涵。"意"的表达要依靠"言"之类的载体才得以表达，而不可能单独存在。

也就是说，要把观念形式的艺术构思外化为物态化形式的建筑造型作品，必须借助于一定物质材料和艺术手段。表意思维的造型构图过程，就是这种将某种观念形态进行实体化的过程，即是将无形的思想意图转化成可供直观的形体环境的过程。然而实际上，建筑造型艺术作品都总是艺术美与形式美的统一体，因此要提高建筑艺术美的"表意"审美价值，自然也离不开其物质形态自身的艺术表现力和审美价值的提高。诚然，有关表意思维的造型构图技艺所涉及的问题，从构成内容来看，主要应包括创作的表意题材、主题与结构布局的构思策划，和构思意涵的构图表达两方面。从其创作运行的过程来看，主要应表现为前后承续和相互关联的四个创作环节：观察体验，立意构思，意象造型和构思表达（图5-1）。

（一）观察体验——表意题材的形成

社会现实生活是构成建筑艺术形式的内涵，它的领域十分广阔，其中包含的审美因素也是极其丰富的。因为到处都存在着美的事物，美的现象，并时刻陶冶着人们的心灵，愉悦着人们的精神生活。社会现实生活中存在的美，既不是自然固有的属性，也不是理念的外显或主观意识的产物，而是同人们的社会实践活动密不可分的心理现象。它的根源深藏在人们共同的社会实践活动中，我们也只能通过观察社会实践活动，才能不断发掘和深刻体验蕴藏在社会现实生活中丰富的审美感受。没有丰富的审美感受的基础，就难以形成艺术美表现的题材，造型创作的其他环节也难以形成。

1. 社会实践的深入体验——审美感受的源流

深入观察是体验社会实践活动的主要方法。它

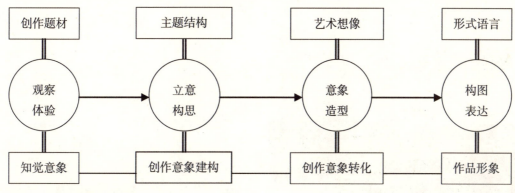

图 5-1 表意构图创作过程

不但是我们借以获取丰富的科学知识的途径，也是迈入艺术宫殿的大门。因此提高创作者自身的观察能力具有十分重要的意义。不过应该指出，艺术创作的观察活动与科学研究的观察活动是有区别的。可以认为，科学的观察属于认识求知性的探寻活动，而艺术的观察则是为了积累感受、释放情感、诱发想像和激发审美理想；同时，科学的观察需要客观地接收外在事物对人们感官的映射，而艺术的观察既是接收客观事物的映射，也是主体情感对外在事物的投射，它是既通过感官又超越感官的心理活动等等。因此，艺术观察能力的提高应掌握其与一般认知性观察活动不同的特点，正确的艺术观察方式一般应具有如下一些特点：

（A）见微知著——即善于从司空见惯的平常事物上，发掘出一般人难以觉察的潜在特点和意义。

（B）深入仔细——善于在细心观察的基础上，基本掌握对象的个性特征及其内外运动的规律，发现客观事物独具的特点。

（C）情感投入——善于带着激情去观察社会现实生活。只有热爱现实生活，衷情艺术创作活动的人才能满怀热情地去观察生活，从中吸取艺术营养，并能把设身处地的真切感受和亲身体验过的健康情感灌注到创作实践中去。

（D）变换视角——善于根据建筑艺术的空间性特点，变换不同的观察角度，以利始终保持对观察的新鲜感和敏锐感。

另外，观察体验过程既要深入仔细又要超脱俯视。所谓深入即是按照上述的观察方式设身处地去体验与感受。而所谓超脱，则是指能与观察对象拉开心理距离，以便扩大视野、统观全局。只有这样才能获得更为真切而全面的体验与感受。

2．审美感受的积聚深化——表意题材的形成

一切艺术美的创造都是以创作者在现实生活中获得的审美感受为发端的，建筑造型艺术的创造也不例外。因为正是在审美感受的过程中，才萌发了创作的冲动，形成了要把来自现实生活与社会实践的体验表现为艺术作品的强烈愿望，然后才能开启创作思维的进程，如愿进入整个造型艺术创作的实践阶段。当然，创作思维所需的艺术题材也无不来自由社会实践体验而取得的种种审美感受。

审美感受是由感知、联想、情感和理解多种功能相互交融的复杂心理过程。审美感受一般都离不开对感性对象的直接反映。但它是渗透着理解的感知，是一种综合的情感活动和理性思维的审美直觉。然而，由审美感受而获得的有关社会现实生活的体验，还只是分散与个别的审美记忆。只有当这些呈分散状态存在于头脑中的个别与局部的审美感受，经由审美理想的引导而取得足够的积累时，它们才会在相互联系与矛盾运动中得到深化。经过积累与深化的审美感受，便可以为创作思维的启动提供所需的素材。创作主体可以根据这些素材所引起的情感兴奋程度的差异而有所选择和侧重，这就是艺术题材形成的一般途径。建筑造型的艺术题材，也同样是从社会实践的审美感受中开始，经过积累、深化和选择的能动过程而形成的。

3. 表意题材的选择与类型——立意构思的素材

建筑造型的艺术题材也就是造型创作的表意题材，可简称为创作题材。可以概括地说，创作题材是从社会实践的体验与感受中提取的具有审美意义而可用于艺术表现的全部内容。因此，创作题材的内容是十分广泛的，选择的自由度也是极大的。然而应予指出，建筑造型创作题材的选择与其他艺术形式有所不同，其特点是它不仅要来自社会实践，而且经过艺术的加工处理后还需要重新回到社会实践中去，这是因为建筑造型艺术是一种社会现实的艺术，其创作的对象属于人们现实生活所需的，由建筑形体与空间所构成的物质环境，建筑艺术美正是通过其造型所构成的现实生活环境来实现表情达意的。因此建筑造型创作题材的选择，必然要考虑物质技术条件的现实可行性。随着建筑物质技术条件的进步发展和设计观念多元化的转变，当代建筑造型艺术的表意题材也有了极大的发展与变化，其创作题材所及新意纷呈。从当前造型实践分析，创作题材所涉内容的基本意涵与指向，大致上可分为如下三种主要类型：侧重于主体情感表现的题材、侧重于造型创意逻辑表现的题材和特具开创性理念表现的题材。

（1）侧重于主体情感表现的题材

主体情感一般是指创作主体对客观事物是否符合其实际需要而产生的心理体验。建筑造型艺术所表现的主体情感，主要是指造型形象中某些与人的情思、情景、情态和情趣相关联的非理性的精神活动。它主要是通过建筑造型的形体与空间形象，以及所构成的环境氛围，借助人们的审美心理活动的中介所产生的某种情感体验的信息。信息传达的可以是严肃庄重或亲切可爱的情感，也可以是轻松愉快或沉闷忧郁的情感，还可以是热情奔放或温柔恬静的情感，等等。总之，是侧重于表现人的情感活动、人性体现和人格气质等主体精神活动的特征（图5-2）。

（2）侧重于创意逻辑表现的题材

创意逻辑是指创作主体在社会实践中，由审美感受所激发的各种创造性思维的理念及其逻辑关

图5-2 侧重主体情感的表现（1）——陕西黄陵市黄帝陵祭祀大殿（2004）
表现严肃庄重的情感。

（a）居住小区景观

（b）住宅近景

图5-2 侧重主体情感的表现（2）——广州竹韵山庄（2004）
表现亲切可爱的情感。

系。这种创造性理念的表现可涉及整个社会实践领域。如按创造性理念所关注的核心问题来区分，大致可分为三种逻辑类型：技术构成的逻辑、艺术构成的逻辑和生活现实的逻辑。

1）技术构成的逻辑：建筑造型离不开物质技术手段的运用。然而，物质技术手段的运用与发展，有其内在的客观规律，也就是具有属于技术本身的科学逻辑关系，如几何逻辑关系，数理逻辑关系和结构力学逻辑关系，等等。但是，将物质技术手段用于艺术的表现，就不只是纯粹依照科学性逻辑关系来运用了，其运用方式会随着创作主体的艺术目标的差异而表现出不同的主观倾向，其差异性所显示的内在规律和外显特征，也就是所谓的技术构成的逻辑。因此，不同的建筑流派、风格或个人在采用同一技术手段时，可以形成不同的技术构成逻辑的表现，使同一个技术手段可以呈现出不同的艺术表现效果。其表现效果或是强调技术本身的科学性，或是强调技术形式的艺术性，也或是两者兼而有之，各有侧重（图5-3）。

2）艺术构成的逻辑：所谓艺术构成的逻辑，则是在主观意念中完全摆脱物质技术因素的束缚，强调只按照艺术自身发展与运用的内在规律进行造型创作的理念。因此，它在表现形式上与当代艺术的各种思潮与流派的关系十分密切，强调艺术表现形式的创新与变革，并几乎与当代艺术流派的发展同步，出现了众多具有表现主义、构成主义、解构主义、非理性主义等当代艺术特征的造型作品（图5-4）。

3）生活现实逻辑：由上述可知，技术构成逻辑侧重于科技规律的表现；也就是重视客观理性的表现；而艺术构成逻辑则强调艺术自身规律的表现，也就是强调主观情感的表现。然而从总体而言，建筑艺术美的创造从来就是"理"与"情"相辅相成的交响乐曲。因而采取上述两种逻辑结合的方式，更易符合社会现实生活的需要，这种逻辑方式可称之为生活现实的逻辑。由于生活现实逻辑的内涵涉及整个社会实践领域，因此，也可以认为它是一切理性与感性思维逻辑的综合（图5-5）。

(1) 广州国际会议展览中心（2002，（日）佐藤综合计画）

(a)

(b)

(2) 南京国际展览中心（2001）——空间钢桁架体系

图5-3 强调技术逻辑的表现

(1)（荷）尼德兰民族大厦（1996，弗兰克·盖里）　　(2)（澳）墨尔本斯多累讲演厅（2001，ARM事务所）

图 5-4　强调艺术构成逻辑的表现

(1)（美）巴尔的摩6号码头音乐厅　　(2)（荷）阿姆斯特丹海事博物馆

图 5-5　强调生活现实逻辑的表现

(3) 特具开创性理念表现的题材

有关设计观念的转变历来在建筑造型艺术的表意题材中占有显著的地位。当代建筑造型自20世纪60年代之后，设计观念经历了多元化和个性化急剧变革的发展局面。因此可以发现，用以反映创作主体的开创性造型理念的表意题材，往往在标新立异的建筑造型创新变革浪潮中展现了新的魅力。特别是现代信息技术的迅速发展，极大地改变了当代社会的生活方式和思维方式，使建筑造型艺术的表意题材得到了进一步的拓展，表意思维也不断深化。具有开创性意义的造型理念正在不断涌现，自然成为造型表意题材的重要选择。表意题材的拓展主要体现在新意的开拓与探索上，如有关人与环境和谐共生的观念、城市历史文脉延续的观念、以人为本和人性化设计理念的探索发现与表达等。表意思维的深化，主要体现在表意题材向哲学思辨深层探索的趋向，如意涵涉及人们内心世界的有关艺术构思的理性思维与非理性思维方式的哲理表述，以及有关造型表达的线性思维与非线性思维方式的实践探索等（图5-6）。这方面的相关内容还将在本书后续章节中可以得到进一步的说明。

（二）立意构思——创作意象的建构

表意题材的形成，只是为造型表意思维提供了审美感受的基本素材，要把这些零星分散的感性材料围绕一个中心或主题，组成完整的造型艺术作品，首先必须进入的创作环节，就是造型创作的立意构思。通过创作的立意构思去完成作品整体艺术结构的酝酿思考和设计组构。实践表明，优秀建筑造型作品的产生，首先来自巧妙的艺术构思。构思成功的关键是要有正确精妙的设计立意。其所立之"意"既是出自创作主体的主观意念，又需符合各种社会客观条件的制约。因此，高品位的立意的产生绝不是主观随心所欲的产物，而是各种主客观条件通过主体的创造性思维求得高度统一的结果。所谓的创造性思维，就是要在前人经验与成果的基础上有所突破和有所创新。

造型创作的立意构思是一个极其复杂和高度综合的艺术构思环节。它是汇集了建筑造型的诸多构成因素、矛盾和要求于一体的综合性思考、分析和研究，并寻求取得最佳结合点的创造性思维活动。不同的立意构思可以形成不同的造型设计方案，产生不同的造型艺术效果。因此，在一定意义上可以认为，创作的立意构思过程是成功实现造型创作目标最为关键的环节。

(1)（美）俄亥俄州立大学，韦克斯纳视觉艺术中心，(1989，彼德·艾森曼)

图 5-6　特具创新理念的表现

 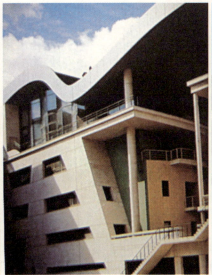 

(2)（法）巴黎音乐城，1990，克里斯底安·德·包赞巴克

(1) 哈尔滨，黑龙江科学技术馆（2002）
反映当代艺术的动力学特征。

(2) 武汉湖北省博物馆（2004）
反映传统艺术结构的静力学特征。

图 5-7 造型艺术结构的变化

1. 立意构思的基本任务——创作主题与结构的确定

完成作品整体艺术结构的酝酿思考和设计组构，是造型创作在立意构思阶段的基本任务。艺术结构是指作品各部分的组成状况。良好的艺术结构应表现出完整而不支离破碎、严谨而不松散、精巧而不刻板、和谐而不杂乱的整体组织关系，应有利于作品内涵意蕴的充分表现和增强作品的艺术感染力。作品艺术结构的组构，是指创作主体把作品题材中原先零星分散的各组成部分，按照一定的审美规律组成一个有机统一的整体时所采用的方法与手段。作品艺术结构组构的重要环节是剪裁和布局。剪裁的主要方式是对表意题材进行有目标的选择与取舍，从而形成具有主导整体结构作用的中心思想或主题。布局则是按中心思想或主题表达的需要，把适宜的题材置于作品恰当的位置上，使作品各组成部分能形成具有一定主次关系、层次关系和节奏关系的和谐完整的整体艺术结构的处理过程。简要地说，造型创作的立意构思过程，就是从丰富的创作题材中提炼表现主题和组成清晰的整体结构形式的过程。

立意构思中，造型创作主题的提炼与形成是完成整体艺术结构组构的关键和核心问题。因为"主题"也称为"主题思想"，是指建筑造型通过其塑造的艺术形象或审美意境所表达的中心思想，也是造型表意内涵的核心组成。因为它是创作主体从社会实践的观察体验中，对客观题材进行分析、提炼和深化而取得的思想结晶，也是创作主体对客观现实的认知、理解、评价和理想的概括表达。而且，可以因为创作理念的差异，相同的题材也可以形成不同的创作主题。创作主体的思维方式和艺术素养的差异也会直接影响主题思想形成的深度和广度。创作主题也是作品整体结构布局的依据，造型构图表达的形式也必须服从主题表达的总体需要。因此，赋予造型作品以新颖鲜明的表意主题，对建筑艺术的开拓创新具有重要的导向性作用。

同时还应指出，当代建筑造型的艺术结构的组构方式已发生了重要的变化。首先是，传统的建筑造型艺术结构，如上述结构形式一样要求形成一个中心或主题；而当代建筑则不然，不一定要求形成单一的中心或主题，而经常采取多义的中心或主题形式，可由观赏者自主作出意义的理解。其次是，传统的建筑造型艺术结构，也如上述典型结构形式一样，基本上强调突出中心表现，形成一种具有较强内聚性的封闭性结构；而当代建筑造型则越来越倾向于非中心化的开放性结构。再次是，传统的造型艺术结构表现为静力学特征的组构方式；而当代建筑造型则更倾向于具有动力学特征的组构方式（图 5-7）。

2. 立意构思的思维特征与要求

根据建筑造型的艺术特性，其创作的立意构思过程所采取的思维方式，自然应遵循艺术思维自身

特有的规律,并应符合艺术创造的基本要求,具体要求可归纳为如下方面:

(1) 遵循艺术思维的基本规律

艺术思维也称为形象思维。艺术思维过程也就表现为一种形象运动的心理过程。它遵循着艺术形象运动自身的逻辑和规律。

1) 感性与理性机制的结合:艺术思维中引起的不纯然是理性认识机制,而是一种整体性的审美认识机制,也可以说是渗透着理性认识因素的审美评价机制。人们通过在丰富的感性材料中作出理性思辨的方式,来完成从感性向理性认识的转化,并始终不脱离感性认识的基础,这便是艺术思维特有的途径。实践表明,艺术思维不仅不脱离具体事物感性的外部形象,而且在审美评价中经常将审美对象感性的外部形象与创新主体喜、怒、哀、乐的主观情感融合在一起,并由此形成特定的审美意象。

2) 主观情感因素的作用:情感因素的作用是艺术思维在探索事物本质的方法上所表现的又一种重要特性。通过艺术思维使审美感受向审美意象飞跃的创造性思维活动,是对特定审美感受的理性发掘,也是从某个角度或侧面深刻领会社会现实底蕴的过程。艺术思维过程总是特别着力于对典型意义和审美价值的热烈追求和深刻把握,反映了主观情感因素所具有的巨大潜在作用。正是这种作用推动并制约着理性因素的发展和主体艺术想像活动的展开,使无形的情感逻辑往往可以在艺术思维过程中发挥决定性的作用。

(2) 满足艺术创造的基本要求

1) 刻意创新:创新是建筑造型艺术的生命,刻意追求创新的要求是创作立意构思的基本目标,也是造型创作追求的最高境界。具体而言,创新就是要实现以创造性思维为主导的作品形象的"新颖性"、"巧妙性"和"独特性"。但是,创新不能为"创"而创之,为"新"而新之,而是应根据实际条件,采取因地、因时、因人和因事制宜的方式,要在整体"立意"的统领下实现创新的目标。掌握正确的创新思维方式,是发挥立意构思在实现创作目标过程中的关键作用和提高艺术创造力的重要途径。

2) 追求个性:建筑作为造型艺术的综合形式,有着其他艺术门类相似的追求个性化表现的属性,其创作的立意构思更提倡"别出心裁"的思维方式,以充分表现出创作主体的个性特征。要求创作方法应力戒因循抄袭、东拼西凑,避免造型手法与作品的重复类同。但同时还应注意避免不顾科学规律,不顾客观条件和社会审美效果,单凭主观臆想的怪异任性的随意发挥。

3) 善于广思:在创作的立意构思过程中,应提倡"广开思路",切忌"一意孤行",以避免出现"一条道走到黑",将创作构思引入绝路的尴尬境地。因为立意构思过程应是围绕创作主题充分发挥艺术想像力的过程,也是发现、分析矛盾和寻求解决矛盾最佳方式的过程。为此,宜在创作构思过程中采取一"意"多"构",或一"意"多"思"的方法。也就是可以采取多种方案构思进行比较鉴别和选择,实行整体思辨、意构互动,避免"一意孤行"。

3. 立意构思中的灵感思维

(1) 灵感的实质与创作意义

对于艺术创作而言,最重要的主观条件就是创作主体的艺术创造力。直接决定艺术创造力的是创造性思维能力,创作的立意构思环节尤其需要创造性思维的能力。创造性思维过程中的灵感和灵感思维,是构成艺术创造力的一种特殊心理现象和功能。它是艺术思维的一种特殊方式,具有重要的创作意义。

关于"灵感"一词的含义,《辞海》作了较全面的诠释,其意为:"文艺科学活动中思想高度集中,情绪高涨而突然表现出来的创造力。创作者在丰富实践的基础上进行酝酿思考的紧张阶段,由于有关事物的启发,促使创造活动中所探索的重要环节得到明确的解决,一般称之为获得灵感。丰富的实践和知识积累,浓厚的艺术修养和艺术技巧的掌握,是获得灵感的前提……"。这一诠释说明了艺术思维过程中,灵感现象的实质是艺术创造力的特殊表现,灵感产生的基础是丰富的实践积累和艺术修养,灵感表现的特点是具有不期而然的突发性。

对于建筑造型艺术的创作而言,灵感是表现创作思维过程中的一种"顿悟"现象。它经常发生在创意提炼、方案构思和构图表达的各项创作思维活动中，并由于灵感的出现（或谓获得灵感）而可产生富有创造性的思路，以致使问题可以取得突破性的进展。灵感的产生往往是在"山重水复疑无路"的窘境中突然出现的"柳暗花明又一村"的思维状态，是一种呈现为"茅塞顿开、妙思泉涌"的高度集中、高度灵敏和亢奋的精神状态，从而使潜在的创造力得到了最佳发挥。因此可以说，灵感的产生是对创作立意构思中所付出的艰辛思维劳动的一种珍贵的报偿。

(2) 灵感思维方式的基本特性

善于利用灵感特有创造力的创作思维方式，可简称为灵感思维方式。充分发挥灵感思维方式的特殊功能，对创作过程的顺利进展和创作成效的提升具有重要的意义。创作过程中，灵感思维方式的运用，一般具有如下基本特性：

1）思维行为的突发性：这是指灵感思维行为的发生，往往表现为潜意识的自发跃升和突然引起的超常思维行为。这种突发性的思维机制，是创作主体长久植根于敏锐的观察、丰富的实践、渊博的知识和活跃的艺术想像之中的创造潜力的瞬时性爆发。

2）思维模式的独特性：其思维模式的独特性，往往可以表现在采取非常规性的特殊思路和梦幻般拼接与组合的逻辑方式，思维组成表现了逻辑性思维与非逻辑性思维相结合，有意识思维与潜意识思维相结合，以及自由开放的散发性思维与严谨规范的收敛性思维相结合的特点，具有多元综合超越理性常规的意义。

3）思维定位的随机性：灵感思维的运作方式具有相当灵活的自由度，可凭主观意愿和思维发展状态，随机作出或聚集、或扩展的调整变化，适应于以多方位和多角度进入理想的思维状态，有利于思维深化的斟酌与推敲。

4）思维目标的可行性：灵感思维是源于现实生活、社会实践，并源于丰富的知识积累的智慧闪耀。它是创作思维在突破发展的瓶颈性问题时的突发性思想火花。因此，经由灵感思维产生的创作意象应是创造性思维与实践性要求相结的产物，一般具有较强的现实可行性。否则，就可以认为不具备灵感思维应有的品质。

(3) 诱导灵感思维的一般途径

立意构思过程中，可以影响灵感思维发生和运用的因素十分复杂。根据实际创作经验分析，一般认为，造型创作活动可以通过三种常用的途径来诱导灵感思维的成功启动和有效运用：

1）触发生思：这是指创作者在造型的立意构思阶段，进行艰辛苦涩的思索过程中，偶然受到某种客观事物的触动，而引起的灵感和艺术想像力的突然爆发。此时灵感思维状态较具独创性的特征。

2）借鉴感思：这是指创作主体在立意构思过程中，通过观赏与借鉴前人或同类作品，因受到重要启示与感染而产生积极的艺术想像与联想的思维活动。此时，引发的灵感思维状态常会带有模拟和仿效的特征，思维状态与可资借鉴对象的信息密切相关。

3）观照取思：这就是创作主体通过能动的深入观照现实生动的审美对象，寻求主观情思与审美对象整体融合的交集点，从而发挥艺术想像力和获得创作灵感的思维途径。此时触发的灵感思维状态往往可具有较强的情感色彩和混沌、模糊的形态特征。

上述三种灵感思维状态相较而言，"触发生思"者，一般反映了具有相当创作经验者，在立意构思过程中经常经历的思维状态，也是诱导灵感思维的一般途径。"借鉴感思"者，则是反映了通过学习研究与借鉴，寻求超越传统和常规而经常采取的创作立意构思的方式。它是诱导和辅助灵感思维运用的有效途径，也是学习造型创作的过程中增强灵感思维能力的最为有效的途径。"观照取思"者，则是反映立意构思中寻求情感表达、个性表现和创新突破者通常应采取的获得灵感思维的途径。在创作实践过程中，往往可以将这三种灵感思维状态交替运用和互为补充。灵活运用可以诱导灵感思维的三种基本途径，充分发挥灵感思维的创造力，是创作的立意构思阶段需要重点把握的艺术思维方式。

4. 主题构思法的实践应用

由于主题是作品意涵表达的中心思想，也就是创作立意构思的核心内容，确定造型构思的主题自然成为完成作品整体艺术布局与组织的核心问题。因此，创作的立意构思过程通常总是首先从有关主题表达的酝酿与思考开始，意在通过创作主题的确定来统领作品整体艺术结构的形成与组构。在此且将此种通常行之有效的创作思维方法简称为主题构思法。虽然在进行造型创作的立意构思过程中，思维方法通常可因人而异，实践效果也各有所长，但主题构思法的应用则较为普遍和有效。因为在长期的实践中，此法的应用已积累了较多的理论共识，形成了较为稳定的创作思路，而易于在实践应用中把握。它有助于创作主体有效发挥创造性思维的潜力，成功实现预期的造型创作目标。通过解读大量成功的创作实践经验，有关主题构思法的实践应用的基本方法，我们可以在理论上概括为下述几项具有普适性和规律性的共识：

（1）意犹笔帅、统揽全局的创作理念

实践表明，建筑造型艺术创作取得成功的关键在于正确的把握创作主题。因为主题是造型表达的思想内容的核心，也就是所谓作品的立意或创意。实现预期创作目标的过程，是充满矛盾和解决矛盾的复杂过程。人们长期的艺术实践经验证明，创作过程中采取"立意"先行、居高临下的思维方式，有利于发挥"意犹笔帅"、统揽全局的导引与协调作用，并有利于克服各种矛盾而成功实现预期的创作目标。因此，把握正确的"立意"取向也就正确把握了创作的主题，确定正确的立意取向一般应符合三个基本原则：

1) 立意内涵应与建筑实用功能性质相协调，应避免"文不对题"、虚情假意的表达（图5-8）。

2) 意涵表达应与建筑形态特征相适应，应避免"词不达意"，强词夺理的表达方式（图5-9）。

3) 意蕴组成应与建筑所处物质环境相统一，应避免"言不由衷"，表里不一的表达效果（图5-10）。

（2）意在创新、因题制宜的创作目标

建筑造型创作的灵魂是创新。其具体表现在创

图5-8 （德）科隆美术馆（1987，布斯曼＆哈贝列尔）
利用采光天窗轮廓线贴切表达与教堂建筑背景协调之意。

图5-9 北京奥林匹克公园网球中心（2007）
由室内看台分区组成12片花瓣，形似纯洁的白花盛开，巧合表达融入公园环境之理念。

图5-10 湖南耒阳市毛坪浙商希望小学（2007）
以当地竹木材料的运用，正确表达地域文化意蕴。

作目标上，倾心追求立意的新颖性、巧妙性和构思的"别出心裁"，竭力避免作品形式的重复与类同。其意既包括不能与别人的作品类同，也包括不能与自己过去的作品类同。为此，应在由创作主题所表明的"立意"的总体控制和统领下，因题制宜地秉意求新，也就是切实根据创作项目的课题要求所形成的不同的主题意涵，去展开创作的创新目标，而不是脱离主题的为创而创，为新而新。正确的创新过程应是切中题意、意象并举的创新过程，而不是主观任意和随心所欲的过程，更不是程式化的模仿抄袭过程，而应是具有极强个性和针对性的匠心独运的实现创作目标的过程。独运的"匠心"是创作主体自身艺术素养的特定表现，它来自不断培育艺术想像力，善于学习运用创新性思维方式的结果。创造性思维的运用，通常可表现出下述几点：

1）充分发挥创作主体在艺术思维过程中的主观能动性作用。不但应善于从常见的一般现象中提取创新的灵感，而且还善于在实践中不断增强创作构思的自我判断与抉择能力。

2）善于组织利用思维过程中的联动性效应。有效发挥艺术思维中想像与联想活动的特殊创造性功能，实现关联性思维举一反三、纵横交错的联动扩展效果。

3）积极培育思维多维性发展的能力。思维发展的多维性是指思维过程中，善于形成具有多焦点、多指向、多逻辑规则和多元评价标准的思维方式，是一种具有网络性结构的思维方式。运用这种思维方式有利于广开思路，避免陷入单向思维"一意孤行"的绝境。

4）善于运用较大的思维跨度，发挥艺术思维的创造性特点。思维跨度的扩展有利于增强思维的超越性能力，并有利于扩大思维的自由度，提高思维的敏捷性、机动性和运行效率。

5）善于运用辩证思维的方法，增强创作思维的整体综合性能力。以利创造性思维萌芽的及时发现与正确判断，并能把握时机，促进创造性思维萌芽的发展成熟，取得具有突破性意义的创作目标。

(3) 意构互动、辩证决策的创作方法

造型创作的立意构思过程，不仅应强调"立意"的先行作用和统领作用，而且还应强调创作构思主体的能动作用。因为艺术创作的"构思"并非一般性的思考活动，而是围绕"立意"内涵所进行的充分发挥主体艺术想像力的重要思维过程。它是从发现矛盾到分析矛盾，继而要求解决矛盾的全过程。随着构思过程的深入，构思意象化、意匠化的展开，为了更好地实现和表达创作主题，一般认为宜采取多种构思方案进行比较、鉴别和决策，也就是实行一意多构或一意多思的方案决策方法。这样就必然要求在立意与构思间形成相应互动的关系，以便在由构思反馈形成的"立意"的再思考，再提炼和再确定过程中，正确运用辩证思维和科学决策的创作方法，尽可能避免简单化的"一意孤行"的决策方式。

(4) 意有所随，匠心独运的创作技巧

造型创作的立意构思阶段，其基本任务是要完成作品整体艺术结构的思考和组构，是要把逐渐形成的总体创作理念转化为具有一定直观性的创作意象。它需要依托于特定的表达媒介来实现，这种用于视觉表达的媒介就是造型艺术的形式语言技巧的运用。娴熟畅达的形式语言技巧，不但能使创意的正确表达得心应手，并且可以取得事半功倍的艺术效果，增强建筑造型作品表情达意的功效和艺术感染力。娴熟畅达的建筑造型语言的运用技巧，应切实体现"意有所随"和"匠心独运"的基本准则。这里"意有所随"是指建筑造型语言的表达运用应贴切、深刻和生动，"匠心独运"是指语言表达的形式和方式应具独特的个性。造型创作的成功既应达到"意有所随"的表达效果，也要满足艺术个性的独特表现。

(三) 意象造型（直觉造型）——创作意象转化的中介

人们在从事创造性的实践活动时，总要首先在头脑中想像出关于实践结果的具体意象，这是现实生活活动中人和动物的根本区别。建筑造型的创作活动也是一样，首先要在创作者的头脑中形成某种特定的创作意象。创作意象的形成，是创作者在立意构思过程中经由一系列艺术思维活动而产生的结果。艺术思维活动也就是形象思维活动,是表现了一系列形象运动变化的过程。整体而言,首先是通过观察体验活动获得生动鲜活的审美感受,并经由视知觉的特殊功能形成储存于头脑中的大量知觉意象。然后,经过立意构思活动的筛选和提炼,使众多无序分散的知觉意象,可以形成具有一定结构图式的创作意象。创作意象虽然还是存在于创作者头脑中的意识性的艺术形式,但是当这种创作意象是一种富有感情色彩的审美理想时,它就会成为下一步创作实践活动的努力方向,也就是可以成为最终造型作品创造的设计蓝图。然而,将创作思维中内含的意象转化为能被直观把握的实际造型作品外显的作品形象、这是造型创作的最终目标,它必须经过意象造型的中介机制来实现。不言则谕,创作意象的转化和意象造型的中介机制,是造型创作过程中又一极为重要环节。在此需要就意象、创作意象和意象造型的理论概念,及其在造型创作过程中的作用再略作进一步的解析。

1. 意象的审美功能

(1) 意象的美学含义

人们在进行审美活动的过程中,通过感知认识现实世界,并在头脑中产生相应的心理描绘的形象,在艺术理论中称其为意象或审美意象。应该指出,首先是意象的生成,只是在人们的审美心理过程中才发生的感知功能,它与一般认识过程中的感知功能不尽相同。一般认识过程中感知的直接产物是一般视觉表象,并能直接保留和储存在记忆中。一般视觉表象既有直观性又具有概括性。它经过抽象和概括,便可形成反映对象本质属性的概念,成为进行抽象思维分析、综合、判断和推理的基本单位。但是,在审美认识过程中,由于感知功能侧重于反映对象的具体个别感性特点的具体表象,而且这种具体表象因不断渗入主体情感和思想因素,而成为既具有原来感性特征,又包含着理解与情感因素的具有审美性质的新表象。这种新表象就是所谓的"意象"或"审美意象"。其次应该指出,审美意象可以看作是审美心理活动中的基本元素,它存在于人们所有审美活动的全过程中,包括审美创造和审美欣赏活动的过程。

(2) 意象在创作思维中的作用

在建筑造型艺术的创作过程中,随着创作主体艺术思维活动的进展,审美意象的存在形态也随之不断发生变化和提升。在创作活动之初的观察体验阶段,创作主体从丰富生动的审美感受中所形成的审美意象可称之为相应的知觉意象,它包含着视觉表象与心理意境。然后,经过创作的立意构思阶段,众多分散无序的知觉意象在创作主体的智慧、情感、理想和审美意识的渗入与作用下,通过意象运动,使知觉意象间产生相互联系、流动,组合而转化为具有一定结构图式的创作意象。创作意象是承载着主体审美理想的高级形态的意象,它包含着理想的作品形象和审美意境,因而也是最终指导造型艺术形象创造的概念性设计蓝图。因此,掌握创作思维过程中意象运动的规律及其形式逻辑,对成功地实现造型创作目标具有决定性的作用。

在现实生活中,人们思维活动所生之"意",通常可以用一般交流的语言来表达。然而在建筑造型艺术活动中,作品所蕴之"意",只能通过建筑艺术特有的形式语言来表达。不同的艺术门类具有不同的形式语言,如音乐艺术具有音律变化的节韵性语言,舞蹈艺术具有动作表示的肢体性语言,绘画艺术具有平面描绘的图像性语言,雕塑艺术具有实体展示的立体形态性语言等。建筑造型艺术表"意"运用的则是空间形象性语言。建筑造型的创作意象就是造型创作过程中,创作主体用以表达"立意构思"的空间形象性思维的形式语言,也就是著名英国美学家克莱夫·贝尔所指的"有意味的形式"。创作意象总是本着"立象以尽意"的原则,并通过抽象与具象融合的造象过程而产生的。因此,可以说,建筑造型创作的关键环节正是始发于设计的立意构思,运筹于创作意象,完成于意象造型的这一重要过程。建筑造型创作的完整发展过程则可以简单表示为图 5-1 所示的发展程序。整个造型创作过程说明,优秀作品产生的关键取决于成功的创作意象的形成和意象造型的圆满完成。若要达到社会认同的高度评价,那么还应考虑创作意象与社会审美意象协调与整合的要求。

图 5-11　（美）路易斯·康设计构思手稿（1）　　图 5-12　（美）路易斯·康设计构思手稿（2）

2. 创作意象的构成和特性

创作意象在实质上是一种能表达创意构思的心理形象。它是创作主体在立意构思过程中，通过深思熟虑和反复推敲，所形成的具有明晰结构图式的形象思维成果。在创作意象的形成过程中，创作主体充分发挥了艺术思维的创造性作用，其中包括艺术想像的关键作用，情感活动的决定作用和灵感思维的特殊作用。因此，创作意象既是承载着创作主体审美理想的高级形态的审美意象，也是指导后续艺术形象塑造的概念性设计蓝图。实践表明，在创作思维的立意构思过程中，创作者的构思草图具有极为重要的创作意义，它通常都在一定程度上包孕着初始生成的创作意象。创作意象所蕴含的理想形象与意境，既可以是抽象的，也可以是具象的，还可以是既抽象又具象的，这可以从长期的创作实践中得到确认。从众多著名建筑大师的创作手稿中，我们不难发现创作意象在构思草图中各自独特的表达方式。其具体表达形式，自然与创作的题材和创作主体的艺术个性密切相关。例如，现代建筑大师（美）路易斯·康的手稿，在一幅抽象的碳笔草图中表达了他对石材建筑艺术特性理解的创作意象："有一种石头的宗教"，"按照上帝和炸药的旨意，按每块石头的境遇和外貌来堆砌"（图 5-11）。在他的另一幅草图中，则以一种既抽象又具象，而近似梦境般的画面记录了某建筑环境构思的创作意象（图 5-12）。相对而言，构思草图表达的创作意象越具象者，则越接近最终的作品形象。例如世界著名的澳大利亚·悉尼歌剧院，约翰·伍重在国际竞赛中仅以其简单的构思草图而获奖设计的。他有感于悉尼港湾片片白色船帆的优美景象，用极其简单而流畅的线条，勾画出了"海港归帆"这一浪漫的富有诗意的创作意象（图 5-13）。与之具有相似构思表达的，也可见之于福建长乐滨海度假区的景观建筑"海之梦"设计的构思草图，作者同样以极为简单的线条勾勒出类似海螺状造型的创作意象（图 5-14）。

另外，创作意象的表达既可以是关于造型整体构思的，也可以是关于造型局部处理的。如著名高技派建筑大师（英）诺曼·福斯特的创作构思草图，经常会以带有十分具体细节描绘的构思草图来表达他的创作理念和最终作品的创作意象，而且表达方式也较富有变化（图 5-15、图 5-16）。同样，著名澳大利亚建筑师菲利浦·考克斯在为悉尼足球体育场（图 5-17）和国际海事博物馆所作的创作构思草图中，也以他特具的艺术个性表达了设计初始

(a) 构思草图

(b) 建成实景

图 5-13 （澳）悉尼歌剧院（1975，约翰·伍重）

形体草图

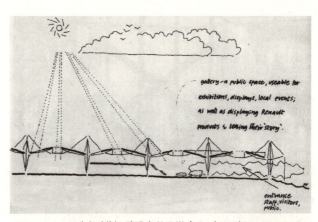

(a) （英）雷诺产品配送中心（1980）

平面图

(a) 构思草图

(b) "海之梦"实景

图 5-14 福建长乐滨海度假区"海之梦"景点（1988）

(b) （西）瓦伦西亚会议中心（1998）

图 5-15 诺曼·福斯特设计构思草图

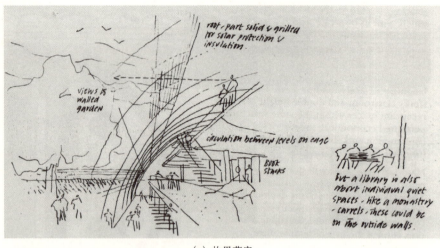

(a) 构思草案　　　　　　　　　　　　　　　　(b) 室内实景

图 5-16 （英）剑桥大学法学，1995，诺曼福斯特

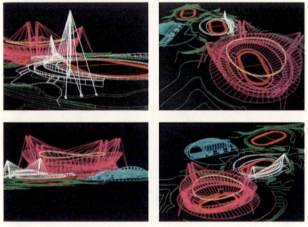

(a) 计算机构思草图

(b)、(c) 建成实景

图 5-17 （澳）悉尼足球体育场（1988，考克斯）

的创作意象，（图 5-18）。同时，对上述所列举的这些大师们的构思草图再加注意分析可以发现，无论是抽象的还是具象的表达，构思草图所包孕的创作意象在造型的表意思维构图中通常都应具备象形性、标志性和符号性三种重要特性与作用：

（1）象形性

即能较直观的再现创作意象。但它并非着重于描绘其外部具体形态，而是注重于意象中所包含的抽象力象，并作出象征性的呈现。同时，还注重于揭示这类客观事物或事件的内在本质特性，使其与社会实践能始终保持着天然的联系。因此，使创作意象的外部表象与其内含的抽象力象，形成互补互动的统一整体是其象形性表现的重要特点，这也就是我国传统艺术理论中所言之"形神兼备"的视觉效果。上述几位著名建筑大师的手稿草图所表达的创作意象普遍表现了这种基本特性。

（2）标志性

即具有可直观意义的信号指示功能。当意象与某一类事物或状态具有时空上或因果关系上的联系时，便可以具备了信号的指示功能。它可以为人们

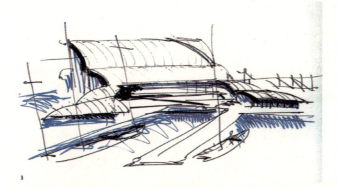

(a) 设计构思草图

(b) 鸟瞰实景

(c) 北侧立面

图5-18 （澳）国家海事博物馆（1990，考克斯）

活动的行为方式提供相应的指示，并能帮助观赏者注意或把握到该事物的关键性质。如前述诸位建筑大师作品中，无论是船帆形的、螺壳形的和波浪形的创作意象的呈现，都可以使人感受到与海洋相关的景色或事物产生直观意义上的联系，从而使其具备了标志滨海活动空间环境的信号指示功能。

（3）符号性

即具有表达某种概念性意义的符号功能。当某种意象仅能代表某种特定的内容或意义，而并不能反映这种内容或意义的基本视觉特征时，那么这种意象也就只能作为一种纯粹的符号了。严格地说，作为符号自身也是有特定形态的，只不过这种形态是一种由符号的功能所决定的形态，它不需要有再现意象所指事物相关联的形态。创作意象一般都可以通过符号所具有的图像性、指示性和象征性作用，激发起观赏者的审美联想，从而实现其意义所传达的审美效果。

创作意象所具备的上述三种基本特性与作用，在每件造型作品的创作过程中，都表现了在整体上形成的相互交织和相互补充的关系。实践表明，创作意象的结构形式越是趋向"纯形式"的表达，那么它就越具有表现性和强烈的情感意义。例如，从上述福斯特设计的雷诺产品配送中心的构思草图，和考克斯设计的悉尼足球体育场的构思草图中所表达的创作意象，就不难理解趋向"纯形式"表现所产生的强大艺术魅力。

3. 意象造型（直觉造型）的中介作用

造型的形式只有在作为其内容表现的形式时，才能称其为艺术的形式。同理，造型表现的内容只有转化为它自己特有的形式时，才能被人们所理解与把握。造型艺术的创作过程，从形式与内容的相互关系来看，实质上是一个由形式转化为内容，再由内容转化为形式的互动运转与不断提升的思维活动过程。可以认为，这一运转过程基本以创作意象的形成为分界，在此之前的创作思维活动主要是由客观外在的形式转化为主观内在的创作内容的过程，在此之后的创作思维活动则主要将是由主观内在的创作内容转化为客观外在的造型作品的艺术形式的过程。创作意象是主体通过立意构思过程形成的创作思维成果，不过它还只是存在于主观心理描绘中的形式，是一种概念性的、朦胧的造型作品形象的雏形，相对于最终的作品形式而言，它仍然可看作是创作思维所确定表现的内容。最终将主体的创作意象转化为实际造型作品的形象，则可以认为是再次由内容转化为形式的过程。这一过程需要经过意象造型的中介来实现。完整的造型创作过程就是如此由内容到形式，形式转化为内容，然后再由内容转化为形式，反复互动转化的创造性思维活动所构成。

（1）意象造型的意涵

意象造型是经由创作主体的直觉认知，通过主观的选择和加工提炼而形成的概念性造型。意象造型能以自身的具象性、丰富性进而超越创作意象的主题与结构的基本框架。因此，它具有极强的包容性，可以从不同的角度自由地选择某种艺术形式和形式要素而自成独立系统。同时，它可以使抽象的内容与具体的形式更具个性化和丰富化，使零星分散的形式转变为具体有生命的形式，达到创作所要表达的内容能自然地融化到它唯一最合适的形式中去，形成有机统一整体的目标。因此可以说，意象造型既具有具象造型的肯定性、单义性和易解性，又可以具有抽象造型的变幻性、多义性和含糊性。意象造型应该是具象造型与抽象造型在一种新的高度上的结合。创作意象所包孕的艺术内涵，只有通过意象造型的中介作用，才能充分显示其个性和丰富性，并转化为生动的造型艺术形象和深刻感人的艺术意境。如果就意象造型在整个创作过程中的关键性作用而言，可以认为有意味的意象造型一旦在创作思维中完成，那么造型作品创造的关键目标也就基本完成了。因为这种意象既包含了创作意象所概括的丰富的艺术内涵，又映现了可以直觉感知的具体形象。如果将创作意象比作造型作品的胚胎，那么意象造型就可看作造型作品具体形象的孵化器。

（2）意象造型中艺术想像的运用

通过意象造型完成创作意象的中介转化过程，是实现最终造型创作目标的关键环节。然后意象造型的关键性环节，则是作为艺术思维重要方式的"想像"应得到更加充分发挥的问题，因为"想像"在作品形象塑造过程中，艺术创造力的充分发挥具有特别重要的意义，它是进行艺术创作活动必须具备的重要思维能力和心理功能。艺术想像的实质是在审美记忆所提供的表象材料的基础上，通过再现、分解、综合和改造使之获得新的意义，并创造出尚未直接感知过或并不存在过的新形象的思维过程，是在创作中极大地发挥主体创造性的思维活动。想像作为艺术思维的主要方式，主要是以形象来进行思维的，这是新形象创造不可或缺的重要手段和创造环节。因此可以毫不夸张地说，没有艺术想像，也就不会有艺术的创造。

想像作为人类特有的审美心理功能，有着十分宽广的内涵。就其思维形态，一般可有初级形态和高级形态之分。想像活动的初级形态是简单联想。简单联想按其所及事物间的关联性质，又可分为接近联想、类似联想和对比联想等多种形态。想像活动的高级形态，则可分为再造性想像和创造性想像。它们在意象造型中发挥着极为重要的艺术创造性功能。不同的想像思维形态所产生的造型创造性效果也各具特色：

1）接近联想：这是指造型意象与某种事物，由于所处环境在时间或空间上的接近，使人们能在日常经验中把它们联系在一起，以致形成一定的条件反射，从而可以自然引起由此及彼的关联性情绪的心理反应，可称之为接近联想。如澳大利亚悉尼歌剧院的造型意象就属于运用时空接近联想的思维形态，可以使人由其建筑景观的时空环境联想到"海港归帆"的造型意象（图5-13）。同样，我国福建南平老人活动中心，位于风景秀丽的闽江之滨，九峰山风景区山脚下，这里原是古老的渔村，前临碧水、背依青山，建筑顺岸而建，在造型上展现的横向弧形、层叠错位的挑台与江水上下呼应。从远处望去，其整体造型宛若一组停泊于江畔、扬帆待发的渔舟，也展现了相似的联想思维所产生的建筑造型意象（图5-19）。

2）类似联想：这是指建筑造型意象与某种事物，在外观形态或内在品质等方面有某些相互类似之处，而使人产生再创性意象的心理过程，可称之为类似联想。其中较著名的典型作品，例如，沙龙设计的柏林爱乐音乐厅，立面造型犹如多种造型优美的乐器的陈列，给人传达了它是作为一种"声音的容器"的造型意象，从而可激起人们种种有关音乐艺术的联想（图5-20）。又如，加拿大多伦多的汤姆逊音乐厅的建筑造型，不仅可以使人联想到交响乐团使用的定音鼓的意象，而且从其入口大厅上方鼓形玻璃幕墙的分划线图形中，联想到音乐节奏性变化的造型意象（图5-21）。

可以认为，艺术创造中广泛运用的比喻和象征手法，其主要心理根据便是类似联想的作用，它们同样被用于建筑造型艺术中。然而应该指出，类似联想中的"类似"之意，只是要求两种事物在某些特征上的近似，并非百分之百完全一致。如在比喻运用中，其喻体与喻本之间可以既类似又有差异，并可包含着某些相反相成的因素。象征的运用也是如此，它是用一个具体事物的形象去充当另一个较

图5-19 福建南平老人活动中心（1989）

为抽象事物的感性符号。比较而言，所涉两物之间的相互关系，较之比喻中更为松散。

3）对比联想：当建筑造型意象，如果能引起与其在状貌或性质上具有相反或对比意义的相应联想时，那么这种再创的心理过程可称作对比联想。它与感觉意义上的对比关系不同，对比的感觉只在于强化对某一对象的感受，而对比联想的功能则在于强化对相关事物间的对立关系的理解和领悟。例如1924年建成莫斯科红场上的列宁墓，它没有用体量宏伟的造型来表现伟人高大的形象，而仅以平面尺寸只有10m见方的台阶状形体作为陵墓建筑

(a) 入口夜景

图5-20 （德）柏林爱乐音乐厅（1963，豪斯·夏隆）

(b) 入口雨篷

(c) 铝材墙面细部

(a) 外观全景

(b) 音乐厅近景

图 5-21　加拿大多伦多，汤姆逊音乐厅（1983，亚瑟·埃利克森）

图 5-22　（俄）莫斯科红场列宁墓

的造型。其建筑高度更低于紧邻的克里姆林宫的围墙，而且整个建筑仅饰以单一的深色花岗岩墙面，墙面上仅刻着"列宁"两字。但是，这个简朴、低矮、平凡的建筑形象，却能使人联想到列宁的崇高伟大而又平易近人的领袖气质和道德风范，因而它是一个运用对比联想，创造理想造型意象的成功范例（图 5-22）。另一个同样成功的实例是 1982 美国华盛顿越战军人纪念碑的造型意象。该纪念碑造型并没有按惯常思维方式，将纪念碑设计成高大雄伟的形体造型，而是相反地将碑体隐没在地平面以下，镶嵌在逐渐向下坡降的地坪周边的壁堪上，形成以 V 字形平面展开的连续纪念墙，其墙顶恰与地面齐平，远处望去则地面上完全不见纪念碑的形体，只能见到连贯绵延的前来瞻仰的人流。其碑体就是呈 V 字形伸展的纪念墙，墙的东端指向远处的华盛顿纪念碑，西端指向稍近处的林肯纪念堂。该纪念碑的造型，虽然是不同寻常的低调形象，但却能引起美国民众对越战历史高度清晰的沉痛记忆。隐入地面以下的低矮的纪念墙的整体造型意象，使参观者对平凡的越战牺牲者与崇高的国家精神间的对立关系，在象征意义上得到了更为深刻的理解与领悟（图 5-23）。

4）特殊联想——通感：所谓"通感"就是指五官感受领域互相移借挪用的审美心理现象，它也可以看作为联想的一种特殊形态。如色彩可有冷暖与轻重之分，这是视觉与触觉之间的互通关系；立面上门窗洞口重复排列形式可产生的韵律感和节奏感，这是视觉与听觉间形成的联系。同样，视觉与味觉、嗅觉之间也可以形成一定的关联。因此"通感"心理现象，也同样可被用作造型意象的创作手段。如北京奥体中心的国家游泳馆，其立面外包的半透明合成材料，却可惟妙惟肖地使人联想到水晶般"水立方"的造型意象（图 5-24）；上海世博会中国馆，虽然其结构为金属材料，但是它通体红色的金属饰面材料，却能逼真地表达中国传统木结构的造型意象（图 5-25）。它们都是巧妙地运用了"通感"这种特殊联想而产生的艺术效果。

上述简单联想包括通感在内，可称为广义的想

(a) 全景远眺

图 5-24　北京奥林匹克体育中心游泳馆——"水立方"（2008）

(b) 碑区引道纪念雕像

(a) 外墙装修与环境设计

(c) 碑体布置（端头指向独立纪念碑）

图 5-23　（美）华盛顿越战军人纪念碑（1982，林璎）

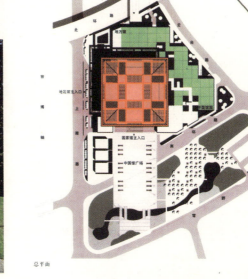

(b) 总平面规划

图 5-25　中国 2010 上海世博会中国馆（2010）

像，它们都是在受到当下感知对象的刺激时引发的想像思维的形态，也就是在直接感知所产生的表象基础上进行的想像活动，因而离不开当时当地特定的生活体验和审美经验。然而，更为高级的想像（即称狭义想像）包括再造性想像和创造性想像，则不必依赖当下直接的感知。它可借助于记忆所储存的审美表象，通过主观的分析综合而创造出新的意象。因此，高级形态的想像活动可以突破狭隘经验的局限，获得具有审美认识普遍性的创造。

高级的想像思维形态中，再造性想像的心理机制是在利用头脑中已经形成的多种思维联系的基础上实现的创造性思维方式，所以它通常是受过系统教育的专业人才更应具备的审美心理素质。然而，正因为这种想像活动离不开旧有的思维联系，所以无论它提供的新形象何等新奇，都不过是对现实中事物形象的组合与改造而已。当然，头脑中积累的感受经验愈丰厚、记忆中储存的表象愈丰富，其想像活动就愈有可以自由驰骋的广阔天地。因此，再造性想像对于创作者扩大审美视野具有重要意义，因为它可以利用他人提供的形象化描述的相关表象资料来构成自己创作的造型意象。如果创作者无须借助他人提供的相关资料的形象描述，而是直接利用自己记忆中储存的事物表象，并通过创造性的综合、改造和提升而独自创造出新颖生动的造型意象，则可称此种创造性思维形态为创造性想像。一般而言，在审美欣赏过程中，再造性想像占优势。而在审美创造活动中，创造性想像的运用应占优势。艺术想像的思维特点，非但是以创造新颖的、个性化的造型意象力为目标，而且它始终不脱离具体感性的表象运动，并同理解与抒情因素也始终结合在一起。艺术想像的这种特点，使它在艺术创造的过程中，成为沟通感情因素和理性因素的重要桥梁。

艺术想像中联想思维的运用，除了按所涉相关事物间的关联性质可分为上述数种思维形态外，还可以根据创作者的艺术趣味和审美取向，采取适合于不同创作题材和主题表现的联想思维形态。一般在创作实践中，较为常见的联想思维方式可分为景物意象的比拟联想、艺术因借的类比联想和形式构成的自由联想等方式的运用：

1）景物意象的比拟联想：通过联想思维方式产生的意象造型，常采取对自然景物（山水地形、动植物形态等）、人造景物（建筑或构筑物形态）的模仿或拟人化的手法来构成，并使造型意象借以获得所比拟景物的联觉性审美效果和相应的审美价值。仍可以澳大利亚悉尼歌剧院为例，它所表现的独一无二的造型意象，就是根据其所处的港湾环境，以海港景物为比拟对象所生成的创造性的意象造型（图5-13）。而德国柏林爱乐音乐厅的造型意象，则来自于建筑自身使用功能相关的事物。其立面造型模拟钢琴、管乐器和弦乐器等多种乐器的外形特征，从而可使人产生"声音容器"般的联想和审美意象，获得与优雅悦耳的音乐相关的联觉性美感（图5-20）。

2）艺术因借的类比联想：各种艺术形式之间，是有着许多相似共通的创作原理和表现特征的。因而在创作思维过程中，时常可以发生相互启迪和借鉴的情况，这就是各种艺术形式间存在的因借关系。由此而产生的艺术形象往往可以具有各种艺术属性间类比性联想所生成的造型意象。同时，由于建筑造型是一种高度综合性的多维时空艺术，有着十分宽广的艺术包容性，因而它更具有与其他艺术形式因借、融通的内在关联性。其造型意象的生成，往往可运用或具音乐性，或具雕塑性，也或具绘画性的类比联想。如前文所述的德国柏林爱尔音乐厅的造型意象，是因借音乐艺术所具的节律性美感而生成的创造性联想（图5-20）。澳大利亚悉尼歌剧院的造型意象，主要是因借雕塑艺术的表现手法所生成的具有雕塑性美感的创造性联想（图5-13）。在现代游乐园和各类景观性的娱乐类建筑中，其造型意象的生成，更是经常借鉴四维动漫艺术的画面，向游人展示园中建筑的奇特形象，借以激发游人对梦幻般童话世界的种种联想（图5-26）。

3）形式构成的自由联想：在建筑造型艺术创作中，"构成"方法是指对无定形的物质材料进行特定的形态加工和空间组合的造型构图技法，以期创作出符合形式美规律的艺术形象。构成技法注重于关注形体、色彩、光影等形态构成要素和形式结构的造型构图运用与研究，并采取平面或立体构图

(1)（美）洛杉矶环球影城，克鲁斯兰游乐园　　　　　　　　　　　　　　（2）（美）佛罗里达，奥兰多迪斯尼"魔术王国"灰姑娘城堡

图 5-26　现代游乐园建筑景观

的艺术表达形式，创造出预期的造型意象。由于"构成"形式的高度抽象性特点，表达的造型意象一般具有较强的概念性、多义性和模糊性的特点，正因如此，构成创造的造型意象为不同创作者提供了广阔的自由联想空间，可以为意象造型用来表达丰富的艺术内涵。运用形式构成技法生成的造型意象，一般具有强调空间效果和构图技巧的特点。它常会利用建筑形体组合中的穿插和融合、切削和叠加、扭转和倾斜，以及自由展开和分层叠合等构图技巧，充分表现造型艺术构成的自由本质。

从意象造型的构成角度来看，当代建筑流派中构成主义和解构主义的表达方式并无本质上的区别。可以认为都是运用形式构成的自由联想的不同途径，两者的差异仅是在构图逻辑和审美取向上的不同而已。构成主义作品表现为强调造型意象的完整性，而解构主义作品则强调造型意象离散性特征。然而，它们的造型意象都表现了同样的追求几何抽象性美感和表达自由联想空间的审美倾向，其作品造型意象的生成完全有赖于观赏者的不同读解。例如，当代著名的建筑大师（日）矶崎新设计的富士乡村俱乐部，可说是一个纯粹的构成主义作品。该建筑具有的完美、平稳、弯曲宛延的拱顶屋面造型，

从山上俯视可完整看清其总平面整体造型犹如一个疑问号，于是引来了众多的解读和猜疑。为解其真意，最后还是请矶崎新亲自作出了解释："我是想问，为什么东方的日本人爱好西方的高尔夫曲棍球运动？"如果没有设计者权威的解释，那么这个疑问号形式的屋顶造型意象将永远会是个谜，留给观赏者的也只能是永无边际的猜测和自由联想的空间（图5-27）。神岗镇厅舍是矶崎新的又一个采取形式构成造型手法的作品。其造型是将若干个基本几何形体交错组合而成，建筑表面饰以闪亮光洁的金属墙板。该建筑造型在矿山四周灰暗的建筑环境衬托下，仿佛如一架突然从天而降的宇宙飞船或是别的什么天外来物（图5-28）。总体而言，矶崎新的构成主义作品，其造型意象强调的是建筑形象的完整性。然而，解构主义作品的造型意象则是强调建筑形象的离散性特征。例如，当代解构主义建筑大师(美)弗兰克·盖里设计的法国巴黎拉维莱特公园音乐娱乐城是其代表性的作品，其总体造型强调的是各种决然不同的形态构成元素和自由离散的造型意象（图2-10）。

意象造型中艺术想像的创造性作用，对圆满实现创作意象的中介转化具有十分重要的意义。随着当代社会生活方式的变迁，建筑科学技术的进步和

(a) 鸟瞰全景　　　　　　　　　(b) 入口门廊夜景

图 5-27　（日）富士乡村俱乐部（1975，矶崎新）

(a) 厅舍近景　　　　　　　　　(b) 鸟瞰全景

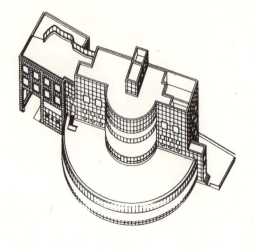
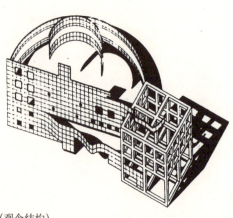

(c) 轴测图（观念结构）

图 5-28　（日）岐阜县神冈镇厅舍（1978，矶崎新）

社会审美意识的演变，人们对建筑造型的艺术创新要求将会越来越高。因此，为了更有效地发挥意象造型在整个创作过程中的关键性作用，不断丰富和扩展联想思维在艺术想像活动中的实践运用，是充分发挥创作主体艺术创造潜力和增强造型创新能力的重要途径。

（四）构图表达——形式语言的造型运用

造型创作活动从观察体验、立意构思到意象造型，还只是创作者头脑中不断深化的建筑造型的形象思维过程。然后，要把上述意象造型生成的最终思维成果，通过物态化的形式固定并展示出来，则需要通过具体图像的技法来实现。构图表达就是运用图像化技法完成作品形象创造的最终实施阶段。因此可以认为，构图表达阶段即是一个由主观的艺术思维活动转入到客观的物态化形式——作品形象创造的必不可少的重要实践环节。它既是最终完成作品形象创造的重要阶段，也是创作主体最终实现表意构图的创作目标的基本路径。因此，构图表达的方法和水平，对构成和展现建筑造型的基本艺术特征具有至关重要的意义。以下就当代建筑造型实践中所涉及的主要构图表达技艺的运用作简要的诠释。

1. 构图表达的造型创作机能

（1）意象造型的形象化外显功能

由前述各创作环节已知，造型创作过程中作为主体创作思维的成果，已被高度概括在创作意象所形成的理想性心理图式中。它必须通过意象造型的中介作用，才能与构成造型的物质性外壳联结起来。由意象造型完成的作品的心理图像，实质上已是转变为具有一定物质形态的创作意象，那么把主观意识中的心理图像外化为造型作品的实际视觉形象，则还需要经过造型意匠化的创作环节，这就是构图表达的技艺运用过程。因此可以认为，构图表达过程是意象造型外化展现的继续创造的过程。

（2）构图表达过程的创造性作用

构图表达环节与造型创作的整体构思密切相关，但是它并不只是对创作构思内容作简单的记录与传达，而是在表达过程中继续着创造性作用。事实上，在构图表达过程中，创作构思阶段发生的思维和情感活动继续保持着兴奋状态，而且还在积极的延续过程中得到了不断深化和加强。其中作为认识性的实践思维活动，还兼负着对创作构思加以检验，进而修正、深化和完善的任务。这是因为在由意象造型转化为实际造型作品的构图表达过程中，总会发现主观设想中某些不符合客观实际情况、条件或要求的地方，从而需要加以必要的调整或协调。何况人们的认识过程，也总是需要在实践过程中不断深入和调整的。因此，构图表达环节在整个造型创作过程中，仍然是一个极富创造性的重要实践阶段。创作构思在物态化和图像化的构图表达过程中，不仅得到了进一步的完善，而且在其完善之后又进一步促进了构图表达的渐臻完善。造型创作的理想境界，正是在创作构思与构图表达的辩证互动过程中最终实现的。

（3）构思表达形式的主体能动性作用

如果就艺术形象塑造的特点和形式而言，建筑造型艺术与文学、戏剧、曲艺、电影等艺术门类有所不同。后者通常皆属于再现性艺术，主要关注于作品中典型人物形象的塑造。然而建筑造型艺术则属于表现性艺术，它主要侧重于创作主体情感的抒发，其艺术形象的塑造以创造真切感人的艺术意境为主要目标。因此，建筑艺术形象的构图表达形式自然反映着创作主体在艺术意向和艺术手段上的能动性作用。这种主体能动性的创造性作用，主要体现在构思表达形式中，如何有效运用相关技艺要素并发挥其积极的造型意义的问题上。

1）表达形式中的技艺性和非技艺性要素：造型构图表达形式的技艺性要素，是指能利用一定的物质媒介，把意象造型的形式加工成为可以直观的造型作品形象的所有相关技术、技巧、技法和技能。所有这种用于实现形式加工处理与创造所需的操作性技艺，基本上皆是在艺术创作的实践过程中造就的。其造型作用主要表现在使用物质媒介（艺术媒介）的各个方面，也可表现在适当运用前人创造的构图格式和加工处理手法的能力上。然而，表达形式的非技艺性要素，是指创作主体的艺术天赋，即是一种无法传授的创造性能力，以及创作过程中自然形成的灵感思维等不确定的创造性要素。这种非技艺性要素虽然无法由主观意识控制，但是却往往是创作主体艺术修养、创作激情长期沉淀的偶然突发，也常常是冲破旧形式和旧技艺的束缚、创造新形式和新技艺的最具创造力的要素。实践表明，构图表达形式的技艺性和非技艺性要素是相互联系和可以互相转化的，它们是形成构图表达形式中艺术共性和艺术个性的基本要素，也是正确掌握构图表达形式的继承与创新关系的重要因素。

2）表达方式中的工具性和非工具性要素：造型构图表达形式的工具性要素，是指那种具有相当稳定性的因素，例如图像表现的手法与样式等；或指那些具有约定俗成共识性意识的因素，例如构图依照的模式、风格与流派等；也或指那些与原来作品的内容相分离，而可被复制套用的形式要素。然而表达形式中的非工具性要素，是指那种非稳定性的、独创性的以及与原作内容不可分离的特殊形式要素。掌握表达形式的工具性要素，是学习运用造型构图基本方法的主要途径。因为工具性要素主要包含着前人的智慧与经验，也包含着社会的审美共识和构图的一般技法与规律等较具稳定性的因素。但是，构图表达方式的稳定性是相对的，优秀的造型作品从内容到形式无不体现着创造精神和个性特点，挣脱旧形式工具性的束缚，发挥非工具性要素在构图表达中的创新作用，是当代建筑造型艺术创作的显著特点。

2. 构图表达的形式语言——建筑造型语言（建筑语言）

优秀的建筑造型艺术作品不仅来自巧妙的创作立意构思，而且也来自娴熟的造型构图表达技巧，两者缺一不可，并具有互补共济的创造性作用。造型构图表达的技艺，主要是关于如何正确运用建筑造型的形式语言（简称建筑语言）实现表情达意目标的相关技巧与理论诠释。精良的建筑造型语言运用技巧与理论指导，是提高造型构图技艺水平的重要基础。

通常所谓语言，即是指以语音或文字为物质媒介，以词汇为构筑材料，并以语法为系统组织结构的话语或文字信息体系。它是人们用以交流思想、相互沟通的工具，也称之为自然语言。根据其不同的表达方式可以形成不同的语言体裁。它作为文学艺术表达的工具，自然语言是狭义的语言概念所指的唯一对象。然而，各种艺术活动形式间有着共通性的概念，各自在艺术创作活动中也惯常将表达方式称为专业性的形式"语言"。例如，绘画艺术有平面构图的语言，雕塑艺术有立体造型的语言，舞蹈艺术有形体动作的语言，音乐艺术具有节奏旋律的语言等。这是各种艺术门类皆因用于表达的物质媒介的差别而形成的在精神交流活动中各自特有的形式语言与表达方式。相对于狭义的语言概念而言，广义的语言概念，则应包括上述其他各类艺术专用的形式语言在内。当然，建筑造型语言（建筑语言）也应包括在广义的语言概念中，是建筑造型艺术专有的形式语言，是作品形象得以直观显现的物质媒介。同时，也是因为建筑造型的形式构成关系与语言表达的组成结构，确实表现着极为明显的相似性。诚然，建筑造型语言作为建筑艺术表达专用的形式语言，是以视觉表象（或图像）为物质媒介，以形态要素为构成材料的，并以构图技法为系统组织结构的图像信息体系，同样随之审美理念的差异，其表达方式可呈现为不同的形式体裁。然而，如将其与自然语言相比照，那么对建筑造型语言便可作这样简单类比的理解：造型构成的形态要素，即是造型语言的基本词汇，形态组织的构图技法可比作造型语言的语法结构，造型表达的审美理念则相当于语言表达所采用的形式体裁（见表5-1）。由此可以认为，建筑造型语言同样具有词汇、词法和语体三个基本构成部分。研究掌握这三个方面的构图运用技巧，是提高创作成果的构图表达水平的重要基础。其相关的形式构图技艺已在前述章节中阐明，自然可以对照应用。

在整个20世纪现代建筑与后现代建筑发展的过程中，有关建筑造型语言（或建筑语言）的研究探索，始终是建筑艺术创作的重要理论与实践命题，并且在实际创作活动中形成了两种主要的对"建筑

造型语言基本构成　　　　　　　　　　　　　　　表 5-1

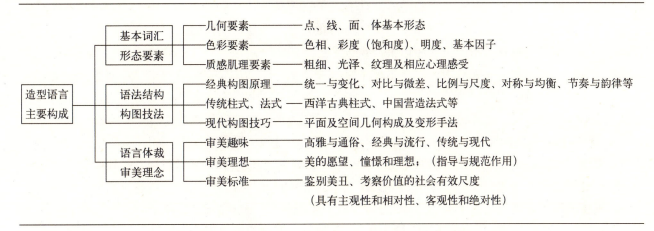

"语言"意义的不同认识和运用方式。一种是把建筑造型的构图表达当作广义的语言表达形式来理解，并比照语言学方法进行研究；另一种是把建筑造型的构图表达当作与自然语言符号等同的符号系统来理解，并运用符号学的方法来研究。两者从理论指导与实践运用的意义相比较，前者比照运用语言学方法，研究注重于造型构图的基本原则，具有较强的理论指导意义；而后者强调运用符号学方法，研究不仅关注理论原则的指导作用，而且更注重于造型构图具体技法与手段的实践运用。这两种关于"建筑语言"的运用方式，至今仍然深刻地影响着当代建筑造型的创作理论与实践活动，同时也是当代种建筑造型理论的重要源流。因此，有必要对此再作进一步的解析。

3. 建筑造型语言运用的语言学方法——建筑形式作为广义的语言形式

在建筑造型如何表达思想、情感和意义这个问题上，建筑学从语言学的结构体系的类比中得到了启示，于是以语言学的视角来研究建筑造型表意的语言特征，成为现代建筑发展中寻找科学思维方法的重要途径。这方面最具实践影响力的理论著作，应该以（意）布鲁诺·赛维所著的《现代建筑语言》，（美）克里斯托弗·亚历山大所著的《建筑模式语言》为代表，此外还有其他一些颇具代表意义的理论著作。

(1)（意）布鲁诺·赛维所著的《现代建筑语言》(Bruno Zevi，1978 年)

该著作以反古典主义建筑语言为其根本宗旨，对现代建筑造型从语言学角度为其形式语言的运用提了七条原则，简要概括如下：

1) 设计方法论——按照功能设计的原则是建筑学现代语言的普遍原则。在所有其他的原则中起着提纲挈领的作用。它甚至在功能原则成为一种实用原则之前，就已是一个道德准则了。功能原则要求我们重新考虑建筑语言的语义。重赋语义就是使每个建筑构件不受约束地为内容和功能服务，发挥出更大的作用，表达丰富多彩的信息。

现代建筑语言永远包含着"为什么，为什么要这样做？"的问题。它不允许存在一个至高无上的原则，而应是重新思考每一个传统观点，并作为系统发展和审核的新前提。一种摆脱对清规戒律盲目崇拜的意志是现代建筑语言发展的主要动力。它起始于勒·柯布西耶著名的现代建筑五原则：自由平面、自由立面、透空的底层（以使车辆通达）、屋顶花园（意味着屋顶的任意使用）和横条形窗户（进一步表明外墙已不是承重的结构元素了）。

2) 非对称性和不协调性——对称性是古典主义的一个原则，而非对称性则是现代建筑语言的一个原则。一旦你摆脱了对于对称性的迷信，你就在掌握体现民主精神的现代建筑语言的道路上迈进了重要的一步。

对称性是经济上的浪费加理性犬儒主义的产物，也是谨小慎微的人的一种神经质的需要。对于受过现代建筑语言再教育的建筑师来说，丁字尺、两脚规及一切为古典建筑语言的语法和句法服务的工具必须废止。非几何形状和自由形式、非对称和反平行主义都是建筑学现代语言的不变法则。这些法则通过不协调性体现了建筑的解放。

3）反古典的三维透视法——透视的作用本来是为了提供一种获得更确切的空间感的方法，但是它的盛行却把三维空间僵化了，以致使制图变成了几乎是机械的过程，从而失去了意义。语言学家们认为：不是我们在使用语言，而是语言控制了我们。透视以复活了的古典主义为基础，并肆无忌惮地将建筑语搞得残破不堪。从1527年危机以来，所有真正的建筑师一直在同透视法进行着斗争，现在已到了该结束这场战斗的时候了。

反古典的三维透视的视觉原则，主张多维动态的艺术效果，强调表现建筑的立体感和动态感。它认为建筑物要与周围环境发生联系，就不能是对称的，不能是完整形式，而要与环境互为补足，相辅相成。如果要表达当今建筑的意义或是要理解那些已被古典主义者的诠释所歪曲了的过去作品的真正含义，那么现代建筑语言的编纂整理是必需的。从史学的意义而言，现代建筑语言已成为一种具有不可忽视的力量的工具。

4）四维分解法——主张利用时空一体的四维分解法，将空间界面重新分解，使其结合点分离后再进行新的组合，并注重各构件单元间的独立性和相互作用的研究与应用。

分解法是现代建筑语言的一个原则，是通向建筑解放的决定性的一步。因为将方盒子般的房间分解成六个平面壁板：顶棚、地板和四面墙板，各平面就可以自由独立地向外延伸扩大，突破了用来隔断内外空间的界限。盒子一旦被分解，其六个板面就不再是一个有限空间的组成部分，而构成了流水般融合的、连续流动的空间。随着时间因素的加入（可称之为第四维），现代主义的动态空间就取代了古典主义的静态空间。该项现代法则可以用于任何规模的领域：从一把椅子到一个公路网，从一个匙子到一座城市。现代建筑语言是为了满足社会的、心理学的和人性的需要而产生的。它厌恶奢侈浮华的形式和为修饰而作的顶部结构。

四维分解法原则相对应的是第七个原则，即是重新统一的原则。它只有当空间界面先行分解并再进行组合时才会有意义，否则它就不是现代的分解后的重新统一，而只能是古典主义的统一。

5）悬挑、薄壳和薄膜结构——主张采用新技术、新结构，打破古典主义习用规则的羁绊，丰富建筑造型的技术手段。如充分利用悬挑结构、薄壳结构和索膜结构等新技术，以不断完善的方式弥合表达方法与技术手段之间的长期冲突。

技术革命与建筑语言革命总是一致的。计算机技术已使我们有可能模拟实际情况。它将使我们能在一座尚在设计中的建筑甚至是城市中漫步，使我们有可能在无数方案中进行分析比较。同时，它也将使设计过程民主化，使用户在设计阶段就可以看着房子盖起来，并可以"住"进去"品评"它，然后作出选择或改变设计。这可使空间和它的结构躯壳之间的冲突将会消失。

6）时空连续——创造时空连续，形成流动、相互渗透和具有动感的建筑空间——流动空间。这是在深入研究人们行为规律的基础上，所创造的更为适应社会生活需求的空间形式。

时空连续是现代建筑语言的第六个原则。因为人们在这空间中生活并受其影响，反过来也对空间产生作用。加上了时空连续原则，前述五个原则就获得了新的生命。功能原则是基本的前提；非对称和不协调原则是必不可少的，因为一个对称的建筑会使一切动态效果丧失殆尽，使你只能对它原地观望。然而时空连续可意味着视点的不断移动，于是反透视原则是它的必然结果。关于分解和新型结构，是在建筑空间中加入时间因素的两个工具，它们用以分解方盒子式的结构。

怎样才能在空间中加入时间因素呢？路易斯·康指出了一个方法，就是把建筑空间分成供穿行的空间和"抵达尽端"的使用空间。"自由平面"、灵活性原理、活动隔板和空间的流动性，是表现时间中的空间或空间中的时间的另一种途径。那么建筑空间的什么部位可以加入时间因素呢？回答是任何部位，有无数方法可以做到。在整个设计过程中运用时间观念，持续地进行自由设计是永无止境的。

7）建筑、城市和自然景观的整合——通过科学途径，完成建筑、城市和自然环境的整合关系，形成动态统一的"城市建筑体系"。

当一个封闭的空间体块被分解成一些壁板，然后用四维设计法加以重新组合时，传统的立面消失了，内部空间和外部空间的界限、建筑设计和城市设计之间的界限也同时消失了。城市和建筑融合形成了"城市建筑体系"。老的城市结构一旦被打破，就能够使城市与自然景观相整合。传统的城乡界限一旦消失，"城市建筑体系"就可以扩展到整个地区，自然景色也同时向大城市中心深入。建筑、城市和自然的整合必须在人类学、社会学和精神分析学研究的基础上，通过科学的途径来进行，而没有其他的捷径，现代法则就是如此。

布鲁诺·赛维所提出的现代建筑语言的上述七条原则，其实质都是直接针对古典主义的僵化教条的设计规则而言的。他认为，新旧建筑语言之间的分歧是一场革命性的斗争，痛斥古典主义教条束缚了人们的手脚，遏制了生活的活力和设计创造的想像力。明确指出："这七个原则为反对偶象崇拜、教条、常规习俗、妄自尊大、陈词滥调、含糊不清的人文主义和专制主义，以及有意或无意出现的诸如此类的弊端提供了证词。"

（2）（美）克里斯托弗·亚历山大的《建筑模式语言》（Christopher Alexander，1979年）

《建筑模式语言》提出了一种把建筑形式与相关事实相联系的建筑形态构成方法。它是从人的行为出发，对建筑构成元素采用了非风格学方法的分析，即采用了建筑"模式"（Pattern）的概念。风格学分析一般仅注重于形式构成原理，而不管各建筑部件承担的功能。但"模式"理论则是要研究建筑部件本身以及它们与行为功能之间的有机构成关系的。所谓"模式"，是指一个形式与行为功能相契合的建筑局部。该理论认为，这种"模式"应是建筑语言组成的"词汇"，而整体建筑则是建筑语言的"语句"。《建筑模式语言》的理论实质，是寻求一种原本在"形式"与"相关域"之间相契合的建筑语言构成的基本单元。为此，它对建筑的"自然语言"进行了理性抽象的操作，以获得"形式"与"相关域"契合的"心象图像"。这种"心象图像"即是所谓的"模式语言"，设计创作即是根据城市建筑的规模与环境在"心象图像"上所进行的操作。

《建筑模式语言》所提出的语言模式，是作者从建筑与规划实践中提炼出来的，是针对城市环境设计中常见的问题而制定的一般设计对策。它把设计中需要解决的专题归纳为253个可以使用模式语言的网络节点，将每个节点的模式语言像资料卡片一样统一编辑，并说明其内容、相互关系、扩大模式的方式以及付诸实施的方式等。并认为，可以采取相当宽松和机动的方式把相应模式贯穿起来形成整个建筑。在同一空间内，也可以把同一模式叠合在一起，构成高度密集的或具有多种涵义的建筑形态。这种模式语言的设计运用为设计方案的快速构思，提供了一种容易理解和简化问题的设计程序，使方案构思即可循下列程序来进行：

1）提出相应设计目标的理想标准：其中可包括有关哲学、文化和艺术价值等方面的标准，同时也包括理想的技术目标的描述。

2）提出与设计主题相关的人们行为方式与规模：也就是理想的功能目标。

3）列出方案设计需要解决的主要问题：并把所有问题列成相应条目。

4）进行方案设计构思：并选用相应的模式语言，统筹解决所列设计问题和相应设计目标。

5）完成方案构思：并复核设计要求和目标完成情况，作出相应综合评价。

现实中的建筑与城市都是由无数重复的物质构件元素组成的，如城市由住宅、街道、花园、商店、工厂、运动场和停车场等构件组成，建筑由反复出现的门窗、墙面、房间、楼梯和平台等构件组成。由于每种构件元素都对应于一系列相应的使用行为模式，构件元素本身便构成了特定的空间模式和建筑形态。尽管所有建筑的物质构件元素几乎都是相同，但我们很难找到两栋完全相同的建筑。由此可见，设计创作的关键不在于这些物质构件元素自身，而在于构件元素之间所构成的一定的关系模式和相应模式的排列组合方式。每个建筑的造型形式应该是各构件元素的组合关系所限定的模式语言所构成。创作者的任务就是运用模式语言，将它们组成表情达意的优美篇章。

随着社会的进步和生活方式的变化，建筑模式语言也应该是不断发生变化的。借鉴"建筑模式语言"所提供的语言学方法进行造型创作，有助于提高创作构思的效率和构图表达的实践可行性。但是应该指出，《建筑模式语言》所依据的"形式"与"相关域"之间的契合，是反映了一种自然主义和原始主义的价值观，也是一种回望前现代社会的守旧倾向。因为任何已成"契合"的、固定的模式，在当代社会变革中很快就会变成不"契合"的或是其他意义的"契合"了。而且，它所指的建筑语言基本上是逻辑的和理性的，缺少了建筑造型语言所应具备的艺术与感性的要素。这种理论逻辑上的刻板僵化，使建筑模式语言的实践运用受到了极大的局限。

除了上述两种有关建筑语言运用的语言学方法外，还有（英）诺伯格·舒尔茨所著《栖居的概念》（C. Norberg Schule，1984年）中提出的相关理论。这是以现象学为基点，以类型学、形态学和拓扑学为三个重要支点的理论方法，同样认为建筑的形象即是一种语言，是一种广义的艺术形式语言；以及还有凡·德·兰所著《建筑空间建构》（Dom H. Van Der Lanm，1992年）近年对建筑自然语言探究提出的理论方法。这两种语言学方法的有关论述，由于较少实践例证，其影响极其有限，恕在此不再予以详述。

此外，事实表明有关建筑造型语言的研究，继赛维所著的《现代建筑语言》之后，对当今建筑创作影响最大的当数（英）查尔斯·詹克斯的专著《后现代建筑语言》。它注重从建筑造型的表意属性来研究设计创作的方法，为了方便理论的阐述而借用了语言学的相关概念。但是从整体理论结构而言，《后现代建筑语言》所倡导的在实质上是将建筑形式当作语言符号来研究的符号学方法。因此，将其置于建筑符号学的方法论中去诠释更为妥帖。

4. 建筑造型语言运用的符号学方法——建筑形式作为语言的象征符号

现代建筑缺乏"差异"的形式难以蕴含意义，引发了建筑艺术"意义的危机"。客观历史表明，困扰现代建筑发展的本质问题并不是功能，而是意义问题，也就是指形式失去了意义或是形式不能表意。这使建筑形式由于失去了文化功能而显得苍白而乏味。后现代主义建筑的出现正是运用了符号学的方法，从而丰富了建筑艺术的意义表达。

20世纪60年代以来，后现代主义和解构主义建筑实践的迅速扩展，促进了后现代主义建筑文化理论的研究，最具代表性的是（英）查尔斯·詹克斯的《后现代建筑语言》（Charles Jencks，1977年）的出版，对后现代主义建筑的基本理论框架的形成具有重要的标志性意义。其中所涉及的结构主义理论及符号学理论是形成这一基本理论框架的基点。

根据结构主义理论可以阐明，人们创造形式与符号的过程实质上是一种进行"结构"的过程。由于这种过程的运作是持续不断的，且具有重复性的特征，因而其结果总是可以预测的。例如各种民族文化形式一旦被建构形成，自身便具有了持续进行"结构"的内在力量，这是人类普遍具有的精神能力。它不但是形成结构的能力，而且是本能地服从结构的能力。正因如此，中国传统文化和西方文化才能按着各自内在的"结构"逻辑发展。可以认为，结构主义理论是关于客观世界的一种思维方法，即认为客观世界是由各种关系的存在而不是事物自身的存在而构成的。那么就建筑而论，建筑造型的形象与风格并不是由具体的某些构件元素的形式来构成的，而是由若干构件元素间存在的结构关系组合构成的。这同样也适用于认识人类的语言现象，可以理解语言符号系统的结构化特性。因而结构主义理论深刻地影响着现代语言学理论的发展，包括现代建筑形式语言的理论与实践的发展。

（1）建筑符号学基本理论

瑞士语言学家索绪尔是现代语言学的奠基者，其语言学理论成为后来一般符号学的理论基础。索绪尔理论的重要贡献，是阐明了符号本身组成的结

五、表意思维的构图技艺

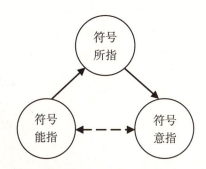

图 5-29 语义三角形

构关系。他认为符号是由能指和所指的关系构成的。能指是符号的外在形式，所指是由符号传达的意义。在此基础上，后来被英国学者奥根登和里查兹进一步发展为著名的"语义三角"的理论图解（图 5-29），即在能指和所指的关系中增加了一个实际事物要素，这就是意指对象。它形象地说明了意义就是符号使用者之间，利用符号来相互传达对周围世界的认识。符号与实物之间，即能指与意指之间只存在间接的联系。只有当两者具有明显相似性的特殊情况下，能指与意指才会发生直接联系。因此可以说明，能指与所指表达的不是一个不变的实际事物，而是一种永远处于变化与发展中的意义。每个"语义三角"的结构关系都可表达一个"概念"，并构成一个语言符号。语言即是表达某种概念的符号系统，意义即是从符号间的相互作用中产生的。符号学所发现的规律，也可以用于人类创造的所有精神文化活动领域。诚然，建筑造型作为一种艺术文化活动的载体，也同样成为当代符号学研究与应用的重要领域。

根据语言结构的符号学理论，建筑造型可以被视为一种符号或由符号组成的结构系统。它是通过建筑符号的构图运用来实现表达深层建筑文化意涵的。建筑造型作为人类艺术文化活动的重要组成，是社会实现生活形态的具体反映。它可以通过其构成的材料，部件及视觉形态反映功能和表达意义。当代符号学理论对建筑造型所表现的反映现实生活与表达，创作意义的构图机制作出了系统与科学的解析。其中最具代表性的是美国行为学家莫里斯的符号学理论，成功地概括和包容了前人的研究成果。他将符号学分成三个组成部分：符构（又称语构

学）、符义学（又称语义学）和符用学（又称语用学）。其中符构学主要研究符号的组构关系，符义学主要研究符号所能表达的意义，符用学则是研究符号的来源、用途及符号与使用者之间的关系。由于它提供的理论框架与建筑符号的系统结构有着极为相似的对应关系，因而已被广泛借鉴应用于建筑造型的创作实践中，成为当代建筑符号学方法的基本导则。为此，以下需就其有关符构学、符义学和符用学的基本理论略作简要的介绍：

1）符构学（语构学）：符构学又可称为语构学，因为符号学最初产生于语言学的研究领域。建筑符构学是建筑符号学理论中最基础的部分。它主要是研究建筑形态要素（点、线、面、体、色、质等）的组织规律。在方法上借用了语言学中语言构成的表层结构和深层结构的概念：表层结构是指语句的最终表现形式，深层结构即是指创作者想要表达的意义。语言的生成机制总是由深层结构转换为表层结构的。建筑符号的构成，也可以此类比。其表层结构是其外观形式。人们通过对建筑外观形式所感知的信息与自身内存的信码相比较，而可获得建筑造型所表达的意义。其深层结构则是反映它与功能、文脉、环境等因素关联的内在秩序和规定性。深层结构对建筑形式起着参与与限定作用。同时理论认为，深层结构可归纳为四种属性。这四种属性实际上是建筑形式生成的四项决定因素，也是建筑造型创作中必须遵循的基本原则：

（A）建筑是人类活动的空间容器。其形状、尺度必须满足该建筑的使用要求。

（B）建筑是气候影响的调节器。建筑外围结构应具有内部空间与外部环境间屏障性过滤器的作用，尤其是对声、光、热环境的控制作用。

（C）建筑形式无可置疑的应是一种文化的象征，应属于一定的时代和地域。

（D）建筑活动是各种资源的大量消耗者。建造过程是建立在一定技术经济基础上的，应强调对资源的有效利用。

2）符义学（语义学）：符义学是专门研究符号能指与符号所指的关系问题的符号学重要组成部分。对建筑造型而言，它是探讨建筑形式和意义的

(a)（美）洛杉矶环球影城入口广场标志

(b)（美）洛杉矶环球影城商业街标志

图 5-30　建筑图像符号

(a) 广场与入口大台阶（悉尼歌剧院）

(b) 建筑入口引道踏步及坡道（东京现代艺术博物馆）

(c) 大厦入口门框（纽约曼哈顿滨河大厦）

图 5-31　建筑指示符号

关系问题的符号学研究方法。建筑形式所表达的意义通常是由建筑形式所涉及的理性概念所构成。这种形式与意义的关系一旦被确认，就可形成一种约定俗成的直接关系，当然也不是固定不变的。建筑形式与所表达的意义间存在的这种内在联系，可按照符号的能指与所指的关系来理解，并可将建筑符号的运用分成三种具有不同特征和意义的类型：

（A）图像符号——建筑外观形式与其所表达的意义（即所指称的对象）之间具有形象上的相似关系。它是通过模拟对象或与对象的相似性来构成的建筑符号系统。例如传统建筑中采用的一些具象的彩画、图案纹饰等对实际生活场景的刻画，现代建筑中那种具象的商业娱乐建筑形象等都可归属于图像性的建筑符号（图 5-30）。

（B）指示符号——建筑外观形式与其所指称的对象（也就是所表达的意义）之间，具有某种实质性因果关系或时空上的关联性。如建筑大门的形式成为出入口的指示符号；狭长的空间成为过道或走廊的指示性形式特征和标识符号；建筑入口前宽敞的空间和高大的台阶也通常可以作为建筑重要性的指示性标记。建筑指示性符号的重要特征是其能指与所指结合为一体，并呈现为本体性形态的符号系统（图 5-31）。

（C）象征符号——建筑外观形式与其所表达的意义之间没有必然的联系，而只是存在某种约定俗成的关联性提示，从而在一定的文化背景和生活场景中，可对人们的感受产生特定的指向性的联想。例如，在建筑中可利用红色装饰代表吉祥喜庆意义；

(1)（德）埃森．RWE AG 公司总部（1996）　　　　(2)（德）慕尼黑哈勒艾特商务大厦（2007）

图 5-32　建筑象征符号
玻璃幕墙高层办公楼成为当代城市发展的象征

采用蟠龙梁柱装点建筑者可象征皇权御用的高贵等级；牌坊建筑常用作氏族聚居领域的象征；同理，具有大片玻璃幕墙的现代化商务办公楼，也自然成为当代城市经济社会发展的象征性标志（图 5-32）。

上述三种建筑符号类型之间，还存在着前者可向后者，也就是由低级形式向高级形式的符号转化的关系。从上述分析可知，越向后者类型，建筑符号与其所指对象间的关系越为间接，随之符号的观念性和抽象性特征也越强。另外，相较而言，图像符号与指示符号，由于形式与意涵间具有较强的相合关系，因此通常有利于表达恒常不变的自然美或形式美，现代主义建筑造型所遵奉的便是这种美感的表达。然而，象征符号由于其符号形式与所表达意义间属于约定俗成的象征性相离关系，因此通常用以表达具有多样性的世俗美和艺术美的造型意义。后现代主义建筑更善于运用符号形式的象征作用，表达某种历史与文化的意义（图 5-33）。

3）符用学（语用学）：符用学是用于探讨符号与人的互动关系的符号学又一重要组成，因而它包含了符义学和符构学的基本内容。建筑符用学将建筑造型形式看成是一个复杂的符号系统，进而探讨人与建筑的关系，并主要研究人如何对建筑进行诠释和利用符号传达意义的机制。建筑符用学研究的重点则是建筑形式作为符号体系与使用者、观赏者之间的关系，因此研究既涉及建筑创作也涉及建筑观赏的问题。建筑符用学认为，建筑造型创作中，实现由建筑功能目标向建筑形式转化的过程，就是应用建筑符号学进行创造性思维的过程。因此，建

(1)（美）拉斯维加斯威尼斯商城街景
仿威尼斯标志性建筑形象为象征符号。

(2)（美）拉斯维加斯中国商城广场外景
唐僧取经群雕像作为象征符号。

图 5-33　后现代主义建筑的符号式象征运用

筑造型就是进行信息符号化活动的过程，其中更为偏重于从符构学和符义学的角度探究形式的可能性和表现手段。然而，运用建筑符号构图表达的完整过程，应同时包括建筑符号被赋予意义的过程（即创作过程）和符号意被读解的过程（即观赏诠释过程）。因此，由符号发出的创作信息是如何被观赏者"接受"和"译码"的问题，也是建筑符用学研究的对象。符号符用学的研究认为，艺术信息可以借助符号的重复，或与熟悉事物特征的关联性，达到传达意义的目的。总之，符号符用学的研究为建筑符号的造型运用，提供了更为全面的实践理论依据。建筑符号的运用既包括符号的构成，也包括符号的创新过程。

（2）建筑符号的造型构图运用

建筑造型语言运用的符号学方法，就是在建筑实用功能向建筑造型形式转化的过程中，有效利用建筑符号学理论实现最终创作目标的构图表达方法。理想的建筑造型形象，不仅需要创造出适宜的建筑符号，而且更需要有建筑符号形式的适宜选择和组合，只有如此才能取得理想的整体艺术效果。同时，建筑符号运用的不同组合关系，不仅可使建筑形式千变万化，而且也可用以表达不同的意涵和文化特征。因此，研究建筑造型构图中符号运用的组合关系与形式，显得格外重要。根据建筑符号学的研究显示，建筑造型在表意思维的构图表达中，常见的符号运用手法可有如下数种：

1）类比因借：由于人们对建筑形式所含意义的解读和理解，往往是一个潜移默化、约定俗成的过程。因而在造型创作中，经常可将传统建筑中的局部或片段形式当作符号，按照当今审美的趣味和要求，引用装点到新建建筑的造型形式上，使造型形象具有沟通新旧文化的性格，从而获得理想的艺术效果。许多后现代主义建筑取得的成功，都可归因于较妥帖地借用了传统建筑某些典型的建筑符号的结果（图 5-34）。当然，造型构图可引借的建筑符号并不只局限于传统建筑中的典型符号，它还可以从其他艺术形式，或生物形式、行为图式，以及观念形态等领域的类比联想中借鉴引用相关的符号，用以表达不同的意涵与情感。例如，可以从当代绘画或雕塑艺术中引借抽象的构图形式和艺术风格的符号，用以表达某种新的时空观念或审美观念（图 5-35）。又如，可以从千姿百态的生物形态中引借有机整合的非线性符号，用以表达当代数字化技术对建筑造型艺术的深刻影响，以及信息化时代建筑造型的新概念等（图 5-36）。再如，可以从传统哲理、民族文化中引借特定的宇宙观，道德观或艺术观的意象符号，用以表达创作主体的情感体验和审美观念等（图 5-37）。

2）强化夸张：夸张是艺术创作中突出描写对象某些特点的手法。据《辞海》解释："以现实生

(1) 浙江杭州黄龙饭店（1986）
借用传统建筑屋顶造型符号。

(2)（美）旧金山金帕科尔小学（1996）
借用欧洲古典柱饰符号。

图 5-34　建筑符号的类比因借

(a) 馆区全景

(b) 鸟瞰全景

(c) 总平面规划图

图 5-35　（澳）堪培拉，国家博物馆（2001，ARM 事务所）
借鉴当代抽象拼贴画艺术符号。

(1)（法）里昂沙特拉斯机场高铁车站（1993，圣第亚哥·卡拉特拉瓦）

(2) 广西南宁国际会议展览中心（2003）
仿白色朱槿花——南宁市花。

图 5-36　引借非线性生物形态的建筑符号

图 5-37　李叔同（弘一大师）纪念馆（2004）
莲花状造型引借佛学哲理的意象符号。

图 5-38　（日）东京马自达公司楼（1990，隈研吾）
极度夸张的顶部爱奥尼克柱头形造型。

活为基础，并往往借助想像，抓住描写对象的某些特点加以夸大和强调，以突出反映事物的本质特征、加强艺术效果"。因此，建筑符号的夸张是指在原有符号的基础上，进行局部的变更改造处理，用以强化、夸大和突出某些局部形态的表现效果，以吸引人们的视线和引发多种联想。夸张手法注重对建筑符号的尺度、形状、位置、质地和色彩等形态要素的强化或变形处理，使之在原有基础上融入新的含义，而成为一种新的象征性符号。例如，（日）隈研吾设计的东京马自达公司大楼，便是一个极度夸张手法的实例。其顶部超大尺度的巨型爱奥尼克柱头的建筑造型引人注目。这种超乎常理的夸张表现，传达了一种广告性设计意图。事实上它为也为马自达汽车公司创造了相当的商业效益。这是一种以局部尺度、位置和组合方式上的"夸大其词"而取得的视觉强化效果（图 5-38）。

另外值得关注的，是不同建筑观念对运用建筑符号的强化夸张手法的影响，由于观念的差异往往可使运用该处理手法时所关注的主要形态要素出现很大的差别。一般而言，后现代主义建筑常注重强化历史性符号的表现（图 5-39）；现代主义建筑更注重强化形体雕塑性符号的表现（图 5-40）；高技派建筑最关注强化夸张建筑结构与科技符号的表现（图 5-41）等。

3）拓扑变换：本书前文关于建筑形式结构的论述中，已阐明拓扑变换是一种在保持原型基本结构图式不变的情况下创造新形式的构图方法。这种形式变换关系同样适用于建筑符号形式的变换处理。建筑符号的拓扑变换，不必拘泥于符号的局部完整性和原型的图形样式，而在于保持各个部件之间的相互关系的稳定性。我国古典园林建筑中，很早就体现了这种拓扑变形的构图手法。在西方现代建筑中也有同样的分析理解，如马奇和斯蒂曼（March & Steadman）对赖特的住宅作品分析中也有了同样的发现。从莱夫住宅、杰斯特住宅和桑德住宅三个作品中，可以发现杰斯特住宅和桑德住宅其实完全是由莱夫住宅的拓扑变换而生成的（图 5-42）。这种拓扑变换关系也同样运用于当代建筑符号的形式变换处理中。例如，（日）矶崎新的作品常用半圆形细长的连续筒体作为建筑符号表达的主要原型，然后根据需要对其加以多样弯曲的拓扑变形处理，使外观形态表现出柔软性的造型特征。在富士乡村俱乐部的造型中其形体呈现为单股式连续拱形转折的造型形象（图 5-27）。而在北九州中央图书馆的

五、表意思维的构图技艺

图 5-39 （美）路易斯维尔，休曼那大厦（1986，格雷夫斯）
后现代主义注重强化历史性符号。

图 5-40 （瑞士）卢加诺，哥特哈德银行（1988，马里奥·博塔）
现代主义倾向强化形体雕塑性符号。

图 5-41 （澳）悉尼展览中心（1988，考克斯）
高技派造型关注强化结构技术性符号。

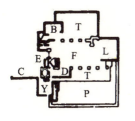

(a) 莱夫住宅

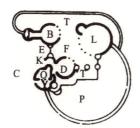

(b) 杰斯特住宅

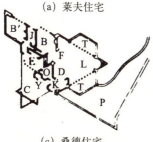

(c) 桑德住宅

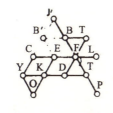

(d) 桑德住宅几何结构

图 5-42 法兰克·赖特住宅作品平面拓扑变换关系分析

图 5-43 （日）北九州中央图书馆（1975，矶崎新）

造型构图中则采用两股半圆形拱顶，并对拱顶的平面形式符号采取了拓扑变形处理，不但创造了新奇独特的造型形象，而且同时满足了对建筑内部空间形式的功能需求（图 5-43）。同样在 2001 年瑞典玛尔默国际住宅展中，可以看到由(法)圣地亚哥·卡拉特拉瓦设计的 54 层的摩天大楼。它取名为"扭动的躯体"。因为它是由九个立方体从底部到顶部逐层扭转 90°角，形成特有的立方体竖向拓扑变形的建筑符号结构形式，其建筑造型形象犹如人体脊柱中螺旋形结构的扭转姿态(图 5-44)及(图 4-19)。

4) 剪辑拼贴：使用这种方式首先需要从历史或传统建筑中选取一种或数种典型的建筑形式母题、部件或元素作为建筑符号，并对其进行必要的剪辑、连接和重组，然后再根据一定文脉关系、形式构成关系和当今审美意识的需要进行拼贴、变化和组合。这是一种由采集建筑符号，到按需剪辑符

(a) 主体远眺　　　　　　　　　　　　　　(b) 54层住宅楼近景

图 5-44　（瑞典）马尔摩高层住宅"扭动的躯体"（2001）

图 5-45　（美）佛罗里达迪士尼总部方案（1983，格雷夫斯）
建筑符号的剪辑拼贴。

建筑艺术多样性和大众化的发展趋向。采用建筑符号拼贴组合手法的造型作品，最初多见于游乐园、博览会和商业性设施等较具世俗性文化的建筑造型中。由于它具有特殊的表现力和浪漫主义色彩，应用范围已渐趋广泛。例如，（美）格雷夫斯设计的迪斯尼总部，其造型将童话形象和古典城堡等建筑符号拼贴在一起，创造了一个富有情趣的迪士尼童话世界建筑群的艺术形象（图5-45）。（日）矶崎新设计的筑波中心，融合了多种历史性的建筑符号，表达了丰富的文化意涵（图5-46）。（奥）汉斯·霍莱因设计的维也纳奥地利旅行社大厅中，将金棕榈树作为建筑符号，表达了室内广场的空间意象（图5-47）。

号，再到集锦式拼贴组合的造型构图手法，是较具主观随机性的"历史主义"的符号学造型构图表达方法。

　　构图表达采用不同时代、不同地区的建筑片断作为用于拼贴的建筑符号，可以组成随机偶然的和具有电影蒙太奇式的造型艺术效果，并有利于顺应

5）解构重组：建筑符号的解构重组手法所采取的，是一种对传统建筑符号和经典构图规则具有

五、表意思维的构图技艺

(a) 主楼外景

(b) 广场景观

图5-47 (奥) 维也纳.奥地利旅行社大厅
建筑符号的剪辑拼贴。

(c) 裙楼立面建筑符号
建筑符号的剪辑拼贴。

图5-46 (日) 筑波中心大厦, 1982, 矶崎新

颠覆性和反转性的处理方式。它强调从符号原型的分解、裂变、重叠和再造中探寻新的符号形式, 主张符号运用的离散、片断、残缺、不完整和无中心的形式结构。诸如屡见采用的断裂的山花, 解体的古典柱式和被肢解零散的建筑装饰构件等。打破了原型符号结构的整体性和自律性, 展现了重新组合的不稳定性和自主可变的特性。从完形心理学美学的理论角度分析, 这是一种对"非完形"审美价值的创新利用。它充分揭示了较复杂、不完美和非组织的图像具有更强吸引力的特性。这种特性是由于其强烈的视觉刺激性, 可以唤起人们解读探秘的强烈愿望, 从而产生特有的审美心理张力, 并使人们可以在紧张的审美想像和理解之余, 获得一种创造性的心理满足和愉悦。

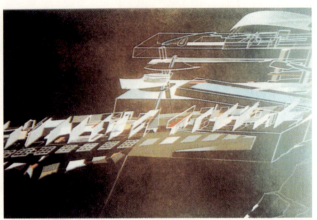

(a) 方案透视图　　　　　　　　　(b) 方案平面图

图 5-48　香港顶峰俱乐部（1987，扎哈·哈迪德）
建筑符号的解构重组。

图 5-49　（美）内华达州·雷诺住宅（1987，摩弗西斯）
建筑符号的解构重组。

建筑符号的解构重组运用，不仅需要创作主体具备驾驭形式的深厚功底，而且更要求能充分体现主体在构图表达中的创新观念。例如，（法）伯纳德·屈米（Bernard Tschumi），他不再将建筑看作是一种构图或功能的表现，而是当作一系列变量合成与置换的过程，他采用了解构重组的方法来实践自己的观念，以解构传统建筑符号来创造新的符号系统，然后进行重组即意味着创意扩展的过程。在这过程中，他强调冲突胜于合成，片断胜于整体，疯狂的游戏优于谨慎的处理。其中巴黎拉·维莱特公园的规划设计，是屈米将理论研究成果用于实际的代表作品。该作品设计抛弃了所有以往的模式，决意创造出 21 世纪新型的公园样式。设计方案由三个互不关联的抽象形式系统，即点、线、面三个形式系统叠置组成，并给各形式系统赋予不同的建筑符号意义，从而构成了作品表达冲突与疯狂意义的奇特的视觉艺术效果（图 2-10）。（英）扎哈·哈迪德的香港顶峰俱乐部方案和近年的多项建筑造型作品中，同样地运用了解构重组的构图手法，并创造了充满动感和活力的当代建筑的崭新形象（图 5-48）。它作为解构主义建筑造型的典型构图手法，在当代西方建筑创新活动中显示了相当强劲的发展势头。如在奥地利蓝天设计组的作品中，摩弗西斯事务所的设计作品中等，都可以发现这种造型手法的踪迹（图 5-49）。

6）虚化消解：建筑符号运用的虚化消解处理，是指在造型构图中利用建筑界面的镜像映射或体量虚化的视觉处理效果创造新的建筑符号形式，用以表达对传统建筑环境的尊重和现代材料技术创新运用的意义。当今运用的主要技术手段，是有效利用众多轻质高强并具反射性的建筑墙面材料，不仅可以创造出具有高科技品质和时代感的造型新形象，而且可以达到弱化建筑体量、虚化或消解建筑界面的封闭感，反射周围环境景观，促使新旧建筑融合的艺术效果。根据造型构图表达的意象，建筑符号虚化消解处理的构图运用，常见具体手法有如下几种：

（A）在新建筑上采用大面积玻璃幕墙。这可使周围的老建筑景观在新建筑表面形成镜面虚象，从

图 5-50　（美）芝加哥韦克大道滨河大厦（1989）
利用玻璃幕墙的虚化消解效果。

图 5-51　深圳，港中旅花园（2003）
利用新老建筑间水面倒影的虚化消解效果。

而达到新老建筑造型相映互辉的环境效果，这是当今最常见的造型处理手法。例如（美）芝加哥韦克大街滨河大厦，其玻璃幕墙就如一面镜子反射着周围景物，使新老建筑融为一体，创造了一种虚幻奇妙的造型视觉效果（图 5-50）。

（B）在新老建筑之间设置水体。这是利用水面的倒影效果，使新老建筑造型在水中形成相互交融的景观，从而产生某种虚浮飘渺的艺术意境（图 5-51）。

（C）在建筑表面使用具有反射性的材料。借以弱化和虚化建筑体量感，形成闪烁炫目的建筑形态，具有追求流动、模糊、含蓄的艺术效果和当代审美情趣的倾向。这种手法通常用于大体量的公共建筑中。如日本藤泽市秋叶台市民体育馆的造型，其屋顶使用了不锈钢板覆盖，在阳光映照下闪烁耀眼，形似古代武士头盔，又宛若太空飞碟降落，创造了一种具有科幻意境的造型形象，可使人感受到关于过去，现在和未来的艺术想像（图 5-52）。又如北京国家大剧院，其建筑体量巨大的蛋形体型，采用了闪亮的金属板材和玻璃幕墙整体包裹，它在平镜般的水面映衬下，展现了一幅梦境般的虚幻景象（图 5-53）。

（D）利用当代科技手段，弱化消解建筑界面的实体感和封闭感，创造新的建筑符号以表达信息化数字化时代的建筑造型新形象。例如，（美）贝聿铭在巴黎卢浮宫扩建工程中，以玻璃金字塔的虚化体量和弱化的建筑界面，成功地保护了卢浮宫原貌的完整性，并展现了现代建筑轻盈透明的新形象（图 2-24）。又如，（法）维尼奥里在东京国际论坛广场的建筑群造型创作中，结合基地所处的特殊城市环境，将梭形的玻璃交通大厅建筑和利用整面液晶显示屏作外墙面的服务管理大楼置于入口广场两侧，使建筑群巨大的体量得到了弱化，面向入口广场的建筑界面也避免了封闭感，从而使广场空间更显开

图5-52 （日）滕泽市秋叶台市民体育馆（1988，桢文彦）
利用表面反射性材料虚化消解封闭界面。

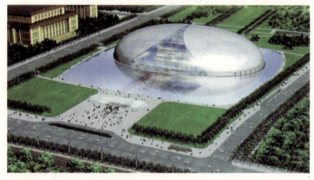

图5-53 北京国家大剧院（2007）

阔。同时，建筑墙面上的电子显示屏更为建筑造型增添了数字化时代的新建筑符号（图5-54）。

7）留残寓新：这是将老建筑中造型符号的精彩片断原地保留，并嵌入新建筑造型形象的整体塑造，使其成为新建筑造型的有机组成部分的构图表达手法。这种手法主要多用于具有历史价值的建筑改造和扩建的设计中。这种构图手法可使历史意涵得到应有的延续，新旧建筑得以整合一体。这样就使原有建筑经过扩建改造后，不仅仍能保留原有的历史价值，而且还可增添新的时代感与新的审美价值。例如，上海新天地历史街区的扩建改造设计，就是成功地运用了这种留残寓新的构图手法。其规划设计中，将20世纪初兴建的上海"石库门"式里弄民居的建筑外壳，基本完整或作部分改造的保留下来，而对其室内空间做了适当的改造，被用作商业及娱乐活动空间。同时，在适当的部位以现代新材料和当代的建筑语言符号对旧建筑进行了整体的扩建改造，或另外增建新的建筑，从而形成了留残寓新、新旧交融的整体建筑造型，使该建筑群的造型构图呈现为一种复杂多义的建筑语言符号系统。它的形象会使中国人觉得它像是外国的街区，而外国人觉得它像是地道的中国街巷；也可使老年人觉得它像是现代流行样式的建筑，而年轻人则觉得它应是早年建造的传统样式。这种特具的造型语言符号构成，使其取得了突出的社会经济与艺术文化价值（图5-55）。另一个突出的实例是北京中国儿童剧院的扩建改造工程，同样也采用了留残寓新

(a) 广场入口立面

(b) 入口玻璃交通大厅内景

图5-54 （日本）东京国际论坛广场（1989，维尼奥里）

(a) 南区外观　　　　　　　　　　　(b) 北区外景　　　　　　　(c) 保留"石库门"住宅区

图 5-55　上海"新天地"老居住街区改造（2001）——建筑符号的留残寓新

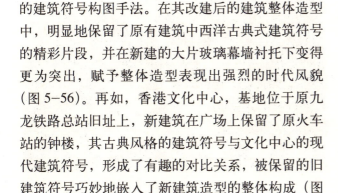

(a) 改建立面　　　　　　　　　　　　　　　　　　(b) 改建设计模型

图 5-56　北京中国儿童剧改扩建工程（1989）

的建筑符号构图手法。在其改建后的建筑整体造型中，明显地保留了原有建筑中西洋古典式建筑符号的精彩片段，并在新建的大片玻璃幕墙衬托下变得更为突出，赋予整体造型表现出强烈的时代风貌（图 5-56）。再如，香港文化中心，基地位于原九龙铁路总站旧址上，新建筑在广场上保留了原火车站的钟楼，其古典风格的建筑符号与文化中心的现代建筑符号，形成了有趣的对比关系，被保留的旧建筑符号巧妙地嵌入了新建筑造型的整体构成（图 5-57）。

8）重复母题：造型构图中重复使用同一形式母题的建筑符号，可以达到强化信息传达和突出表意主题的造型构图表达效果，这就是所指的重复母题的构图手法。利用重复出现的形式母题，可以形成构图上强烈的节韵感和秩序感，这是在符构层面上对符号进行组织的基本手法。构图使用的形式母

题，可以是建筑局部的造型形态或轮廓特征，也可以是立面构图中的主要装饰图形，以及平面或剖面构图的基本形式要素。例如，德国科隆美术馆，其屋顶锯齿形天窗的建筑轮廓线，形成了它特有的建筑符号形式的母题。其由一排排天窗重复形成的建筑形式母题，与相邻近的科隆大教堂的造型形成了强烈的对照（图 5-58）。另外，如加拿大建筑师摩西·赛弗迪设计的哈毕坦住宅楼，它是一个由 354 个标准单元组成的 158 套住宅建筑，其整体造型以方盒子为形式母题符号，结合地形相互拼连叠合而成，表现了强烈的韵律感（图 5-59）。再如，（美）贝聿铭设计的北京香山饭店，其立面构图中所采用的菱形母题符号，在窗洞和装饰图案中重复出现，成功地传达了关联我国江南园林建筑文脉的创作意象，（图 5-60）。

9）象征隐喻：这是利用建筑符号的象征和隐

图5-57　香港文化中心（1989）

(a) 沿街外景

(a) 远眺全景

(b) 内院景观

(b) 馆前广场

图5-58　（德）科隆美术馆（1987，布斯曼&哈贝列尔）

(c) 从住宅楼眺望河西景观

图5-59　（加拿大）蒙特利尔哈华坦住宅（1967，摩西，塞弗迪）

喻作用来达到造型表意目标的构图表达手法。符号、象征与隐喻三者之间，原本既有共同性也存在着差异性。其共同性是三者都是通过某种中介事物来实现对另一事物或意义的表达的，而其差异性则主要表现在形式与内容的关系上，三者有着各自不同的相对关系。一般而言，符号与所表达的意义通常具有相对的确定性，也就是符号形式与所表达的事物内容具有一一对应的确定关系。然而象征与隐喻所指的事物，则需要依靠约定俗成的联系或主观随意的联想来确定，因而其表达的形式与内容间的关系

五、表意思维的构图技艺

(a) 饭店前院大门

(b) 入口大堂内景

图 5-60　北京香山饭店（1982，贝聿铭）

图 5-61　上海博物馆（1996）

图 5-62　上海城市规划展示馆（1999）

相对地较不确定。正因如此，当建筑符号形式所对应的事物只具象征性和隐喻性意义时，那么对建筑符号所表达内容的读解，则还需要经过象征与隐喻作用所借助的联想思维过程才能最终完成。这就使建筑符号所表达的意义，具有了象征和隐喻中一形多义的特征，从而可以扩展建筑符号的表意内涵。

建筑符号的象征作用是通过建筑的空间形式或造型形象的构成特征，并借助于约定俗成的联想思维方式来表达或理解一定创意内涵，传达某种思想情感，进行信息交流的构图表达手法。因此它不仅要受到一定物质技术条件的制约，而且还要受到形式构成规律的制约，需要符合形式美构成的一般原则。同样，建筑符号的隐喻作用，也是一种以形表意的造型构图手法，它是以建筑符号为隐喻的本体，以所要表达的事物或意义为隐喻所指的喻体，对应于本体与喻体的关联形式即是利用建筑符号隐喻作用所采取的构图表达手法。

当代建筑造型实践中，采取建筑符号象征或隐喻构图表达手法的实例十分普遍。例如，上海博物馆的建筑造型构图，即产生于对我国古代哲理中"天圆地方"观念的联想与象征（图 5-61）。同样，建于市中心人民广场的上海城市规划展览馆，其屋顶造型以该市的市花白玉兰为构思原型，通过屋顶的透空结构形式构成巨大的花朵状建筑轮廓，犹如盛开的白玉兰花，用以象征充满朝气的上海城市形象，也表达了公众对城市发展的新期望（图 5-62）。

实践显示，具有象征或隐喻意义的建筑符号，可以是具有几何抽象性的建筑空间与形体，也可以

197

(a) 馆区全景　　　　　　　　　　　　　　(b) 馆舍外景

图 5-63　江苏常州恐龙博物馆（2001）

是具有具象特征的建筑形体或图像。例如，江苏常州的中华恐龙博物馆，其造型构图采用了三座龙形塔体衬托着一个带有圆形穹顶的观光大厅，借以象征中国传统的游龙嬉珠之含意。此外，整个建筑以双曲连廊相贯通，组成了充满动感的建筑轮廓线，以强烈的视觉冲击表达了似巨龙崛起、神龙腾飞的象征性和隐喻性的造型意义（图 5-63）。另外，建筑符号隐喻的表意构图手法，既可以利用建筑造型的外观形式和内部空间的建筑符号，也可以利用建筑局部细节的形式符号。例如（美）新奥尔良的意大利广场造型，正是利用了多种历史片断符号来隐喻意大利在文化、历史和地理上的特点。其中既有建筑外观形式的符号，也有内部空间形式的符号，以及特具建筑细部形式的符号，可以认为它是隐喻构图手法综合性表达的优秀实例（图 7-18）。

5. 建筑造型语言的演进发展

（1）建筑造型语言演进发展的机制

建筑造型语言在建筑发展的历史进程中，始终表现着随着时代变迁而不断演变的特点。这是因为建筑造型语言与人类自然语之间，在演进发展的机制上有着十分明显的相似性，主要反映在语言的系统结构形式和运作机制上。与自然语言系统的构成相似，建筑造型语言的系统结构同样可以认为由建筑语义、语形和语法三种结构要素复合构成。其中建筑语义，即是指与人类整体文化形态同构的建筑文化内涵。它既包含表层的物质化内涵，也包含了中层的艺术文化和深层的精神文化的内涵。建筑语形则是建筑语义的载体。它是指建筑的形体、形象、形式或形态等概念的视觉表象，其核心所指在于一个"形"字。建筑语形的构建总是随同建筑语义表达的需要而变化的。通过建筑语形系统使语义得到贴切、完满的表达，应是建筑语形构建必须把握的核心问题。至于建筑语法则是专指建筑语形各组成部分之间建立联系的规则，大致应包括词法、句法和修辞规则。它是建筑创作实践中约定俗成的经验总结，可以认为是建筑造型创作活动中所制定的"游戏规则"的理论依据。同样也与自然语言系统的演进发展相似，建筑造型语言系统中各组成部分的关系，也是随着时间的迁移而互动变化的，然而其间所产生的基本矛盾正是建筑造型语言不断演进发展的基础。其矛盾运动的相互作用构成了建筑造型语言不断演进发展的基本动力。

在建筑造型语言系统各组成部分的矛盾运动中，语义、语形和语法各部分不仅相互关联，而且相互保持相对独立性，并在一定条件下各自皆可成为矛盾运动的主导方面，从而影响建筑语言演进的方向和方式。同时实践表明，某种特定语义的表达，可以引导出某种特定语形系统的生成，从而可突破现行语法规则的束缚，并可形成另类新的语言范式。不过在更多情况下，一定发展阶段中盛行的语法规则，会对语义的表达和语形的生成产生一定的制约作用，这又正是建筑造型语言在演进发展的同时仍保持着相对稳定性的缘故。

(2) 建筑造型语言的继承与创新

建筑造型语言的演进是一个由量变到质变和从继承到创新的渐进发展过程。我们可从建筑史中不难发现，不同历史阶段所产生的经典性建筑造型作品，都会以独特的艺术魅力及其特有的审美价值而被社会视为建筑艺术的范本。其造型构图所使用形式语言，则随之会成为业界推崇和后继建筑创作中学习效仿的典范而被广为传播。建筑造型语言的传播，既体现在具体词语的运用上，也体现在语言规则乃至语言风格等的传承中。其中包含着语言运用的范式、手法和技巧。历代建筑经典作品，正是以其特有的建筑造型语言的传播方式和过程，而发挥着深远的历史性影响。建筑发展的历史表明，任何建筑新思潮或新流派所倡导的造型语言的创新运用，也只有在传播过程中才会得到社会公众的检验和认同，才能发挥推陈出新的历史作用，从而促进建筑造型语的不断演进发展。

建筑造型语言的传播，主要可表现为三种方式：模仿、吸纳和创新。模仿就是照搬照套地将典范的建筑造型语言应用到新的造型作品中，这是最为常见的较为原始、简单的传播方式。吸纳则是一种着眼于兼容并蓄的传播方式。它是使原有的造型语言组成部分自然融合为新的造型语言的有机组成部分，是构图手法较为理性、成熟的传播方式。然而创新更要求在原有建筑造型语言成功运用的基础上，实现举一反三的再创目标，创造出更为有利于新意表达的造型语言的传播方式。建筑造型语言传播所经历的套用模仿、消化吸纳和借鉴创新过程，其实质就是通常所说的文化艺术中的继承与创新的关系，这正是建筑造型语言演进发展中同样需要正确处理的核心问题。当代信息化和数字化技术的迅猛发展，为建筑造型语言的传播、流行和社会影响力，在途径、方式和速度上提供了空前有利的条件。然而在汹涌而至的信息洪流中，我们更需要学会区分主流与浊流，以利有效吸取具有进步文化意义的创新成果，使建筑造型语言的演进发展更加顺应时代发展和进步的需要。

(3) 当代建筑造型语言的复杂化发展趋向

在当代建筑创作活中可以发现，已有相当一批具有国际影响力的设计集团，经常采取带有复杂性的创作思路和构图表达手段作为建筑造型创新和赖以取得成功的策略，并由此对当今建筑造型创作的发展趋向带来了突出的影响。这一动向就是所指的建筑造型语言的复杂化趋向。趋向复杂化的建筑造型语言可简称为复杂性建筑语言。在理论上，它是由表现当代建筑文化内涵的复杂性而产生的造型语言。复杂性建筑语言的复杂化特征，可具体表现在其语言系统自身构成的语义、语形和语法三个方面：

1) 反映当代建筑文化内涵的复杂性是其语义表达的基本特征：有关当代建筑文化内涵复杂性的理解，既非来自后现代主义文化观念与审美理想对建筑复杂性的诠释（指文丘里所著《建筑复杂性与矛盾性》理论），也并非来自当代前沿科学——复杂性科学理论在建筑学中的引用，而是来自当今建筑自身作为复杂综合体的现实存在。因此，从建筑语言学的角度来看，建筑复杂性实质上就是指其语言所表达的语义内涵的复杂性，其中包括物质文化要求、艺术文化享受和精神文化追求的多层次、多元化的丰富内涵。特别是在当今全球化发展的时代背景下，建筑语义在可持续发展战略共识的指引下，涉及生态、环保、节能、智能化以及社会综合效益等设计理念，使得来自物质文化层面的建筑语义表达，比以往任何时期都更为复杂。正因如此，当代复杂性建筑语言的运用已不仅出现在少数超前性的"先锋派建筑"创作中，而且正在逐渐反映于更紧贴大众生活实际的大量性建筑的实践中（图5-64）。

2) 表现"反先验图式"的审美意识是其语形建构的基本特征：复杂性建筑造型语言的建构具有一个共同的基本特征，这就是它的明显地反先验性图式的审美追求。其具体表现为所用造型语言能使观赏者产生与以往建筑形象完全不同的感受，从中获得具有模糊含混而趋向流动混沌特性的另类建筑审美的体验，也就是反先验图式所追求的创新审美效应。当今创作实践中，复杂建筑造型语言的语形建构方式，可以来自多种形式演绎的途径，例如：

(A) 来自包含有直线和平面几何体的演绎形式。如柏林犹太人博物馆、北京CCTV总部大楼等（图5-65）。

(a) 鸟瞰实景　　　　　　　　　　　　(b) 设计模型

图 5-64　西班牙巴塞罗那·圣卡特利纳市场改建（2004，EMBT 事务所）
市场屋盖造型的复杂性特征。

(b) 展馆立面造型语言

(c) 分层平面图

(a) 俯视全景

图 5-65　（德）柏林犹太人博物馆（2000，D·里勃斯金德）

（B）来自包含曲线和曲面几何体的演绎形式。例如伦敦市政厅、斯图加特奔驰汽车博物馆、香奈儿国际巡回展馆等（图 5-66）。

（C）来自上述两类几何体，及非几何体混合组成演绎形式。例如，西班牙毕尔巴鄂现代美术馆、2005 年日本爱知世博会波兰馆等（图 5-67）。

以上所指"几何体"既可以属于欧氏几何学形体，也可属于非欧氏几何学形体，如分形几何学和拓扑几何学等。除上述语形建构途径外，其他具有"反先验图式"审美意识的手法，同样也可以为复杂性建筑造型语言的语形建构所采用，诸如采取几何体整体软化处理、破形处理、几何体局部构件的变形处理以及几何体表皮的特殊处理——如编织、镶嵌、印刷之类的装饰性处理手法（图 5-68）以

(a) 鸟瞰全景

(b) 主体外景

(c) 馆区夜景

图 5-66　"反先验图式"的造型语言（1）
（德）斯图加特奔驰汽车博物馆（2006，联合网络工作室）

图 5-66　"反先验图式"的造型语言（2）
（英）大伦敦辖区市政厅大楼（2002，诺曼·福斯特）

及非线性形体的数字化生成等（图 4-142）。

3）体现"混沌中的潜秩序"的艺术理念是其语法演绎的基本特征：建筑造型语言的语法规则是指造型各组成部分之间的建构关系所遵循的基本原则，主要可包括词法、句法和修辞法的规则。语法规则的制定既要体现科学技术的原则，又要适应艺术审美的要求。建筑造型语言的语法规则的演进，总是首先直接反映于建筑语形系统外显特征的突出变化中。当代建筑造型在后现代文化影响下已形成的各种语形变异的多样手法，诸如散乱、离散、错位、交叉、扭转、弯曲、滚动、飘移、倾翻、冲撞、破损和残缺等变异方式。在当今建筑语形系统的建构中，得到了三维数字化技术的有力支持，因而已在相当程度上对常规设计中建筑语言的运用，产生了

(b) 临水外景

(c) 展室内景

(a) 设计模型

图 5-67　（西班牙）毕尔巴鄂现代美术馆（1997，弗兰克·盖里）

（1）北京五棵松体育馆（2008）
纳米涂膜技术和彩釉玻璃密肋墙面形成特殊"表皮"造型语言。

（2）（澳）圣奥尔本，维多利亚大学多媒体中心（2001 莱昂设计事务所）
利用数字肌理技术的表皮，旨在结合当地干旱草原地景。

图 5-68　建筑表皮特殊装饰语言

深刻的影响，为建筑语言复杂化趋向创造了客观条件。进入 21 世纪以来，建筑语复杂化的趋向有了进一步的发展，复杂性建筑语言无论在形式秩序和结构秩序上，都显示了由简单、明确走向复杂、混沌的发展动向，表现了更为鲜明的力图摆脱现有的"先验模式"的审美意识和"另类"建筑造型语言的特征。诚然，建筑语言复杂化的中语形变异，并不是一种无规则的构图游戏。建筑语形变异的最终目的仍在于创造建筑造型的整体，因为建筑造型只有作为艺术整体才能被公众所认知。然而，要创造可被认知的艺术整体，就必须在其中建立秩序。因为建筑造型语言的艺术魅力恰恰是建立在确立秩序和创造整体性的基础上的。所以，在建筑语义和语形复杂化变异的过程中，建筑语法规则的变化依然遵循着建立秩序和创造整体这一不变的法则和根本目标。

同时，由于借助当代复杂性科学所描述的由混沌与秩序实现深度结合形成的复杂运动，来观察和理解建筑艺术领域形式创造的复杂现象，并已成为当今"复杂性建筑理论"的基点，自然理论所指创作方向，就是要使建筑造型形式的创造由"清晰明确"转向"混沌模糊"。然而，依照建筑语法遵循的根本目标，为了使其整体得以成为公众可以认知的复杂性整体，就必然需要为复杂性的语义和语形系统建立某种秩序。这种秩序就是复杂性科学所指的"混沌中的潜秩序"。这种"潜秩序"可以存在于建筑与环境、建筑与功能、建筑与结构、设备等系统间的相互联系中。建筑各组成系统间所存在的多层次的、隐蔽性的秩序性结构，也就是"混沌中的潜秩序"。总之，基于创造自由形式并确保艺术整体性的需要，复杂性建筑造型语言在语法规则变化中，不仅依然遵循着建立秩序和创造整体性的固有法则，而且反映了寻求创新的艺术理念，体现了混沌中的"潜秩序"是其语法系统演绎的基本特征。

当今复杂性建筑语言的出现和不断增长的影响，反映了信息时代建筑造型语言演进的必然趋向。它在造型创作实践中的运用，也为创造新空间类型和新的建筑体验开拓了广阔的视野。它在建筑造型构图表达上所展示的特殊魅力和审美价值，值得我们认真关注和深入研究。从当代建筑寻求回归人性、回归自然和实现可持续发展目标的角度来展望复杂性建筑语言运用的前景，可以认为，在相应的创作实践中卓有成效地掌握运用复杂性建筑语言，积极应对信息化时代的挑战，应是我们当前创作中亟待努力的方向。

六、当代建筑造型的创新与变异

20世纪是现代主义建筑兴起、发展和形成国际垄断性,然后又经受各种责难和曲折,以及进行大规模调整和反思探索,而获得继续发展的历史时期。当代世界各国建筑从整体来看,已改变了"正统"现代主义建筑过于求同、单调、刻板,而缺乏装饰风采和人情味的面貌。经过以"后现代主义"为代表的各种折中主义思潮的冲击和扰动,现代主义建筑已进入了更加成熟发展的阶段,呈现了"否定之否定"的螺旋式辩证发展的规律。

进入21世纪,随着信息时代的来临,当代建筑已呈现出国际性趋同化的新倾向。这是指世界各国建筑在功能、构造(结构与技术)和形式上所表现的越来越多的相似性特征。尽管反映地方与民族文化特色的"地区主义"也在世界各地普遍受到重视,但是国际性趋同化的倾向在客观上成为当今发展的强劲潮流。这是由于经济全球化的过程使国际交往急剧增加,信息交流加快,与此同时也使人们对建筑功能的需求也越来越趋同的缘故。当今国际建筑的趋同化是不以人们意志为转移的发展新趋向,具体表现在总体建筑形态和造型风格上。虽然仍以现代主义的基本形式为主流,但同时还在形式、结构、技术和文化价值观等方面,广泛地进行着创新变革的多种探索,因而普遍展现着主流建筑形式与各种探索性建筑形式多元化并行发展的新局面。其中包括经历了调整变革的"新现代主义"、活力尚存的"后现代主义"、特立独行的"解构主义"、重现城市生活价值的"新都市主义"、强调现代科学技术和材料表现特性的"高技派",以及强调生态环境保护和可持续发展的"环境生态主义"等。它们各自皆以独特的方式所进行的有益探索与变革,其相关理念与成果作为现代主义建筑核心价值的补充,对当今国际建筑的发展和未来发展前景具有重要的启迪。因此,对当代建筑造型在创作观念、造型语言和视觉形象上所展现的创新和变异特点,进行深入的分析与研究,诚然是我们学习掌握当代建筑造型构图技艺的重要实践途径。

现代主义建筑发展的历史表明,当代建筑造型的创新与变异是一种历史的自觉性的表现。它具体表现为对历史成果的不断质疑和对时代变革的积极响应,从而使建筑能直接与生活互动,并有意识地追求建筑的可持续发展目标。虽然,当今在建筑价值观多元而急剧变化的影响下,人们已不再追求审美的永恒性,一切创新也都只是暂时性的审美过程。但是,它们实际上是从不同的侧面、甚至反面促进了现代建筑文化的进化与持续的发展,促进了当代建筑造型艺术的进一步繁荣。

(一)创作观念的多元化共存

本书在前文中已阐明,建筑造型艺术也是一种观念形态的艺术。建筑造型作为艺术的对象同其他艺术门类一样,都需通过自身生动的艺术形象来反映现实世界和社会生活本质,并在这种"反映"中倾注着造型创作主体的理想、意志、情感、思想和种种观念。当代建筑造型之所以形成纷繁复杂和新奇多变的发展态势,究其根本原因就是建筑观念的多元化和相应审美意识(审美判断的价值观)的变异。当代建筑造型创作观念的多元化共存的发展格局,不仅创造了众多风格迥异的警世之作,而且也为我们诠释创作观念在造型创新与变异中的重要意义提供了丰富的实践教材。

1. 新现代主义风格

欧美建筑界是现代主义建筑的发祥之地。尽管在20世纪60~70年代现代主义建筑曾受到后现代主义思潮的责难与挑战,但自始至今一直有大批

六、当代建筑造型的创新与变异

图 6-1　瑞典马尔摩欧洲住宅展（2001）
重视人文环境与城市文脉的住宅形态。

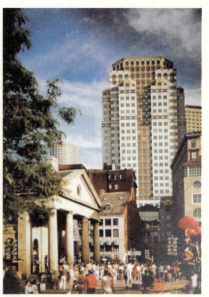

图 6-2　（美）波士顿，斯泰特街 75 号大厦（1989，格拉哈姆·肯德）
重视装饰意义的建筑形象。

建筑家仍笃信现代主义建筑的核心观念，强调维护 20 世纪初期欧洲现代主义建筑在形式上的完美性和功能上的合理性。特别是将格罗皮乌斯的包豪斯校舍建筑群（1925 年）和柯布西耶的萨伏伊别墅（1929 年）等几个现代主义初期作品奉为典范，坚持发展无任何装饰的、白色高雅的和高度功能主义形式的建筑风格。从 20 世纪 60 年代末、70 年代初纽约出现的"纽约五人"设计集团起始，"新现代主义"造型风格就逐渐开始形成和发展了。"新现代主义"是在坚持现代主义核心思想——功能主义理性化的同时，对早期现代主义的局限性进行了全面反省、改良、发展和完善。从不同层面和角度重新进行理论诠释，使之具备了更为客观、冷静、非教条的更趋成熟的艺术品格。

新现代主义（Neo-Modernism）也有被称之为新包豪斯主义（Neo-Bauhaus）或超现代主义（Super-Modernism）的。它是现代主义精神穿越了 20 世纪中后期世界建筑思潮的惊涛骇浪，并当后现代主义和解构主义思潮悄然退出主流之时，以涅槃重生的态势出现在国际建筑舞台上。它在新世纪之初表现出了强劲的发展势头，并被预期成为当代建筑造型创新发展的主流。它在肯定现代主义的相关功能和技术结构体系的基础上，从不同的切入点发展并完善了现代主义理论与实践，使新现代主义的建筑造型呈现了多元化共存的特点，其主要表现有以下几个方面：

1）重视人文环境及建筑与城市关系的设计理念。善于运用经典建筑的比例和几何形式来达到建筑造型创作与传统城市空间环境协调统一的目标，使造型作品一般具有较为沉重的历史感。其构图表达不同于后现代主义完全依靠运用传统建筑符号来体现历史文脉的表达手法，而是更加注重于建筑内在的、本质的、传统与地方文化的表达。可以认为它是现代主义的发展框架中，为保护和发扬民族与地区传统所作的重要探索（图 6-1）。

2）否定早期现代主义排斥装饰的极端做法，走向肯定装饰运用和多元包容的新阶段。改变了后期"国际式"建筑单调、冷漠和乏味的建筑形象，在保持功能关系清晰、造型简洁有序的同时，并不排斥通过对材料质感、肌理、色彩以及技术构造细节的处理，来增加建筑造型的装饰性表现效果（图 6-2）。

3）反映当代信息社会的城市建筑具有的高密度、高效率、高度灵活的空间形态和不断更新发展

图6-3 (美)纽约.曼哈顿城市天际线(1997)
曼哈顿的建筑是利用高密度的一个范例。

图6-4 (美)加利福尼亚州春泉湖公园游客中心(1993)
充分利用生态技术构造的造型。

(1)(日)名古屋市现代美术馆(1987,黑川纪章)——
反映构成主义的影响

(2)(美)纽约,威尔也斯,商务大厦(2005,
(日)妹岛和世)——反映极少主义的影响

图6-5 反映当代西方艺术观念的影响

的特性。最具代表性的人物是(荷)雷姆·库哈斯对城市建筑的执著研究,如他于1978年发表的《疯狂的纽约:曼哈顿的再生宣言》中所倡导的:"……作为一种理想的现代文化信念,曼哈顿的建筑是利用高密度的一个范例"(图6-3)。

4)重视当代生态环境的保护和能源的合理利用,并充分利用相应技术构造创造形象特征和造型细部装饰,改变了早期"高技派"建筑单纯追求机械美学的造型风格(图6-4)。

5)反映当代西方艺术中极少主义、构成主义的再度复兴对建筑造型艺术观念的直接影响(图6-5)。

2. 后现代主义风格

后现代主义是针对现代主义的"国际化"风格独霸垄断的发展状况而反思形成的特定建筑风格。它从20世纪60年代兴起,在70年代和80年代几乎形成世界建筑发展的主流思潮。但是,由于自身理论与实践的局限性，到了 80 年代后期开始逐步消退，进入 90 年代已成为不再具有领导潮流作用的造型设计风格和思潮。通常可以认为，后现代主义是近 20 多年来所有修正或背离现代主义的倾向和流派的总称谓。当今，它作为丰富当代建筑形式的手段，依然成为一种造型风格的重要发展方式。

由于后现代主义建筑的兴起是针对现代主义建筑形式过于单调刻板的弊端而形成的，因而它反对现代主义"形式追随功能"的理论原则，认为形式必须刻意设计，形式也应是建筑最本质的内涵。它高度重视建筑的形式，重视建筑造型所表达的意义，建筑造型被认为是创作表意的对象，讲究造型的象征性，追求形式的历史内涵和视觉形象的美感等。从大批后现代主义建筑的造型特征来分析，大致可表现有如下几种艺术风格：

（1）隐含象征的历史主义风格

针对现代主义对历史建筑所持全面否定的姿态，后现代主义建筑最突出的一个特征即是对历史文化的重视。然而，它通常只是以实用主义的方式采集某些历史建筑的元素，如以构造、材料、比例、轮廓等作为建筑形式符号，以体现建筑的历史性特征。而且，所采用的历史建筑元素也绝不是原封不动的移植，往往采用经过了简化提炼的古典形式语言，用以表达其中隐含的象征性意义。

例如，1967 年文丘里为自己母亲设计的"母亲住宅"，其立面采用了罗马式的三角形山花墙的形式与比例，在其大门入口处以一道弧线形装饰象征了古典建筑的拱穹（图 6-6）；1984 年菲利普·约翰逊设计的纽约电报电话公司大楼，其顶部采用了同样的罗马式山花墙，并在山花墙正中开了一个圆形缺口，兼有罗马古典形式和 18 世纪英国家具风格般的历史建筑元素，并采用石材作为外墙装饰以充分表现造型的历史象征意义（图 7-14）；1978 年查尔斯·摩尔设计的美国新奥尔良"意大利广场"，则全面使用经过精心改造的古典式拱门，突出表现了历史性建筑符号的象征意义（图 7-18）。

（2）回归传统的新乡土式风格

后现代主义在重视历史建筑形式的同时，建筑造型形式的地域化倾向也同样受到重视。由于受气

图 6-6 （美）费城栗子山母亲住宅（1962，罗伯特·文丘里）
隐含象征的历史主义风格。

候环境、文化习俗和建造技术等客观条件影响而自然形成的乡土风格，对厌倦了大城市喧闹生活的当代人是一种多元化时代的必然选择。因此人们在怀念历史的同时，也同样怀念前工业化社会悠闲的生活模式，而乡土风格的建筑造型多存在于前工业化社会的生活经验中。当今采用地方性建筑形式语言重塑建筑造型的乡土风格，旨在满足人们找回失落的社区生活环境的精神需求。后现代主义的新乡土式风格在建筑造型上是很易辨识的，它一般具有类同地方性传统建筑的形式要素，例如传统的坡屋顶形式、自然舒展的建筑总体轮廓、传统性的建筑细部样式和地方性建筑材料特色的表现等。诚然，新乡土式风格的建筑造型在各类居住建筑和小城镇的市政建筑中最为常见，因为它具有造价低廉，适应地方建造技术，并易于融入周围建筑环境的特点（图 6-7）。

（3）借助联想的隐喻主义风格

隐喻表意也是后现代主义建筑的基本造型构图手法。造型设计通过借用或参照某个历史建筑形式、传统建筑符号或标志来暗示某种信息或含义。由于历史形式和传统建筑符号的暗示作用，既可丰富新建筑的意义又可提升人们对新建筑的熟悉感，因而促进了对其暗示信息或含义的解码理解过程。这是因为大多数后现代建筑的隐喻是含混模糊的，所以必须借助公众的联想思索才能传达其暗示的内在含义。

矶崎新是日本著名的后现代主义建筑大师，他对隐喻的偏爱使他的作品中融入了多种历史建筑的

(a) 酒店主楼外景　　　　　　　　(b) 酒店入口　　　　　　(c) 总平面规划

图6-7　回归传统的新乡土式风格（1）——海南三亚喜来登酒店（1999）

(a) 住宅之一　　　　　　　　　　　　　　(b) 住宅之二

图6-7　回归传统的新乡土式风格（2）——（美）印第安纳州. 南本德独院住宅（2002）

样式以及丰富的含义。有些形式要素经常被重复使用于造型构图中，如日本式神柱、柏拉图几何体以及影星梦露的性感曲线等。如他的重要代表作筑波市政中心的建筑造型构图中，创造性地借用了著名的罗马卡比多广场的形式，而其主体建筑采用了简单古朴的柏拉图立方体、三角形和半圆拱等基本几何形体，似乎都在暗示创作者想要表达的某种意象，极大地激发了公众解读其意的兴趣（图6-8）。同样在他设计的美国洛杉矶现代艺术博物馆和佛罗里达州迪斯尼总部大楼的造型构图中，也显示了颇具异曲同工之感的技艺（图6-9）。

（4）关注文脉的都市主义风格

后现代的都市主义也是在批判现代主义城市规划理论的乌托邦式教条的基础上产生的。它是从人文主义传统视角，企图恢复城市与建筑的可直觉感知的秩序和精神。如在城市规划中，里昂·克利尔提倡"乡土建筑加纪念建筑直接等于一座城市"，用以赋予所有城市要素具有可直觉理解的关系和秩序；在居住建筑中，（法）波菲尔（R·Bofil）的巴黎的"巴洛克剧场"公寓群设计，可以认为是对城市文脉延续发展的新贡献。该设计造型仿效古典传统形式，采用现代结构和外墙材料创造了一个具有古典建筑语言的，并可不受城市交通侵扰的现代城市居住空间环境（图6-10）。

后现代主义的都市主义风格不仅反映在相应的城市规划和居住区规划设计中，而且也同样反

(a) 建筑立面细部　　　　　　　　　　　　　　　(b) 广场景观细部

图6-8　（日）筑波中心广场造型细部（1983，矶崎新）——借助联想的隐喻主义风格。

(1)（美）洛杉矶，现代艺术博物馆（1986）　　　　　(2)（美）佛罗里达迪斯尼总部大楼（1991）

图6-9　（日）矶崎新作品——借助联想的隐喻主义风格

(a) 公寓半圆形广场　　　　　　　　　　　　　　(b) 公寓立面细部

图6-10　（法）巴黎，拉瓦雷新城"巴洛克剧场"公寓（1983，波菲尔）——关注文脉的都市主义风格

(a) 入口俯视街景

图 6-11 (德) 斯图加特新州立美术馆 (1983, 詹姆·斯特林)

(b) 入口门厅近景

图 6-12 (美) 宾夕法尼亚, 父亲住宅 (1964, 罗伯特·文丘里)
折中戏谑的装饰主义风格。

映在其他类型的城市公共建筑设计中。由于现代主义理论过分强调建筑个体的合理与效率, 而疏于关注建筑之间、及建筑与城市之间的文脉联系。因而后现代建筑旨在追求新旧建筑之间、新建筑与旧城市环境之间协调, 这是它超越现代主义城市规划理论的重要理论革新。后现代主义对城市文脉的高度关注, 深刻地影响着建筑形式和造型构图的创作方法。例如, 在詹姆士·斯特林设计的两个城市博物馆建筑中, 充分反映了作者对建筑所处城市环境的文脉深刻分析和沉着得体的应对处理 (图 6-11)。

(5) 戏谑折中的装饰主义风格

由于后现代主义的主要关注点是建筑造型的形式, 特别是在建筑立面处理上采取以装饰方式来表达设计观念, 传达了以历史传统形式来丰富现代建筑造型的信息, 因此它在造型技艺的本质上是属于立面装饰主义的。在采用历史性装饰样式时, 它对历史传统形式往往采取抽摘、剪裁、拼贴和混合等折中处理的手法。同时也在装饰细节处理上赋予其娱乐性和含糊性的趣味, 则更是后现代主义建筑造型的一个重要特征。因此, 在大部分后现代主义的造型作品中都或多或少地会表现出一种具有戏谑、调侃, 或是愤世嫉俗的冷嘲热讽式意味的娱乐性色彩。它反映了经过严肃、冷漠的现代主义的长期垄断统治之后, 建筑造型渴求宽松自由的创作情感。由于期望以新的装饰手法增添建筑的人情味和生活情趣, 非理性和含糊性的装饰样式自然也同样被用来满足这种新的精神需求 (图 6-12)。

六、当代建筑造型的创新与变异

(a) 入口广场全景

图 6-13　解构主义创作观表现（1）——（美）俄亥俄州立大学，韦克斯纳视觉艺术中心（1989，彼德·艾森曼）

(b) 入口碉楼近景

(c) 鸟瞰全景

3. 解构主义风格

从字面上理解，解构主义是从结构主义（Construction）演化而来，表明它的形式在实质上是对结构主义的破坏与分解，是对现代主义正统原则与标准的一种否定与批判，它作为建筑创新的一种方法，可以认为是构成主义方法在当代条件下的延续发展，是对现行规则的颠倒与反转。因此，解构主义建筑造型的外部特征经常表现为无中心、无秩序、自由流动的形态和凌乱破碎的形式结构，可以采取的构图手法常见有层次、点阵、网络、衍生和递变等复杂化方式。这使解构主义建筑的造型风格，完全颠覆了人们早已习惯的传统审美标准，使其经常显得"杂乱无章"的视觉形象与传统审美所追求的"和谐统一"形成了相互对立的两极，致使传统意义上的"美"与"丑"的标准被模糊了。然而解构主义风格创造的奇特、怪异和陌生的建筑形象，却已成为当今欧美文化艺术的一种时尚，受到先锋派建筑师和时尚人士的热烈追捧。在当代信息社会的条件下，解构主义风格的建筑造型作品借助强大的数字技术和网络媒介，其传播态势比其他任何形式的造型作品显得更为迅捷而广泛。

解构主义是在现代主义面临危机，继而后现代主义又遭受商业化滥用时，作为该时期建筑造型设计探索创新之法而兴起的。采取此种探索创新风格的主要代表人物有（美）弗兰克·盖里、（美）彼得·艾森曼、（瑞士）伯纳德·屈米、（英）扎哈·哈迪特、（波兰）丹尼尔·里伯斯金、（奥）库柏·希门布劳等。他们都在自己的作品中以不同的形式语言阐述了令人费解的解构理论。关于20世纪90年代的解构主义建筑的发展，建筑界通常会把埃森曼和盖里相提并论，似乎都会有一个共识：如果说盖里是一位艺术导向的创造者，那么艾森曼则是以理论导向见长的创造者。对于这样的评价，盖里则不以为然，他不认为自己是解构主义运动的倡导者。

另外应指出的，解构主义建筑具有貌似杂乱无章和随心所欲的外观造型，其实它的内在结构在总体上乃是高度理性化的。然而，它的先天不足是由于造型强调破碎感与非整体性，使其结构变得极其复杂，加大了实施的工程技术难度，同时其新奇陌生的建筑形象也在社会公众的接受度上受到了一定

(a) 展馆近景　　　　　　　　　　　　　　(b) 馆前广场雕塑

图6-13　解构主义创作观表现（2）——（德）莱茵河畔魏尔市家具陈列馆（1990，弗兰克·盖里）

的制约。因此解构主义风格很难成为当代建筑造型的主流形式，而仅能局限于少数前卫性建筑创作的探索和试验中（图6-13）。

4. 新都市主义风格

新都市主义产生的历史背景是20世纪50～60年代，西方城市在汽车交通和高速公路建设的带动下，城市外围无节制的扩张造成了城市生活对汽车的高度依赖。高能耗和环境污染，以及大城市原有中心区的衰退与社会环境的恶化。在这种情况下，要求恢复原有市中心区的功能、恢复城市原有的活力和生活品质等问题，自然成为欧美发达国家诸多城市在规划和建筑设计中急需思考、探索和实施变革的重要课题。由于它涉及社会整体生活方式和广大公众利益，使新都市主义建筑运动很快便得到了社会和政府的更多的支持，并迅速取得了显著的社会与经济效果。

新都市主义的核心是重点关注旧城市中心的发展，特别是具有标志性的城市建筑精华区的重建、改建和复兴修整，使之符合当代城市生活需求的新功能，以利恢复昔日的活力，同时又能维护原有历史性城市的面貌，满足人们多种多样的精神文化需求。因此，新都市主义的建筑作品大多与地区、地段或街区的复兴改建或功能更新计划相联系，并往往与该地区的城市设计相结合。取得成功的实例颇多，例如美国纽约42街和"时代广场"的改造项目，它将已沦为毒贩、娼妓和罪犯横行的"红灯区"恢复了当年的岁月，昔日风靡的百老汇音乐剧也重新回到它的发祥地恢复了演出。以同样的缘由改造的华盛顿原已陈旧不堪的火车站建筑，也已以交通和文化中心的崭新面貌向市民提供新的城市功能。近年美国最为典型的实例可举威斯康星州的密尔沃基城市中心的更新改建。该市于1990年组织了相应的城市设计国际竞赛，直至2002年由城市设计确定的标志性建筑——密尔沃基艺术博物馆建筑的落成。其城市中心区的改建更新方告基本完成，使城市的综合功能得到了大幅提升，实现了城市居民们多年来的梦想。作为其标志性建筑的艺术博物馆建于城市中心商业街威斯康星大道轴线的顶端，其强劲舞动的建筑造型面对城市中心轴线，背映密执安湖水，构成了城市景观的新亮点，极大地提升了城市总体的形象（图6-14）。

一般而言，具有新都市主义风格的建筑项目主要集中在城市旧街区的整体重建和更新改造的地段中。其主要目标就是要在保护原有城市文脉的条件下，在密集的城市空间中创造出符合当代城市生活方式所需要的高质量的居住环境。为此所采用的主要设计手段，包括高效利用城市空间、积极应用适用性新技术、有效维护城市文脉的整体感和创造建筑造型的时代感等方面。当今我国许多城市也同样面临着结构性衰退、功能性衰退或物质性老化等严重问题，也已展开了空前的城市更新规划与建设。

(b) 夜景与外景

(c) 展馆室内外细部

(a) 湖边飞鸟形的建筑形象

图6-14 （美）威斯康星州密尔沃基艺术博物馆（2001．（西）圣地亚哥·卡拉特拉瓦）

在这种背景下，新都市主义风格的城市建筑也在中国的城市中找到了生长的沃土，最具成效的实例之一是上海的"新天地"街区更新改造工程。它在实施城市物质空间与人文空间重新建构的同时，成功地解决了城市文脉延续和历史文化环境保护的重大课题，获得了突出的社会、经济与环境效益（图6-15）。

5. 新地区主义风格

20世纪在强势的西方文化主导世界现代建筑发展的背景下，由于90年代亚洲国家的经济发展水平有了快速的提高，使以往惯于效仿西方建筑的情况发生了根本改变。东方国家的建筑界出现了一批希望改变西方现代主义建筑一统天下状况的探索者。他们希望能通过引入地方风格和传统风格（民族的或历史的）来改变西方现代主义建筑风格带来的建筑形式单调刻板的面貌，并希望借以形成能反映本地区、本民族文化特征的现代建筑风格。这种注重在建筑造型形式上强调体现地方性特色的现代建筑风格，通常被称为"新地区主义"风格，以区别于传统守旧性的地区性建筑造型形式。因而新地区主义建筑风格并不触动现代主义建筑的基本理性结构。新地区主义风格在亚洲各国建筑中的发展，基本可表现为下述四种主要造型方式：

（1）整体简约性造型

其特点是保留传统和地方建筑的基本形式架构，并以现代技术和审美趣味进行相应的简约化处理，借以从整体上强化地方性传统建筑的原本形式特征。这类建筑造型通常都具有比较纯粹的当地民俗建筑的整体形态，并以简约化的处理方式删除了传统与地方建筑中琐碎的细部，强调了造型整体上的地方特色（图6-16）。

（2）符号象征性造型

这种方式是采取装饰性地运用传统与地方建筑的典型符号，用以表现民族的、历史的或民俗的建筑造型特征。与上述整体简约性造型方式相比较，这种方式更为注重符号性建筑形式语言的象征性作用，而在建筑整体形式架构上并不一定要求或并不

(a) 南区主入口

(b) "石库门"住宅更新改造

(c) 南区改造新景观

(d) "石库门"住宅保留区

(e) 街区东出入口

图6-15 上海"新天地"老居住街区更新工程（2001）——新都市主义风格

六、当代建筑造型的创新与变异

(a) 议会大楼全景

(b) 大楼入口

(c) 模型

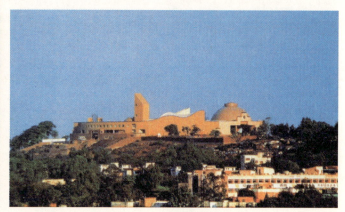
(d) 远眺外景

图 6-16 （印度）博帕尔维德汗·巴瓦尼州议会大楼（1996，查尔斯·柯利亚）——新地区主义整体简约性造型

(a) 清真寺与候机楼

(b) 皇家候机楼

图 6-17 沙特阿拉伯利亚德国际机场（1983，HOK 事务所）
新地区主义符号象征性造型。

完全遵循原本传统的形式架构。诚然，这种两种造型方式都能表现出较为浓重的传统与地方建筑造型的特色（图6-17）。

(3) 模式演替性造型

这种造型方式的特点主要表现在具有现代化新功能的大型公共建筑中，如教育机构、医疗机构、

215

城市旅馆、交通枢纽及旅游度假中心等具有特定城市功能的建筑。由于地方传统建筑模式仅适用于以往功能简单、规模较小的情况，因此，当它们在借用传统建筑模式时，为适应现代化新功能的空间需求，必然需采取相应的扩展改造的形式处理，以使传统造型模式发生变异并演替为能适应当代建筑功能要求的新模式。由于这种造型方式并不局限于传统模式的框框内，因而它能以反复扩展和重叠等构图手法来强调其所包含的地方性和民族性的建筑造型观念，同时也能达到为现代生活服务的目的，因此较受社会欢迎。成功的创作实例在亚洲各国中十分丰富，我国北京菊儿胡同住宅建筑即是典型的实例之一。它采用了北京传统四合院住宅的空间与造型模式，但根据当今城市生活模式的需求，对传统模式进行了延伸与扩展处理，使之具备了当代的功能和意涵，实现了旧模式的演替与创新（图6-18）。

图6-18 北京菊儿胡同改造更新工程（1993）
新地区主义模式演替性造型。

（4）概括诠释性造型

这种造型方式的主要特点是创作者从当代建筑审美的新视角，力求重新诠释有关地方传统建筑特点的新概念，造型构图注重建筑文脉感的表现。它在造型构图中善于以传统建筑的造型元素、符号、质感肌理和色彩处理手法表现戏剧性的效果，从而正确传达出地方传统建筑的造型神韵。这种造型方式似乎与后现代建筑的某些构图手法颇为相似（图6-19）。

6."高科技"派风格

所谓"高科技"风格这一术语首先是从工业设计专业上开始的，它特指工业产品的技术性形式设计和在实用功能与审美形式上的高品位特征。这个概念继后被引入建筑设计领域，高技派建筑师认为建筑也应是工业技术产品的一个分支，为何不能与工业文明中的其他产品制造同样处理呢？这种思维动向早在现代建筑早期发展时就已出现了，但未能形成完整的设计潮流，有历史学家称之谓"第一机器美学"的建筑观。然后，20世纪60年代人类科学技术的长足进步和70年代现代主义建筑面临的理论与实践困境，不仅催生了后现代主义建筑观的

(a) 站房外景

(b) 入口大厅内景

图6-19 青藏铁路拉萨站站房（2006）——新地区主义概释性造型

(a) 外观之一　　　　　　　　　　　　　　　(b) 外观之二

图 6-20 （英）伦敦劳埃德保险公司大楼（1986，R·罗杰斯）

一时兴盛，而且也促进了早已萌芽的"高科技"风格的进一步探索与发展。因而当今的"高科技"风格也被称作"第二机器美学"的建筑观。

"高科技"风格的核心理念是要赋予工业化的建筑结构、构造和部件以美学形式和审美价值。为此，其建筑造型经常以夸张的结构与技术要素形成符号化的视觉效果。于是技术先进、构思精巧并富有表现力的钢结构，和外观鲜亮的金属、玻璃、塑料及合成材料的大量使用，便成为"高科技"风格最为显著的共同性标志。实际发展历史表明，真正使世界感到"高科技"风格成为当代重要建筑流派的建筑师，当数（意）伦佐·皮阿诺（Renzo Piano）和（英）理查德·罗杰斯（Richard Regers）。众所周知的巴黎蓬皮杜国家艺术中心，就是他们于1971～1977年共同完成的作品，它使高技派风格的建筑发展达到了鼎盛时期。这个庞大的公共文化建筑的"翻肠倒肚"式的奇特造型，在建成之初曾引发了法国公众的极大争议，但时过不久却最终成了巴黎最具吸引力的新标志性建筑之一，也已成为"高科技"风格建筑发展的重要里程碑（图 3-12）。罗杰斯在与皮阿诺成功合作完成蓬皮杜文化中心之后，继续独立进行了"高科技"风格的探索，成为当代最重要的"高科技"风格建筑的代表人物之一，其成功的代表作还有伦敦的"劳埃德保险公司和银行大楼"（1979～1986年）（图 6-20）、美国新泽西州普林斯顿的"宾夕法尼亚技术实验室和公司总部大楼"和坎布里奇的"宾夕法尼亚实验室"等。当代"高科技"风格的另一个国际性代表人物是（英）诺曼·福斯特（Norman Foster）。他的早期代表作有伦敦"奥尔森轮渡码头"（1970年）、"费伯与杜马公司总部大楼"（1974年）（图 6-21）、"法国雷诺汽车公司英国部件销售中心"（1983年）（图 6-22）。

图 6-21 （英）费伯与杜马公司总部大楼（1974，诺曼·福斯特）

图 6-22 （英）法国雷诺汽车部件销售中心（1983，诺曼·福斯特）

（a）大楼正向全景

（b）大楼侧向外景

（c）

图 6-23 香港汇丰银行总部大楼（1986，诺曼·福斯特）

"香港汇丰银行总部大楼"(1985年)则是他名声大振的著名杰作(图6-23),其后还有"伦敦第三机场,斯坦斯特德港"(1991年)(图6-24)等力作。国际上属于"高科技"风格的著名建筑家除上述三位外,其他具有较大国际影响的还应有奥地利的古斯塔夫·佩什尔(Gustav Peichel)和英国的阿鲁普建筑事务所等。

7. 环境生态派风格

这是与当前人类最为关切的全球生态环境问题的科学探索活动相结合的,并借以寻求建筑艺术创新的建筑派别。由于当今全球性的环境生态问题日益严重,引起了世界各国有识之士的严重关切和人类整体环境意识的觉醒。保护环境、实现可持续发展的观念已成为当代社会的共识,人类社会需要重新思考和调整长期以来的发展模式,同样在建筑界也掀起了有关"可持续发展建筑"、"绿色建筑"和"生态建筑"等发展前景的全面探索,形成了所谓的"环境生态派"的建筑造型风格,并格外受到人们的关注。但是它到目前为止,仍处于理论与实践的试验性探索阶段,尚未真正形成具有普遍性应用价值的建筑模式。

从生态学角度重新认识建筑系统的运动规律,建立整体的生态建筑观已成为当代城市与建筑学最为重要的历史使命。尤其是生态化建筑技术的研究与实践正成为当今建筑创作活动中最具活力和发展前景的主流动向。从当前生态化建筑技术的探索目标来看,基本上可分为发扬传统生态技术和开发高新生态技术两个方向,随之建筑造型形式也往往表现为具有传统或当代艺术品味的两种不同的风格。通常我们将它们分别称为传统技术生态建筑和高新技术生态建筑,它们共同的创作研究重点在于利用可再生自然资源和适应气候环境变化这两种环境策略上。

发掘传统生态技术的建筑理论与实践探索,主要在许多发展中国家受到了高度重视,并取得了显著的成果。其中较为突出的代表人物有埃及哈桑·法赛,他最大的探索成果是用当地灰泥材料替代水泥建造的土坯建筑。印度的查尔斯·柯里亚,他从对印度气候条件的分析入手,发展形成一系列适应于

图6-24 (英)伦敦第三机场,斯坦斯特德港航站楼外景(1991,诺曼·福斯特)

图6-25 印度,拉约里农庄住宅(1997,查尔斯·柯利亚)
生态气候学住宅造型。

当地气候特点的生态住宅设计策略(图6-25)。瑞典的拉尔夫·厄斯金也提出了适应气候环境的《形式与构造》理论,完成了热带气候条件下阿拉伯住宅区的设计。所有这类设计的建筑造型都表现了具体的民族、地方和传统的形式特征。

开发高新生态技术的建筑理论与实践探索,主要在欧美和发达国家中取得了显著的进展。当前对建筑系统的生态技术的研究已从纯粹的"硬技术"转向可再生资源利用的多层次生态技术研究,并依照技术性能的服务层次将其分为中间性技术,适宜性技术和"软"技术等,促进了"适宜性技术"在发展中国家的广泛应用(图6-26)。所谓"适宜性技术"即是要涉及建筑材料、工程结构、能源利用和污染控制等多方面的综合性技术性能的运用。同时也可以发现另一种力图通过高新技术运用改善建

筑功能和改变传统的建筑存在形式的"未来主义"风格和"先锋派"建筑造型形式也正在萌生（图6-27）。在此实践探索中，以往仅注重技术形式表现的"高科技派"风格的建筑造型，也开始渗入了能体现"少费多用"的生态设计原则。具有这类造型风格的建筑作品目前还主要集中在欧美（图6-28）。

（二）造型语言的个性化表现

由于建筑造型是一种表达观念形态的艺术创作活动，它自然需要借助于自身独特的形式语言来传情达意。建筑造型语言作为建筑艺术的形式语言，随着设计创作观念的变化，通常在其语言的题材、主题和审美特征上都会表现出创作主体各自不同的特有个性。同时，当代建筑设计观念多元化共存的发展局面，也自然会直观地反映在造型语言的个性化表现中。当代建筑造型已从现代主义建筑主要关注基本几何形体表现力的基础上，逐渐转向强调某些特定构成要素在形成整体特征中的表现力，使建筑造型的艺术表现力得到了极大的扩展，建筑形式变得更为自由。同时，借助当代数字技术的飞速发展使建筑造型语言的个性化表现变得更为多彩纷呈和千变万化。

1. 抽象雕塑性表现

在建筑造型中重视建筑形体的空间性表现力，充分利用几何形体的抽象性和雕塑性的美感，塑造具有时代感的建筑艺术形象，通常是现代主义建筑

(1) 马来西亚，杨经文生态气候学住宅（1984）
用以节能的屋面遮阳隔热设施。

(2) 墨西哥，下加利福尼亚半岛，退休老人住宅（1993，C·可拉松）
用以收集雨水的通风隔热屋顶形式。

图6-26 运用"适宜性技术"的生态建筑造型

(a) 屋面高科技透明材料穹顶近景

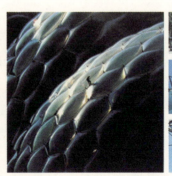

(b) 穹顶构造和清洗方式

(c) 工程模型与园区内景

图6-27 （英）康沃尔伊甸园（2001，尼古拉斯·格雷姆肖）
具有"未来主义"风格的高科技生态建筑。

六、当代建筑造型的创新与变异

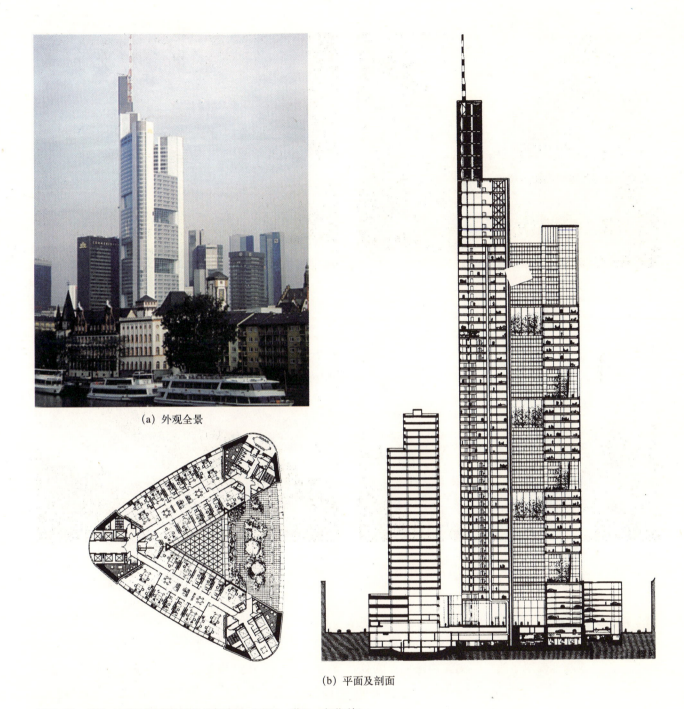

(a) 外观全景

(b) 平面及剖面

图 6-28 （德）法兰克福商业银行总部大厦（1997，诺曼·福斯特）
注重高科技形式表现的生态建筑。

造型的先天性基本特征。这种以功能主义理念为依据的造型形式语言，在现代主义建筑走向国际化垄断的过程中取得更进一步的发展，形成了刻意追求抽象性雕塑艺术表现形式的建筑造型及语言风格，为现代主义建筑的继续发展注入了新的活力，有效地改善了现代主义建筑长期处于形式刻板单调，缺少生气的面貌，也使晚期现代主义建筑造型的发展变化，突出地表现在追求抽象雕塑性美感的特征上。

建筑造型采取抽象雕塑性形式的最早突出的先例，当举勒·柯布西耶晚期创作风格的改变。在他朗香教堂（1950年）的造型设计中，就充分运用了抽象雕塑性形式语言的表现，使整座建筑就像一个

221

(a) 展馆全景

(b) 近景

图6-29 抽象雕塑性表现（1）
（美）纽约，古根汉姆博物馆（1959，F·赖特）

图6-29 抽象雕塑性表现（2）
（法）巴黎卢浮宫扩建玻璃"金字塔"入口（1988，贝聿铭）

图6-30 （美）丹佛艺术博物馆（实施方案，2008），丹尼尔·里伯斯金——（抽象雕塑性造型）

镂空的雕塑艺术作品。他认为教堂建筑应像一个"思想高度集中与沉思的容器"，其建筑造型应是"纯粹心灵"的创造，表现了浪漫主义和神秘主义的独特艺术追求，影响了大批后继者的创作方向（图2-2）。其后，具有抽象雕塑性造型风格的建筑作品已在世界各地广为传播与发展。著名的作品不胜其数，例如柯氏的印度昌迪加尔法院；赖特的纽约古根汉姆博物馆；贝聿铭的巴黎卢浮宫玻璃金字塔、纽约州锡拉丘斯·埃弗森艺术博物馆、华盛顿国家美术馆东馆；丹尼尔·里伯斯金的（美）丹佛艺术博物馆等一系列著名作品，都以不同的个性化特色表现了强烈的抽象雕塑性造型语言及其特有的美感（图6-29、图6-30）。

2. 工艺特色性表现

现代主义建筑的发展完善过程，改变了早期对建筑材料特性和制作工艺表现的忽视，开始越来越重视材料质感和工艺特色的艺术表现力，用以丰富建筑造型的个性化表现特征。如果从材料质感处理方式与审美取向来观察，这类表现材料的工艺特色的造型风格，可以分为表现粗野性和表现精致性的两种完全相反的审美取向和表现形式。勒·柯布西耶设计的朗香教堂、马赛公寓、昌迪加尔议会大厦等都采用了不加修饰的粗面混凝土外墙材料（图6-31）。这种采取自然粗野的材料质感表现，借以展示建造的工艺和品质的造型表现手法通常被称为

(a) 公寓外景　　(b) 底层近景　　(c) 屋顶儿童活动场地

图 6-31　"粗野主义"造型表现（1）
（法）马赛公寓（1952，勒·柯布西耶）

"粗野主义"。这种被称为"粗野主义"的造型风格，在日本 20 世纪 50～60 年代的作品中也广为效仿，如板仓准三的神奈川县立近代美术馆，前川国男的国立西洋美术馆和东京文化会馆（图6-32）、丹下健三的代代木国家体育馆等。英国伦敦的国家剧院也属于粗野主义风格的代表作之一（图6-33）。另外，英国史密森夫妇设计的汉斯坦顿学校更反映了当时被称为"新野兽主义"的极端粗犷的造型风格。

恰与"粗野主义"相反的表现形式，则被称为"典雅主义"的造型风格。它强调表现建筑外观材料质地与加工工艺的精细与光亮，与"粗野主义"喜欢采用粗厚混凝土构件相反，主张采用加工精细的钢构件、玻璃幕墙、金属面板与复合板材等高效轻质的新型材料，使建筑造型进入了工业产品设计的范畴。这种追求精细、典雅的造型风格，早期表现可以（美）爱德华·斯东（Edward. D. Stone）和山崎实（又名雅玛萨奇，Minor Yamasaki）的众多作品为代表（图6-34）。近年来随着建筑材料技术的发展进步，这种风格的造型得到了更为广泛的运用。特别是在"高科技"风格的建筑造型中，高度光亮和形式各异的金属幕墙包裹的建筑立面展现了独特的艺术效果。例如（美）达拉斯海亚特摄政旅馆（1979年）、明尼阿波利斯大厦（1981年）和波士顿汉考克大厦等，皆是"高科技"精细化外观的典范作品（图6-35）。

图 6-31　"粗野主义"造型表现（2）
印度昌迪加尔政府议会大厦（1956，勒·柯布西耶）

3. 结构逻辑性表现

建筑结构与技术是实现空间需求和构思意念的重要物质手段。尽管建筑结构与技术的进步始终不断地影响着建筑空间形态的发展与变化，但在建筑造型的视觉形式中却长期以来仅作为隐形的要素发挥着内在的逻辑意义。随着现代主义建筑的发展和"机器美学"观念的兴起，已使建筑结构与技术要素逐渐改变了隐形作用的角色，开始被现代主义建筑实践用作个性化表现的手段，发展为建筑结构逻辑性表现的造型语言。这种语言的运用通常注重创造新的结构形式，强调结构逻辑性，结构形式的力动感和技术构造科学性的表现力和审美夸张。因而建筑中优美新奇的结构构件形态、裸露复杂的设备

(a) 正立面

(c) 鸟瞰全景

(b) 侧立面

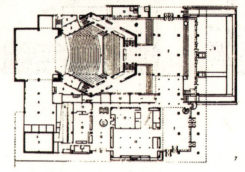

(d) 平面图

图 6-32 （日）东京文化会馆（1962，前川国男）

(a) 沿泰晤士河夜景

(b) 入口广场

(c) 二层休息平台

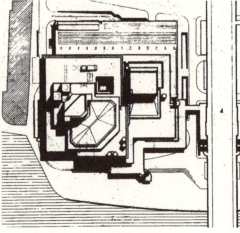

(d) 总平面

图 6-33 （英）伦敦国家剧院（1976，丹尼斯·拉斯顿）

224

六、当代建筑造型的创新与变异

(a) 展览入口

(b) 展厅之一

图6-34 "典雅主义"造型表现（1）
（美）西雅图世界博览会联邦科学馆（1962，M·雅马萨奇）

图6-34 "典雅主义"造型表现（2）
（印度）新德里，美国驻印度大使馆（1959，爱德华·斯东）

(a) 剧院背立面

(b) 沿河柱廊

图6-34 "典雅主义"造型表现（3）（美）华盛顿，肯尼迪表演艺术中心（1961，爱德华·斯东）

管线以及金属部件上防护涂料的鲜艳色彩，都可成为建筑造型表现力的重要组成手段。

随着当代建筑在结构、材料、设备和建筑工艺上的飞速发展与进步，为结构逻辑性的表现提供了丰厚的物质技术条件，在大量创造性的实践中产生了一批极具代表性的作品。例如，小沙里宁的杜勒斯航空站、纽约国际机场环球航空公司航站楼、耶鲁大学冰球馆；丹下健三的东京代代木体育馆；贝聿铭的达拉斯市政厅；皮阿诺与罗杰斯的巴黎蓬皮杜文化中心；以及诺曼·福斯特的香港汇丰银行总部大楼等（图6-23）。

在我们观赏众多建筑大师的造型杰作的同时，还应该特别提及对奠定现代建筑结构体系具有杰出贡献的两位工程结构大师。其中最具国际影响的当

225

(1)（美）波士顿汉考克大厦

(2)（美）旧金山全美大厦

图6-35　精细性高科技造型表现

(a) 罗马小体育馆

(b) 罗马小体育馆内景（屋盖结构）

(c) 罗马大体育馆屋盖结构

图6-36　（意）皮埃尔·奈尔维设计作品

推意大利建筑与结构大师皮埃尔·奈尔维（Pierluigi Nerve）。他被誉为"钢筋混凝土的诗人"。他的代表作有罗马奥运会的两栋体育馆和联合国教科文组织巴黎总部大楼等（图6-36、图6-37）。另一位具有较大国际影响的建筑与结构大师是美国的布克敏斯特·富勒（R.Buckminster Fuller）。他被誉为宇宙科学时代的建筑技术的探索者。他在大跨度金属张力结构体系的设计实践中作出了杰出的贡献，其典型的成功实例是加拿大蒙特利尔国际博览会的美国馆和美国圣路易斯市植物园等（图6-38）。

(a) 西南外景（入口广场）

(b) 东南庭院

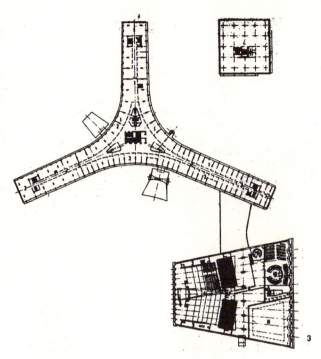
(c) 底层平面

图6-37 （法）联合国教科文组织巴黎总部大楼（1958，奈尔维 & 勃鲁尔）

(a) 展馆结构全景

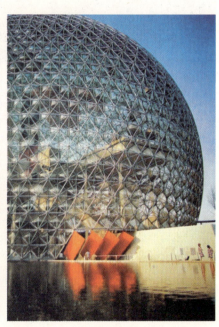
(b) 近景

图6-38 加拿大蒙特利尔国际博览会美国馆（1967，布克敏斯特·富勒）

(a) 远眺街景

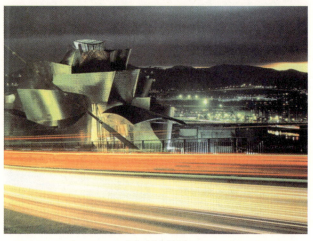

(b) 桥上外景

(1)（英）伦敦，瑞士再保险公司大厦"伦敦塔"（2003，诺曼·福斯特）

(2)（西班牙）毕尔巴鄂，古根汉姆博物馆（1997，弗兰克·盖里）

图 6-39 建筑"表皮"的装饰性表现

4. 外形装饰性表现

现代主义建筑由于在形式上提倡非装饰性的简单几何形态，追求造型的纯净与简洁，以及"少就是多"的原则。因而当现代建筑发展为国际性垄断的建筑风格时，就造成了世界建筑的日渐趋同，地方与民族性特色逐渐消退，使建筑与城市面貌变得日渐单调、雷同与刻板。其直接的结果是导致了后现主义的产生和发展。后现代主义否定了现代主义反对装饰的基本思念，开拓了一条可以运用装饰性手段的建筑造型的新路，改变了当代建筑造型的发展方向。当代建筑造型发展的主流虽然仍是坚持现代主义的核心价值观，但是在建筑造型形式上已不再坚持反对装饰的清规戒律。在创作观念多元化共存的局面中，建筑造型的装饰性形式语言在多种造型风格中，都找到了各自独特的诠释和表现。

后现代主义风格中，建筑造型多般会采用戏谑折中的装饰性因素来丰富现代建筑的形式语言，使造型增加审美效果和娱乐性趣味。所取装饰性题材基本来自两个方面：一是可来自历史、传统、地方和民族的建筑元素；二是可来自当代通俗流行的时尚文化元素，以求达到雅俗共赏、老少皆宜的社会审美效果。正是从后现代主义建筑开始，建筑造型创作的形式问题，被分解成了内部空间结构问题和外部形体表皮问题，并将建筑表皮处理方式看作是对建筑空间表现的一种视觉补充，也就是把建筑外表的装饰性表现力提高到了一个新的发展阶段。例如，（英）诺曼·福斯特设计的伦敦塔楼，被戏称为"泡黄瓜"样的简洁形体，其表皮外包玻璃幕墙的造型就表现了极强的装饰性效果。当代的解构主义风格的建筑大师弗兰克·盖里也在其作品中充分发挥了金属表皮光亮变幻的表现力（图6-39）。诚然，当今建筑造型无论是何种风格，包括新现代主义、新都市主义等都同样不再像早期现代主义建筑那样排斥装饰了，而且还形成了另一种更为理性的装饰方式，其所运用的装饰性造型语言，在题材、主题和艺术形式的选择上也更显丰富多样。当代建筑的装饰性表现题材，主要源自材料质感、结构形式、构造细部和工艺技巧的观赏价值的理性发掘，装饰表现的艺术形式也可有建筑雕塑、浮雕、壁画、纹饰和建筑小品等多种选择。近年随着信息化和数字化技术的发展，采用电子屏幕影像作为建筑外表装饰的方式也并不少见，这种具有时代性标志的装饰手段，更加丰富了造型的个性化表现（图6-40）。随着建筑材料技术的进步和社会审美意识的变迁，建筑造型外表的装饰性表现手法仍将不断取得新的发展。

5. 情感回归性表现

当代建筑在摆脱了早期现代主义狭隘的强调功能技术的理性主义的束缚之后，展现了多元包容的发展态势。其建筑造型语言不仅趋于包容更多新的理性内涵，而且也越来越趋于容纳更为丰富的情感基因。"寓情于理"的造型创作理念逐渐深入当代各种风格的建筑造型语言中，借以满足当代社会生活方式所产生的种种新的精神需求，也使当代建筑在现代主义建筑的基本理念中，普遍增添了内涵丰富的情感因子，并突出表现在下述三种主要的回归性意识中："回归传统"的寻根意识、"回归自然"的环境意识和"回归人情"的多元意识。

（1）"回归传统"的寻根意识

这是指当代建筑对现代主义忽视传统的历史虚无主义的修正。特别是当代的后现代主义风格、地区主义风格的建筑造型中表现最为突出。它们在建筑造型形象的塑造中经常采用具有古典性、历史性、乡土性和民族性的建筑造型语言，以表

(a) 入口立面

(b) 模型鸟瞰

(1)（日）东京国际信息文化中心（1989，维尼奥里）

(2)（德）柏林，拉法·叶购物中心（2002）

图6-40 具有时代性标志的装饰性表现（以电子屏幕作外墙装饰的设计）

达当代人们的怀旧情感和对历史传统文化的继承意识（图6-41）。

（2）"回归自然"的环境意识

这是指当代建筑对现代主义城市与建筑忽视环境生态和技术至上理念的深刻反省。因为现代主义主导的城市建设与发展，不仅带来了城市人口骤增、

(1) 江苏苏州规划展示馆（2006）——乡土性造型语言　　(2) 西藏拉萨，西藏博物馆（1999）——民族性造型语言

图6-41　回归传统的寻根意识表现

(a) 住宅楼外景　　　　　　　　　　　　　　　　　(b) 海岸景观

图6-42　回归自然的环境意识表现（1）深圳"七英里"居住区（2006）

城乡分化和环境恶化，而且喧闹的城市生活使人们远离了自然、远离了健康的生活环境，给人们精神生活带来了极大的压抑和摧残。人们为了克服这种不完整的城市生态环境所造成的身心压力，寻求回归的途径是人类天性的自然流露，也自然成为当代城市与建筑的重要发展命题。其中寻求城市建筑空间与绿色空间的融合是人们在回归自然的探索中首先考虑的问题。因为绿色植物是人类生存环境的基础，绿色象征着生命、生机、青春与和平，所以人们本能地喜欢绿色环境。正因如此，体现人们"回归自然"情感的建筑造型语言不但在当代建筑造型中受到普遍的关爱，而且取得了极好的环境效益。

无论是新现代主义风格、新都市主义风格或重视建筑生态化的环境生态派风格，这种反映"回归自然"情感的造型语言都得到了相应的运用，特别是在环境生态派风格的建筑造型中，形成了多主题和多层次的更为科学理性的运用（图6-42）。

(3)"回归人情"的多元意识

可以认为，情感是艺术之本，建筑造型艺术有了人的情感的融入才会变得生机盎然和引人入胜。在建筑造型创作中是要把抽象的设计概念转变为具象的建筑形式，也就是把抽象的主观"情感"转变为具象的"事物"的过程，然后又以具象的建筑形式传递出相应的视觉信息而能触发观赏者的情感。

六、当代建筑造型的创新与变异

(a) 独院住宅　　　　　　　　　　　(b) 联排住宅

图 6-42　回归自然的环境意识表现（2）四川，都江堰市青城山房（2008）

(a) 展厅组团近景

(b) 海面遥望中心全景

(c) 海岸近景

图 6-43　新喀里多尼亚，努美亚，吉芭欧文化中心（1998，伦佐·皮阿诺）
高技派风格的新地区主义表现。

这种将情感凝聚于建筑实体之上的物化过程，也就是建筑造型的艺术本质所体现的移情作用。当代信息社会的发展，同样已使建筑造型成为人们寄托、传递与交流情感的载体。因而当代建筑在重视物质性功能的同时，也更加重视其艺术本质所决定的对人的深层情感的表达。"回归人情"的造型语言的表达运用，也是当代"人本主义"建筑理念的重要表现，只有蕴含人情味的建筑环境才能成为可以体现当代"人性"的生活场所。

当代无论哪种建筑风格，都会以自身特有的造型语言来表达人们多元的价值观和多样的情感需求。地区主义强调建筑的特定地域文化所含的情感意义，试图给人们创造具有归属感的建筑空间环境；环境生态派则强调人、建筑与自然环境的互动关系，倡导可持续发展的环境生态学原则，致力于探寻有利于人们健康生活和社会经济持续发展的建筑空间环境，表达了人类对环境的亲和性情感；"高科技"派建筑风格，更采用了表现结构技术和制作工艺特点的造型语言，表达了人们运用当代科技成果来满足自身发展需求的自信与赞赏的情感（图6-43）。

  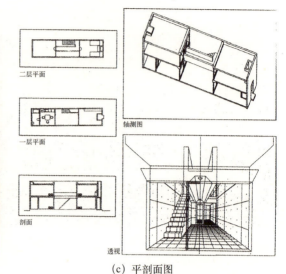

(a) 沿街立面　　　　　(b) 从内院看局部餐厅　　　　　(c) 平剖面图

图6-44　（日）大阪，住吉长屋（1976，安藤忠雄）

  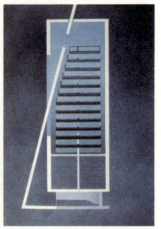

(a) 教堂外景　　　　　(b) 教堂室内　　　　　(c) 平面简图

图6-45　（日）茨木县光的教堂（1989，安藤忠雄）

造型语言的情感回归性表现，往往还用于创作主体情感的真实表达。在当代建筑界中，日本著名建筑师安藤忠雄是较善于运用造型语言表达主观情感的高手。在他众多规模不大的建筑作品中，可以使人感受到由各种造型语言传递的不同的情感信息。如（日）大阪住吉的长屋（1976年），尽管建筑外观极其简朴，但能让参观者在这栋近于狭小的房屋中，真切地感受到"回家"的亲切感。这正是因为安藤在这平淡无奇的作品中倾注了真情，使他设计的建筑空间环境具有了独特的生命力（图6-44）。他的另一个杰作是茨木县光的教堂（1989年）。该教堂以一个素混凝土的矩形体量为主体，外观同样简朴无华并保留了粗糙的混凝土表面质感。但是，作者在此着力表现了抽象的自然情感，以空间的纯粹性和诚实性的品格，并结合墙面自然采光的造型语言表现了一种宗教式神圣的"庄严感"（图6-45）。

造型语言的情感表达方式是可随创作主题的变化而改变的。例如，(瑞士)丹尼尔·里伯斯金(Daniel Libeskind)设计的犹太人博物馆，也是世界闻名的具有强烈表达情感的造型语言的优秀作品。它表达了犹太民族在世界历史上艰难坎坷的自立道路和对历史的凝重沉思(图4-150)。然而，(丹麦)约翰·伍重（Jorn Utzon）设计的悉尼歌剧院，其建筑造型语言恰向人们传递了另一种不同的情思，那是与海浪、白帆和贝壳等相关的联想和使人感到愉悦、兴奋和轻松的情感（图5-13）。

6. 有机仿生性表现

仿生原理在现代科学技术上的应用是非常广泛的，同样建筑学上也早已涉足建筑仿生的探索与实践。现代主义建筑的先驱柯布西耶，出于对现代主义建筑非艺术、无文化和无个性的抽象几何形美学的不满，率先以粗野主义和有机主义的造型语言对现代主义平庸的建筑美学发起了挑战。他设计的朗香教堂（1953年）以古怪粗野的有机形态、类似洞穴般的神秘空间和意义含混的隐喻，与他以前所皈依的现代主义建筑美学断然决裂，开启了有机仿生建筑的发展方向，对当时建筑造型上的几何惯性思维方式产生了极大的冲击，对后辈建筑界也产生了巨大的影响（图2-2）。随着当代建筑造型在审美需求上的提升，使建筑造型的仿生思维方式重新引起人们的关注。有机仿生性建筑造型语言的运用，也为建筑造型的创新变革开启了新的途径，促进了城市与建筑生态和可持续发展的探索，并正在成为当代建筑造型发展又一个重要方向。

有机仿生的造型语言其原型皆来自于形态丰富的大自然，因为自然的形态被普遍认为是最为合理和最美的形态。建筑师在充分研究千姿百态的生物形态的基础上，再按照自己的理解将生物的自然形态规律，合理地运用于建筑形态的建构上，把自然的理性变成了建筑的理性，这就是有机仿生性造型语言产生的过程，也是建筑造型语言创新中取之不尽的形式资源。就目前建筑创作的众多这类作品来看，有机仿生性造型语言的运用方式大致可分为具象性模仿和抽象化提取两种方式。

（1）具象性模仿

这是指对自然生物形态的简单加工与仿造。由于在外观形式上与自然对象的形态基本相似，因而人们能很容易直观地辨认建筑造型所模拟的原型生物形态。采取这种简单仿造自然生物形态的建筑造型，可以给人以仿造技艺性的心灵满足和自赏性美感。具象性模仿的造型语言可以采取建筑细部装饰

(a) 鸟瞰全景

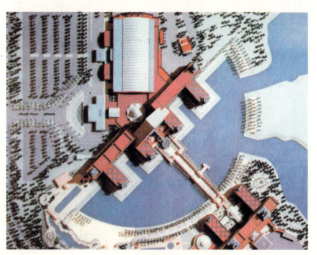

(b) 总平面规划

图6-46 迪士尼天鹅和海豚旅馆方案（1983，迈克尔·格雷夫斯）

的仿生处理，也可采取建筑造型整体性的仿生处理。实际上，建筑细部装饰的仿生处理方式自古早已有之，当代建筑由于材料技术的发展进步，其造型细部的装饰手段更为丰富有效。例如，（奥）汉斯·霍莱茵设计的维也纳奥地利旅行社，其中庭内装饰的金属制作的棕榈树，使人感到仿佛置身于南国热带花园中（图5-47）。又如（美）迈克尔·格雷夫斯

(a) 餐馆街景

(b) 从高架道路鸟瞰

图 6-47 （日）神户鱼味餐馆（1987，弗兰克·盖里）

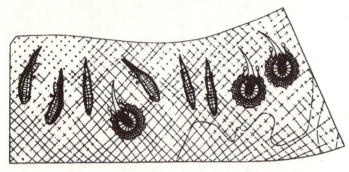
(a) 总平面

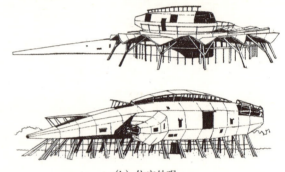
(b) 住宅外观

图 6-48 牙买加，加勒比海滩假日住宅（1990，竞赛获奖方案）

为迪士尼世界设计的天鹅旅馆和海豚旅馆，在建筑外立面造型上使用了很多天鹅和贝壳的雕塑来装饰，为建筑形象增添了不少童趣，并突现了建筑的功能性质（图 6-46）。一般而言，采取整体性仿生处理的建筑造型，更具有在周围城市空间环境中形成重点景观的视觉吸引力，可以满足人们猎奇心理的审美需求。这种造型表现可以给人留下记忆深刻的建筑形象，在当今信息社会中常被用作传递特定信息的媒介。如用以标志当地动植物的自然特色、城市的地区性或建筑自身的服务功能等与商业经济活动相关的信息，可以收到意外的商业性宣传效果。例如，（美）弗兰克·盖里在日本神户的高速公路旁设计的鱼味餐馆，采用了一条高达 198m 的巨型鲤鱼形建筑造型，俨然成为神户港的一个城市标志（图 6-47）。又如《PA》杂志举办的设计竞赛获奖作品中，将加勒比海滩住宅造型设计成模仿牙买加盛产的鲤、鲟、蚝蝓三种动物的形态，反映了当今建筑造型以仿生思维创新的新动向（图 6-48）。同样，在我国建筑界近年的创作中，也可以看到这种具象性仿生的造型作品，如北戴河的碧螺塔、福建长乐的海螺塔等等（图 6-49）。

（2）抽象化提取

这里指将自然生物形态经过抽象化的提炼加工，并从中抽取概念化的形式运用于建筑造型的仿生方式。它要求创作者具备更高的审美、概括与综合的创新能力。通过抽象提取的仿生建筑形态，应该比上述具象模仿的建筑形态更加符合建筑造型艺术形象的抽象性的特征，也更容易符合建筑空间结构功能性和物质技术性的特定要求。因此可以认为，抽象化提取的有机仿生性造型语言是建筑创新过程

六、当代建筑造型的创新与变异

(1) 福建长乐海滨度假区景观建筑"海之梦"（1988）

(2) 河北秦皇岛，北戴河碧螺塔（1990）

图6-49 具象性仿生表现

(a) 教堂全景

(b) 夜景

图6-50 印度新德里大同教礼拜堂（母亲庙）（1986，法瑞布兹·萨巴）(抽象性仿生表现)

最宜和最常采用的创作手法。虽然对自然生物形态进行抽象化提取的造型表现方式也自古有之，如希腊与罗马的古典柱式即是以人体的比例和性别特征为原型，进行抽象化加工提炼而形成的造型语言，但是当代建筑造型的有机仿生趋向并不是纯粹是审美上的缘由，而是人们寻求与自然和谐共生、回归自然情感和寻求建筑艺术创新的综合性结果。

抽象化提取的有机仿生性造型语言，应是来自对自然生物形态的深刻分析和理解，然后能结合现代建筑科技吸取创新灵感并形成新的创作意象而产生的。这类造型语言不是对自然原型的简单仿真或复制，而是设计者创新意象的综合性表达。因此，由抽象化提取的有机仿生性造型语言，通常能隐含更多深层的意涵，也具有更高的审美价值。例如，由埃罗·沙里宁（Eero Sarinen）设计的美国耶鲁大学冰球馆（1958年），其造型犹如海龟，也像是模仿运动员起跑的姿态（图3-7）。另一个由他设计的纽约环球航空公司航站楼（1961年），其造型形似空中飞行的大鸟，都是当年举世瞩目的创作杰作（图3-6）。又如（日）丹下健三设计的东京代代木体育场的游泳馆和球类比赛馆（1964年），其造型

235

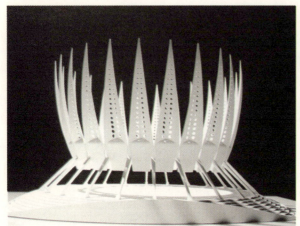  

(1) 瑞士，苏黎世，维瓦尔泰特纪念亭（1989）　　　　(2) 加拿大多伦多 BCE 画廊与遗迹广场（1987）

图 6-51　（西班牙）圣地亚哥·卡拉特拉瓦设计作品（抽象性仿生表现）

利用悬索结构抽象地仿造螺壳的形态，使其功能结构与造型达到了高度有机的结合，成为当代建筑艺术作品的优秀范例（图 2-5）。再如，（印度）法瑞布兹·萨巴（Fariburz Sahba）设计的新德里母亲庙，则是形似一朵荷花的造型，它表达了圣洁与优美的设计意象（图 6-50）。这类有机仿生造型的建筑实例，在当代世界各国的建筑发展中显示出越来越旺盛的发展潜力，特别是为一批具有坚实结构技术研究背景的工程技术型建筑大师，如（意）奈尔维（Nervi），（美）布克敏斯特·富勒（Bukminster Fuller），（德）富瑞·奥托（Frei Otto），（西）卡拉特拉瓦（Santiago Calatrava）等开拓了无限广阔的创作领域，使各自独特的艺术个性得到了充分的发挥，创造了更具视觉冲击力的有机仿生性建筑形象，对当代建筑造型的创新和建筑技术的新发展具有重要的促进作用（图 6-51）。

另外，我们从许多成功的实例中可以感觉到，无论是具象性模仿或是抽象化提取的有机仿生性造型语言，都有或多或少地表现出主观性和客观性的隐喻与象征的意义。这可以使建筑造型的艺术形象更具深层意味，因而可增加审美的情趣并给人以深刻的印象。正因如此，有机仿生的建筑造型表现可以作为一种有效的创新途径。只要我们能善于观察和吸取千变万化的自然形态构成规律和无穷的创作灵感，那么它必将成为建筑艺术创新取之不尽的智慧的源泉。

7. 流行时尚性表现

时尚性文化的流行是当今消费社会生活的一大特征，也可以说是商业文化的本质特征。所谓时尚性就是社会消费热点随时间流动而转移变化的心理表现。当今社会在汹涌的商业文化潮流的冲击下，建筑造型艺术也不可避免地走下高雅的艺术圣坛，进入世俗生活的舞台，成为大众文化消费的对象，从而使建筑形象表现了越来越多的通常商品消费所具的时尚化特征。建筑造型时尚化特征的具体表现，是外观形象的刻意求新猎奇和快速的流转与更替。其目的在于以新奇而引人注目，并以即时的更替保持新奇性和视觉吸引力。因而时尚化的建筑形象往往颇具喜剧性的幽默感和诙谐的审美品味。同时，它不断翻新更替的建筑造型形式与其他流行性艺术一样，很少追求艺术创新的意义，经常都只是各种现成的建筑空间模式、结构形态或装饰样式的复制、仿造、拼贴和重组。这使建筑造型的创作活动颇变为时尚性的快速包装技巧，以便于及时赶上时尚潮流的变化。因此，时尚性建筑造型语言的运用，呈现着波普文化产品所具有的基本特征：通俗流行和稍纵即逝，并具有反映一定反叛、简约和回归（传统和自然）意识的当代时尚的审美观（图 6-52）。

当今信息技术提供的强大功能，已可使原初颇具创新意义的独特建筑造型语言借助多种信息媒介迅速传播，并可被迅速复制成用于随意替加和流行

六、当代建筑造型的创新与变异

(1) 广州羊城晚报印务中心 (2003)

(2) 北京阳光100国际公寓 (2004)

图 6-52　流行时尚性表现
波普艺术语言运用——采用强烈对比的外墙色彩处理。

(1) 上海南市丽水路仿古商业街 (1995)

(2) 山东曲阜五马祠步行商业街 (1992)

图 6-53　广为流行的仿古商业街

的时尚"佐料"。这使无论是乡土的、民俗的、历史的、传统的、民族的或外国的建筑造型风格或细部样式都可以成为时尚化"包装"的手段，并在市场的推动下迅速扩展，极大地助长了当代建筑造型时尚化发展的势头。在经济高速发展、房地产市场急剧膨胀的新兴国家和地区，这种流行时尚化表现的发展尤为突出。如在我国城市建设中，"仿古一条街"的规划模式广为流行（图 6-53）；表现西方建筑特色的"欧陆式"风格的建筑，也在我国大中城市迅速蔓延（图 6-54）。仿造 KPF 事务所设计的高层办公楼顶部"飘檐"造型的建筑遍及大江南北的重要城市中心，并作为现代化进程的标志性符号（图 6-55）。虽然这种把某种建筑造型新形式定格为时尚性范式的现象，在其他经济高速发展的国家和地区中也同样存在，但是应该清晰地看到，造型语言的流行时尚化现象往往会使造型创作失去主体精神，并越来越偏离建筑特定的场所意义，而仅仅成为一种时尚性包装形式的选择（图 6-56）。

8. 新奇怪异性表现

新奇怪异的建筑造型其实历来就已存在，而且这些"异类"的建筑师也总是被当代的人们视为怪

237

(1) 广州珠江新城金穗大厦（2003）

(2) 河北三河市东方夏威夷居住区（2009）

图6-54 我国流行的"欧陆式"建筑

图6-55 仿KPF式飘檐的高层办公楼
(1) 武汉市建银大厦（1997）

(a) 大楼全景

(b) 楼顶飘檐造型

图6-55 仿KPF式飘檐的高层办公楼（2）
（德）法兰克福DG银行综合楼（1993，KPF事务所）

胎或是精神变态。可以联想到旧约《圣经》中的诺亚，独自在山顶上建造方舟以拯救人类免遭灭顶之灾的故事，那时他也曾遭人嘲笑过，也许诺亚在当时也应属于一个"另类"的建筑师。同样，20世纪初的西班牙著名建筑师高迪（Antonia Gaudi），在巴塞罗那所建的许多奇特的超现实主义的建筑作品，如米拉公寓等，着实让人难以理解，而招来众多批评与讽刺，但是当年被视为怪异的"另类"作品，如今却成了巴塞罗那最引以为骄傲的城市资产（图6-57）。这种顺势逆转的审美现象，只能从现代主义建筑发展的历史轨迹中寻找到正确理解的答案。

后现代主义开启了世界多元文化发展的新时期，受正统现代主义建筑观的长期压抑，潜藏在众多建筑师的种种创新的冲动，顿时如洪水般暴发，各种奇形怪状的建筑形象也就开始在世界各地出现，成为当今建筑创作中令人瞩目的艺术现象。而且这类新奇怪异作品的创作者，都善于以他们独特自信的理论说法来支持其怪异的创作实践与成果。然而他们可以自圆其说的创作理念，往往只能让人感到迷惑、虚幻或令人费解。不过事实表明，这类

六、当代建筑造型的创新与变异

怪异性建筑中居然也有不少作品逐渐已被公众所认同接受,而且成了各地重要的标志性建筑。这就说明了在这类形态怪异的建筑中,确实有些包含着尚未被认识的价值。尽管这种"异类"的建筑在建成之初,经常会被当时的人们所排斥、批判、嘲讽或指责,但它所蕴含的超前性构思或梦幻般奇想,却可能最终被人们所理解并可能预示着未来建筑发展的主流方式,甚至是通往未来建筑世界的重要途径。因此,我们已不能再以传统美学的"美"与"丑"的审美标准来简单地确定对这类建筑的评价。实际经验也告诉我们,尽管这类建筑大多在建成之初往往给人以丑陋、古怪、狰狞乃至恐怖的形象,可是在时过境迁的变化后,经常会出现戏剧性的转化。就像古代历史上的巴洛克建筑一样,转化为人们都可欣赏接受的"奇异的珍珠",实现由所谓"丑陋的异类"到"独特的创新"的转变。

建筑造型语言的新奇怪异性表现,并不一定具有完整的含义、统一的结构、特定的风格和明确的审美形态。它往往只是建筑师表达个人一种心理体验的、多元混合的含糊多义的造型语言形态,具有极强的即兴表演的情感特征。因此它所表达的内容涵盖极广,可以是波普艺术般具有欢愉与享乐趣味的世俗情感,或科幻电影式具有深奥神秘色彩的虚幻世界,以及民间传说般具有离奇情节的叙事结

图6-56 (荷)鹿特丹.荷兰银行总部(1996,墨菲/杨)大厦顶部近似KPF式的飘檐。

(1) 西班牙,巴塞罗那,米拉公寓(1910)

图6-57 西班牙,巴塞罗那,米拉公寓(1910,高迪设计作品)新奇怪异的"另类"表现。

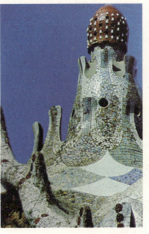

(a) 公园入口及建筑装饰

(b) 入口处建筑外景

(2) 西班牙,巴塞罗那,居埃尔公园建筑(1900)

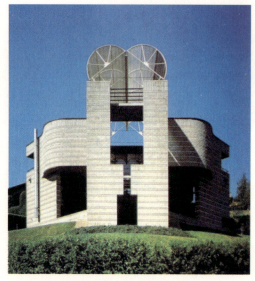

(a) 住宅正立面　　　　　　　　　(b) 住宅侧面外景

图 6-58　瑞士提奇诺,布莱岗佐那独立住宅(1988,马里奥·博塔)

(a) 东段沿街外景　　　　　　　　(b) 西段沿街外景

图 6-59　(美)加利福尼亚,威尼斯城,缅因街 C.D,M 公司总部大楼(1991,弗兰克·盖里)

(1) 大地建筑(1994)　　　(2) 天文观察博物馆(1992)　　　(3) SHOMYO 幼儿园(1995)

图 6-60　(日)高崎正治设计作品——怪异的形式语言

构等,同时其语义内容与语言结构也变化莫测。这种"异类"性的建筑造型语言,在部分当代主流建筑作品有时也会偶尔用之,借以抒发创作者个人的某种创作情感。例如后现代建筑师(瑞士)博塔的某住宅设计作品中,建筑门前设置的似矿山井架般的装饰(图6-58)。(美)赛特设计集团的最佳产品展销厅外立面上形似地震破坏的废墟形象(图7-17)。解构主义建筑大师(美)弗兰克·盖里在日本神户设计的鱼餐馆的巨大鱼体造型(图6-47),以及他在美国圣莫尼卡大街上设计的大望远镜形的办公楼等等(图6-59),都是他们当时调侃性的即兴杰作,也都产生过惊人的轰动效应并取得了巨大的社会反响。当然也有极少数建筑师专长于这类作品创作,他们将此作为创新和个性化表现的追求。例如日本的一批新锐派建筑师高崎正治、六角鬼丈和高松伸等都一向以怪异的作品令人瞩目。他们作品中创造的建筑形象,经常可使人产生似是外星人或精灵鬼怪般的视觉联想,给人以极大的心灵震撼(图6-60～图6-62)。

图6-61 日本神户金光教会馆(1981,六角鬼丈)
火车头式的会堂与折扇形立面的体育馆并列形成怪异的造型。

(1)(日)境港市火车站(1989)
似巨人的管风琴的造型。

(2)(日)山阴县水瑟船客运站(1990)
似流星陨石的终点。

图6-62 (日)高松伸设计作品——不可思议的建筑形象

（三）视觉形象的概念化与数字化变异

1. 视觉形象的信息与媒介意义

建筑造型艺术与其他视觉艺术一样，总是在创造一定的视觉形象。它就是通过创造一定的物质化的视觉形象，向人们传达着某种审美意念和主体情感的，也就是表达了关于某种美学概念的相关"信息"。由于概念是一种信息，本身看不见摸不着，必须通过一定的媒介来传递，因而建筑造型在信息传递中既是信息本身，也是信息的载体，在广义上可以认为是供信息交流的大众传媒的一个重要的成员。

一方面，建筑造型作为信息本身，必然涉及艺术的概念，因为概念就是信息。于是，当代概念艺术的发展也为建筑造型艺术开启了另一条新的创作途径——概念化的造型创作方法。另一方面，建筑造型又必然成为大众传媒的重要组成。因为建筑一旦建成便会自然构成城市生活环境的组成背景，必然会发挥着大众传媒的作用。否则建筑艺术就失去了与现实生活的关联性和存在的基础，建筑师也将失去生存的能力。诚然，当代大众传媒技术手段的进步，数字化、网络化和虚拟现实技术的广泛运用，必然也会直接反映到建筑艺术创作方式和理论的变革中。因此可以发现，当代建筑造型在视觉形象的创造上，也越来越明显地展现出概念化与数化双重意义的变异和发展新趋向。

2. 建筑造型与概念艺术

（1）当代概念艺术的影响

现代主义思潮中追求极致的"少就是多"的极少主义理论，曾使艺术在形式创造的道路上越走越窄，将艺术逼上了绝路。于是就使对非物质性的思想概念的表达，成了艺术在形式创造中可以选择的一种出路。同时另一方面，当代艺术追求的目标也逐渐超越了纯美学的范畴，进而与伦理学、心理学、政治学及其他人文学科的目标难分难解。期望通过相应的艺术形式来表达这种复杂的精神生活和审美意识，已使历来只注重追求形与色的表现的正统现代派艺术很难胜任。艺术创造必须跳出原来只偏重形态与色彩构成要素的创作框架，以求恢复主体创造性的生命力。于是，使艺术创作转向制造"事件"而不只是制造"画作"的所谓"概念艺术"便应运而生，生活与活动成为概念艺术表现的重要组成内容。20世纪70年代初，概念艺术以其宽泛的定义囊括了当代的其他艺术领域，几乎所有的视觉艺术都被纳入了"概念艺术"的活动范畴（图6-63）。

其实，在"概念艺术"的名称出现之前，视觉艺术作品中并非没有"概念"的表达，而只是人们并没有在意从"概念的"角度去理解它，以致将作品传达的"概念"（也就是"信息"）视为自生自在的意义。因而长期以来对艺术作品的分类通常是按照"概念优先"的方式进行的，也就是将作品按"风格"或"主义"或"派"之类预设的概念进行分类，

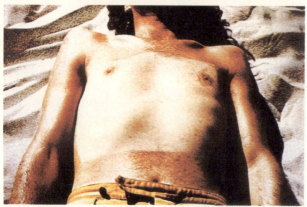

图6-63　概念主义摄影作品——《读本位置》（1970，登·奥本海姆）
作品通过两幅照片的比较，展示裸露的躯体经阳光曝晒后，其皮肤在书本遮挡处留下的浅色影痕，用以表达有关"时间"、"过程"和"变化"的抽象概念和哲学含义。

六、当代建筑造型的创新与变异

(1)（法）巴黎，拉维莱特公园，景观建筑"疯狂"（1988，伯纳德·屈米）——表达解构主义哲理概念。

(2)（美）纽约曼哈顿福利广场景观建筑"自由的扩音器"（2004，劳里·霍金森）——表达尊重言论自由概念的装置艺术。

图 6-64　城市景观设计中的概念艺术作品

称为"某种主义"或"某种风格"的作品。以此可将艺术作品分属于不同的创作概念，并表达为相应的概念化的形式。例如称为"古典派"、"浪漫派"、"印象派"、"野兽派"、"立体派"、"达达派"、"未来主义"、"现实主义"、"抽象主义"和"表现主义"等等，自然它们也各自分别表达相应的关于古典、浪漫、印象、野性、立体、世俗、未来、现实、抽象和表现等的概念。又如"波普艺术"推崇的是关于消费、廉价和批量化的概念。"极少主义"传达的是理性、效率和机械美的概念等等。这里所有"概念"都是可随创作者意愿而变动的，表达概念的物质载体反而倒是相对固定的。然而在"概念艺术"之词提出之后，各种视觉艺术作品则纷纷皆以创造新概念为其最终创作目标了，而且往往皆集中在几个主要概念的表现上，例如关于世界本源、人类本性、事物属性、艺术本质和生命意义等抽象的哲理性议题上。承载这些"概念"的媒介即艺术形式却已随数字技术的发展变得五花八门，于是使视觉艺术的分类方式由原先的"概念优先"的模式转变成了"媒介优先"的模式，也就是转而采取以媒介形式（即艺术形式）简单分类的方式，如被称为所谓的大地艺术、环境艺术、行为艺术、装置艺术、影像艺术、动漫艺术、数码艺术和网络艺术等等。这样原本仅作为概念载体的艺术媒介，同时也变成了实现信息交换的概念本身。实际表明，信息时代中视觉艺术

作为信息交流的媒介，它本身已既是手段又是目的了，也就是变成了信息交换的概念本身，具备了"概念艺术"的基本属性（图 6-64）。

"概念艺术"表现所倚重的是概念，也就是信息自身。它突破了传统艺术的清规戒律，极大地扩展了艺术创作活动的范围，消除了生活与艺术之间的界限，使日常生活中的议题、言行和过程皆可成为艺术创作的题材，艺术概念的表达就变得无拘无束而毫无限制。然而在信息社会中，一切都是信息，都是信息的产生、加工、流动、重合、错位……信息中概念的演绎过程，使概念的表达变得永无止境。

20 世纪中后期，现代主义建筑理论正处于困境的背景下，建筑造型艺术受当代概念艺术的启示，在造型创作中也出现了以承载一定"概念"为目的艺术倾向，并逐渐形成了强劲的艺术思潮，涌现了一批颇具创新意识的优秀作品。例如，柯布西耶的萨伏依别墅以著名的"居住的机器"为其创新的概念（图 2-1）；尼迈耶的巴西利亚会议中心大厦造型表达的是关于"集中与民主"的概念（图 6-65）；美籍华裔建筑师林璎设计的华盛顿越战纪念碑，碑体以"V"字形平面沉入地平面以下的独特造型，所表达的是对战争牺牲者的"追思与悼念"的概念（图 7-19）；以及近年有关纽约"9·11 事件"纪念碑参赛方案的造型形象等（图 6-66），建筑造型构思皆显示了以表达作品艺术概念为最终目标的倾

(a) 大厦全景　　　　　　　　　　　　　　　　　(b) 内院景观

图 6-65　巴西利亚议会大厦（1958，奥斯卡·尼迈耶）——表达集中与民主的政治概念。

(a)（美）丹尼尔·里伯斯金获胜方案　　　　　　(b) 其他入选方案：（上）THNK 方案；（中）埃森曼，
保留"9·11"事件深坑用以表达独立自由的美国精神概念。　　　迈耶，格瓦思梅和霍尔方案；（下）福斯特方案

图 6-66　（美）纽约世界贸易中心重建方案（2003）

向。当代建筑造型的概念化趋向，不仅发挥了艺术媒介的信息交流作用，极大地丰富了造型创作"表情达意"作用的外延，而且也增强了建筑造型的艺术价值。

(2) 建筑造型概念化的创新变异

可以认为，建筑造型原本就是预设有"概念"或执行"概念优先"模式的艺术创造过程，也就是说，实际上它总是在一定的建筑观念或预定的实施目标指引下所进行的有计划的创造性设计过程。然而，作为一个优秀的建筑师要想在造型创作中自由地发挥直觉的创造力，就应该知道如何从既有的创作概念中实现有所新的突破，并在创作中不断注入自己的价值判断，再以此创造出新的"概念"。因此建筑造型概念化最显著的特点，就是使造型创作的首要目标已从单纯的功能与形式的创新转变为概念的创新。也就是说，单纯的形式的创造已退居其次，使造型创作转变成了表达概念的信息媒介。例如"高技派"建筑把"高科技"作为造型创作的新概念，借以强调人们对科学技术与人类生活关联性的认知。因而"高技派"建筑所表达的"高科技"概念实质上包含着两层含义：一是其中硬件意义上的"技术含量"；另一则是软件意义上的"概念含量"（图6-22）；同样也可以解构主义建筑为例，其造型表达的则是如何打破传统的建筑形态构成的秩序和建立一种新秩序的概念，也就是"破旧立新"的造型概念，因而它是一种属于逆反式思维的全新概念（图6-13）。由此可见，建筑造型概念化的发展，极大地拓宽了建筑造型艺术的创作思维方式，使传统造型运用的感观性的艺术形式语言，变得哲理化和通俗化起来，也使造型艺术创作变得不再深奥莫测和难以理解，客观上促进了建筑文化的交流与发展。

(3) 概念化造型的形式语言

表达造型创作的概念必然要借助适当的形式语言，秩序、符号和哲学是造型形式语言的主要构成。由于任何造型艺术作品都包含着创作者既定的价值观和社会视角，因此创作构思中便有着明确的需要表达的各种相关"概念"，而且还包含了对"概念"的价值判断和应予肯定的新概念的信息。被肯定的新概念，其内涵必然意味着存在着相应的客观秩序。所谓秩序就是指建筑内外各种组成元素和构件之间所建立的一种形式与空间的关系。它具体表现在形式与空间的系统结构上，这是体验建筑造型艺术概念的物质基础。而所谓符号，就是以视觉形象表达思想和概念的物质实体，其所指视觉形象可包括人们能从形、声、色、味、嗅多种方式感受到的客体。人类有别于动物的根本特点，就在于人类具有符号化认知的能力，并能在思想和情感交流的过程中不断创造和运用多种符号系统。进行人际交流的自然语言是一个以语言符号表达概念的系统，而建筑造型语言则是以建筑符号来传达相关概念信息的系统。建筑造型艺术是蕴含有丰富情感符号运用的创作活动，其中包括自然符号与人工符号的系统运用。同时也借助于符号系统的运用，可以强化造型形式与空间的秩序感，有助于更清晰有效地传达造型创作的相应概念。至于所谓哲学，它是指在造型形式语言的构成中发挥着深层的组织作用的建筑观念形态。首先体现在对所表达概念的价值判断上，其肯定的或否定的判断将会决定造型语言表达的情态。其次还体现在如何从社会视角来表达理性的概念、深化建筑造型的秩序观念和选择相应适用的形式语言上，并能最终融入到建筑造型的全过程中。因而概念化建筑造型中对当代哲学的探讨，也从根本上改变了我们对造型创作的思考角度，并已经潜移默化地表现在当代建筑造型创作的实践中了（图6-67）。

3. 建筑造型与数码艺术

(1) 当代数码艺术的影响

数码艺术的发端与计算机技术的迅猛发展密切相关。早期的电脑绘画作品只是将计算机作为工具用来模仿传统绘画艺术的美学效果，并未创造出新的审美体验和新的价值观念。但是，时至世纪之交，随着数字技术惊人的进步，电脑功能的越来越强大和个人电脑的普及，电脑已不仅可以发挥复制、加工、传播和交流互动的作用，而且逐渐实现了由使用工具作用到创作媒介作用的根本转变，从而不断改变着数码艺术创作的方式，也改变着艺术欣赏的

(a) 北侧鸟瞰及主入口　　　　　　　　　　　　(b) 东侧立面

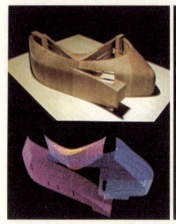
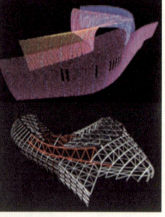
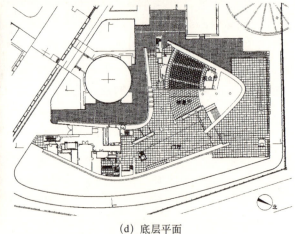

(c) 设计模型及数字模型　　　　　　　　　　　　(d) 底层平面

图6-67　北京中央美术学院美术馆（2008，（日）矶崎新工作室）——寄寓道家情思，表达独尊自然的艺术文化哲学。

方式。由于数码艺术创作借重于数字技术的功能，使艺术信息的发送与接收实现了可以彼此互动，即可以在创作过程中不断进行概念的交换。因此，数字技术的发展与应用，成为信息化时代艺术审美趣味和价值体系发生重大变化的根本原因。

数字化复制技术可以毫厘无损地复制所需的图文信息资料，并可无限制地反复进行下去而不失其真实与完整，并可借此制造出虚拟的真实效果。多媒体技术更使艺术形象不再以单一的视觉图像为表现形式，而成为可结合其他信息形态，如语言文字、声响、触觉和嗅觉等同时作用于观赏者的信息系统，增强了信息传达的冲击效果，也改变了传统的艺术欣赏方式。同时，网络技术的发展更使电脑视屏的界面成了信息交流互动的平台，使创作者与观赏者的心理距离也迅速拉近，两者艺术行为的区别变得模糊，促进了艺术创作过程中的共同参与与彼此的协调互动作用，使作品的主要艺术价值就存在于数字媒介所进行的信息交换之中。数字技术给数码艺术作品带来的种种特性，在创作方式和欣赏方式上对当今建筑造型数字化进程的影响，正在从技术手段到创作理念以及人们审美趣味的变化中逐渐显现出来。

（2）建筑造型数字化的创新变异

1）造型创作方式的程序化：数字化复制技术已使完整无损的迅速复制成为轻而易举的操作过程，从而使传统艺术依托的手工技艺失去了昔日的意义。造型创作过程也演变成了电脑中的"复制"、"移动"、"旋转"、"拼贴"、"插入"、"修改"等一

六、当代建筑造型的创新与变异

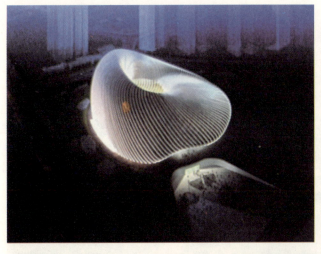
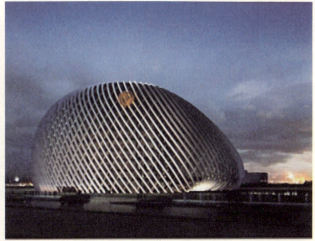

(a) 鸟瞰效果图（上），演播厅俯视效果图（下）　　　　　　(b) 中心透视效果图（上），凤凰广场效果图（下）

图 6-68　北京凤凰国际传媒中心（2008）——概念设计

系列电脑程序的操作过程。同时，作为数字媒介的电脑的程序操作语言，在造型生成过程中也逐渐演变成了造型语言中新的组成要素。于是，造型过程中用于视觉效果表现的绘画能力，已不再是成为优秀建筑师的必要条件，抹平了建筑师与一般工程师在艺术技艺方面的差异，因为一般造型效果的表达已可借助电脑程序变得轻而易举。虽然这会使造型创作失去原本具有的艺术韵味和艺术价值，但是这也使造型语言的运用可以更趋通俗化和理性化。此外，由于电脑在信息处理上提供的强大功能，不仅使复杂的图像处理变得十分容易，而且电脑程序特有的处理功能还可使图像处理取得人工难以达到的特殊而新奇的视觉效果。通过电脑中图像处理程序的拼贴、重叠、错位、旋转、反转、飘移、透明、

半透明等操作，生成的视觉图像往往可给创作者的造型构思和表达带来新的启示，而且便于三维曲面形态的自由表达和程序化运用，更促进了造型语言向有机复杂性形态的拓展与应用。我们不但可从解构主义大师艾森曼和哈迪德等人的作品中，很容易感受到由电脑生成的数字化造型语言特具的视觉艺术效果，而且可清晰地感悟到当代建筑造型向"非完形"和"非线性"形式发展的趋向和个性化表现的追求（图 6-68、图 6-69）。

2）造型地域概念的模糊化：数码复制和网络传播功能的强大，使世界变得越来越小，网络拉近了各地域的空间距离，因而也使人们原有的地域观念发生了重要变化。当今某地发生的建筑活动的相关信息，可在瞬间传播到世界各地。建筑创作所需

(1) 广州新城亚运壁球馆　　　　　　　　(2) 广州黄阁镇，南沙体育馆

(a) 整体鸟瞰　　　　　　　　　　　　(b) 外观透视

(3) 广州新城亚运体操及台球综合馆

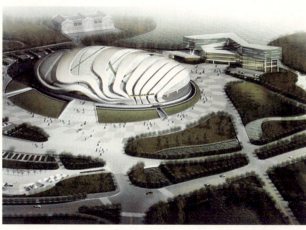

(a) 鸟瞰全景　　　　　　　　　　　　(b) 外景透视及室内透视

(4) 广州自行车轮滑极限运动中心

图 6-69　广州第 16 届亚运会场馆设计方案（2009）——"非完形"和"非线性"的当代造型发展趋向。

六、当代建筑造型的创新与变异

(a) 湖面中心全景

(b) 方案模型

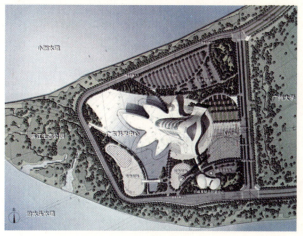

(c) 总平面规划

(d) 侧向外景

图 6-70　广州广东科学中心（2008）——地域性模糊化的造型倾向。

的各种资讯也可从网络上查询和获得，并无需依靠记忆装进头脑而是复制装进硬盘，或作为片段模块插入作品组成。电脑合成技术的运用促进了各种建筑文化更进一步的融合，使传统的地域文化概念逐渐退化而变得模糊不清，成了理论上的概念性特征。当今无论是"新现代主义"、"新都市主义"或"新地域主义"的建筑造型作品，对地域观念的理解与表达，都已在全球化的背景下显示了广义包容和模糊化的倾向（图 6-70）。

3）造型视觉形象的类象化：电脑迅速复制和信息传递功能还导致了当代人们审美观念的重要变化，其具体表现是原本作为审美对象的造型视觉"形象"已逐渐被"类象"所取代。因为一般认为"形象"具有象征性意义，它并不完全等同于直观的物质实体，而是主体对物质实体亲身经历的第一性感受。然而所谓"类象"，则是那些与原本实体感受无关的复制品。"类象"的特点是已在无数次复制的过程中消失了个人创作的痕迹。"类象"的意义也只取决于如何被复制、拼贴、叠合、放大、缩小等电脑处理程序的运用。这就使"类象"在不断复制的过程中成了一种非现实化的幻象，其中再也看不到创作者的主体意识，只能被用作进行商业化"概念"操作的视觉媒介。于是，建筑造型艺术"形象"的创造随之被概念化"类象"的迅速复制活动所淹没。这种现象在当今我国房地产业的开发与营销活动中已屡见不鲜。它使原本带有强烈主体意识的艺术"创意"和独特"个性"，在毫无限制的复制过程中耗失殆尽。例如尽人皆知的所谓"欧陆风格"的迅速漫延与扩散，KPF 设计事务所独创的造型语言的被大量复制传抄等等，便都是当今数字化、信息化时代，造型创作"类象化"和"类象"呈现时尚化流行的明显例证（图 6-54、图 6-55）。

当今数字化技术仍在持续快速地进步。建筑造型创作的数字化进程，正在经历着由替代人工作业的辅助性工具向能作思维活动的智能性伙伴转变的重要发展阶段。电脑在建筑造型创新变革中的作用和对造型艺术形象的审美影响将变得无可限量。例如，虚拟技术能够帮助建筑师更直观地对其设计的作品进行预测评估，从而增强了对作品最终效果的控制能力。网络技术的发展，使建筑造型创作活动的远程协作变得更加便捷与普遍，随之将重新定义信息时代的地域观念。多媒体和虚拟现实技术的综合运用，更将使造型构成的基本形态要素的概念发生根本性的变化，信息要素将成为造型构成的决定性要素，从而根本上改变传统的审美方式。另一方面，数字化技术可提供的先验性也为实施建造提供了尽可能的技术保障，使建造的可行性极大提高，建造可行性的极大化又反过来推动了建筑造型创新变异的探索。因此，建筑造型的创新与变异，已成为当今信息化时代造型创作数字化发展的普遍现象。

七、当代建筑造型的审美格局

自古以来,建筑造型始终是人们在建筑审美活动中最为关注的视觉对象,如今更是倍受社会公众的审美关注。当代建筑造型的创新与变异,诚然与针对现代主义建筑的反思批判和逆反性思维相关,然而也与当今社会商业性消费文化的浸润蔓延、社会审美文化内涵的变化以及审美主体意识的扩张密切关联,其现象背后反映的是当代社会审美格局的巨大变革。这种变革主要呈现在三个侧面:建筑审美需求的思维转变、审美意识的软化倾向和审美评价的歧见与悖论。无疑我们可以从中找到当代建筑造型创新与变异现象的深层原因、增强审美价值判断的能力。这也是提高造型技艺相关理论修养的重要方面。

(一)审美需求的思维转变

人们从事建筑活动的目的不仅是限于求得物质空间实用需求的满足,而且同时也为实现精神生活中审美需求的满足。审美需求是人们内心潜在的审美欲求,它表现为对审美对象的形式、结构、秩序、规律和意涵的一种把握与感受的欲望。审美需求不是认知需求,而是一种内在情感的欲求,即是与审美对象形式进行直接情感交流的欲望,是一种对审美客体形式的把握与表现的意向和愿望。审美需求作为一种内心潜在的欲望,是审美活动的内在源泉和动力,构成审美活动的基础。审美需求本身也会在审美实践过程中得到不断的积累、更新、提高和增强。从而使审美活动在原初的审美需求得到满足之后,又会孕育着新的审美需求,这正是人们审美活动不断发展、深入、拓展和更新的动力。当代建筑审美活动正是在对现代主义进行反思、革新和超越的背景下,同时也在当代艺术思潮的影响下发生了深刻的变化,萌生了新的审美需求,当今人们的建筑审美需求在消解传统审美法则的同时,呈现了种种新的思维转变。

1. 造型意象的价值取向转变

现代主义建筑及其以前的传统审美文化追求建筑意象的永恒感,崇尚"建筑是石头的史书"的审美价值取向,通过砖石墙体材料的厚重感得以充分体现。然而,当今建筑科技的发展,使金属与玻璃为代表的轻质外墙材料与骨架结构得到大量应用,使厚重粗笨的柱梁结构在建筑造型上逐渐消隐,代之以少有量感的金属桁架式结构体系。建筑审美的需求开始把轻盈、飘浮的美感形式和造型意象作为追求的价值取向,使传统审美观对建筑意象厚重感与永恒性的追求,被当今对轻薄感与暂时性的赞赏所取代。这种审美价值取向的转变,正顺应了当今人们革新求变,猎奇追新的进取心理和消费时尚,也是对传统审美文化一统天下格局的挑战,构成了当代建筑审美活动不断创新和持续发展的动力(图7-1)。

2. 造型语言的非理性化倾向

当代西方艺术发展中非理性的思潮和流派,对建筑审美活动的渗透与浸润,使当代建筑造型艺术逐渐突破了现代主义经典理论的禁锢,从技术理性主义的审美准则转向非理性的造型审美取向。诚然,在过往普遍混乱、无序的历史时代,我们需求建构秩序、规范和标准,理性思维自然成为社会精英群体的责任和追求。时至今日,过多的秩序、规范、计划和控制已使人们的思维不堪重负,承受着过多的精神压力。非理性的思维方式恰是成为解除这种过量精神负担的有效选择。它可以让建筑审美活动从多角度、多侧面和多层次上突破现代主义建筑的理性主义的经典约束,使抽象的造型语言得以大幅

 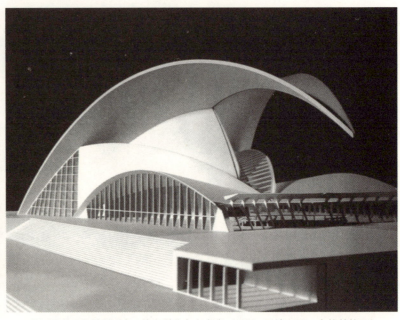

(1)（美）明尼苏达大学，富雷·卫斯门博物馆（1993，弗兰克·盖里）　　(2) 西班牙加纳利群岛，特内利非岛大会堂（1991，圣地亚哥·卡拉特拉瓦）

图 7-1　当代建筑审美价值取向的转变——反映了创新求变的进取性需求

(1)（日）东京螺旋大厦（1985，桢文彦）　　　(a) 塔楼街景　　　　　　　　　　(b) 塔楼全景

图 7-2　挑战传统的造型语言运用　　(2)（日）名古屋 Mode 学园螺旋塔（2005，日建设计）

扩展和深化，使非几何性、非线性的有机形态成为新的审美偏爱，显示着对当代新兴的生态美学的追求。"人为万物尺度"的传统审美标准受到了严峻的挑战。造型语言也摆脱了传统的和谐统一律束缚，可以在秩序与混乱、静止与运动、确定与模糊、理性与非理性的冲突中自由选择。例如（日）桢文彦以分形几何学设计的东京螺旋大厦（图 7-2）就表达了这种复杂多义的形式语言和结构的追求。当代建筑中这种非理性的造型语言的运用，大致可分为两种表现形式：一种是无意识的梦幻式表现，追求一种超自然、超现实的梦幻效果。如哈迪德（Eaha Hadid）的奥地利罗德帕克缆车站（图 7-3）塑造了一种富有梦幻感和戏剧性的超现实场景，通过无意识的、非理性的、随意的造型语言表达了一种梦

(a) 议会车站外观夜景

(b) 数字设计模型　　　　　　　　　　(c) 议会车站出入口夜景

图 7-3　（奥地利）罗德帕克缆车站（2007，扎哈·哈迪德）

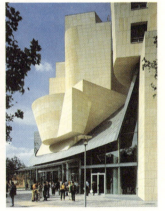

(a) 西立面外观　　　　　　　　　(b) 西南角外景　　　　　　　(c) 东南角外景

图 7-4　非理性化的造型语言倾向（1）——（法）巴黎美国文物中心（1994，弗兰克·盖里）

幻般混乱的美感。另一种是非逻辑、无秩序、反常规的异质要素的并置与混合的形式。在屈米、埃森曼、盖里、哈迪德、伍兹、蓝天组、赛特事务所和摩弗西斯事务所的许多作品，都可以感受到这种造型语言的特征，表现着一种反美学的、断裂的、荒诞和怪异的倾向（图7-4）。

3. 造型表现的个性化追求

现代主义建筑美学和传统经典美学都具有较长期的和较稳定的历史性统治地位，而当代建筑美学却始终处于确认与反确认，建构与反建构的动荡变化的态势中，审美主体意识的扩张和极端个性化的

图 7-4　非理性化的造型语言倾向（2）——（美）加利福尼亚州，西好莱坞，尤真·文太奇汽车博物馆方案模型（1992，摩弗西斯事务所）

审美表现是其中极为重要的原因。极端个性化表现的思维方式使当代建筑的审美方式呈现了多元化、模糊性和速变性的戏剧性特征。

现代主义倡导的是"作为空间的建筑"，体现的是功能主义的传统审美价值观。后现代主义则是提出了"作为语言的建筑"，体现了满足人们情感表达的需求，而当代建筑更倾向于"作为个性的建筑"，体现了建筑审美主体意识的急速膨胀。现代主义建筑审美评价体系的瓦解导致了"作为个性的建筑"的审美观挑战"作为空间的建筑"和"作为语言的建筑"的建筑审美观，成为当代建筑审美需求的新主题。正是在这种审美思维的背景下，在20世纪80年代前后，欧美建筑界出现了一批既反现代主义纯净美学观与线性思维模式，又反后现代主义的兼容主义和历史主义审美风尚的极端个性化表现的新锐派建筑师。他们的作品常以反造型、非建筑、怪异、丑陋成为引人关注的审美特征。其中埃森曼、盖里和摩弗西斯事务所等可被认为是这一审美思潮的主要引领者。这种被理论界称作"解构主义"的思潮的核心理念，首先是试图为当代建筑审美活动确立一种全新的价值取向，也就是要确立一种反形式和反完美的审美取向。其次是试图在建筑审美与社会文化之间确立一种对应的关系，使包含在建筑审美中的社会文化要素成为建筑审美的中心，建筑审美价值将通过内含的文化意义得到强调，而无需通过形式和谐的视觉形象来呈现，并借以建构反传统的未来主义审美文化。例如当代法国建筑师伯纳德·屈米，他宣称讨厌一切稳定的、确定的、静态的和无变化的设计，赞赏冲突胜过合成，片段胜过统一，疯狂的游戏胜过谨慎的安排。他不仅以一套非线性的思维方式来设计单体建筑，而且把一种非确定性的混沌思维方式贯穿于他的城市美学中。他所设计的巴黎拉维莱特公园(1982～1991)表达了他独特的城市环境观，在城市形式上，他反对简单的功能分区，反对以一种简单的决定来限定人们复杂的生活方式。相反认为，当代城市应给人们提供无限的自由和可能性。正如他主张的《事件建筑》，要建构一种以混沌思维方式定义的建筑（图 2-10）。

4. 社会人文新思维的探索需求

当代科技的发展、社会文明的进步以及当今面临的全球性问题，正在促使人们对未来社会发展的方式和应对潜在的危机进行新的探索，以求正确对待人类生存即将共同面临的问题和危机。这种有关社会人文探索的新思维，同样也渗透到了当今的建筑活动中，成为当今建筑审美的重要主题。其探索性思维的主要议题集中在两项全球性的问题上：一是为促进人与环境可持续发展的生态思维；二是有关人居环境可持续发展，创造新型城市建设文明的共生思维。

（1）当代生态学理论是人类对当代环境生态危机所作出的新思维，表明了人类环境意识的觉醒

环境危机实质是人类文化的危机和文明的危机。当代哲学和生态学发现要切实解决人与自然的正确关系问题，首先必须打破人们习以为常的思维方式，破除深植在意识中的人类中心论和优越论的观念，应清醒地认识到，生态问题即是人与自然、人与人、人与未来持续共生的问题，实质上就是人类自身的问题，是一个环境文化和环境伦理的问题。对于建筑活动来说，人对自然的掠夺、文明对人与自然和谐关系的破坏，往往表现得更加直观和更加

七、当代建筑造型的审美格局

(a) 东侧全景

(b) 西北侧全景

(c) 总平面规划

图 7-5　西安欧亚学院图书馆（2006）
当代生态学新思维的探索。

凶猛。于是在当代环境生态意识觉醒的背景下，建筑界已开始把人与自然共生的生态思维作为普遍遵行的设计准则。（日）黑川纪章早于1987年就出版了"共生的思想"一书，倡导人与自然，建筑与自然的和谐共生的设计方法。（日）长谷川逸子（Itsuko Hasegnwa）所著《作为第二自然的建筑》把人类和建筑视为大地生态系统不可分割的一部分。观念前卫的摩弗西斯事务所也希望能建立一种把建筑融入自然，使人与自然展开自由对话的环境。白色派代表人物迈耶也开始把建筑与环境的融合作为最终追求的目标，他在关于盖迪中心创作的意象时表述，多年来孜孜以求的是重构古代建筑中所表现的那种与环境互相融合的方式。因此，从某种意义上说，生态思维已催生了一种当代新的审美需求和新的审美文化，就是建筑生态美学。它是一种具有全新的超越建筑纯形式意涵的功能性审美取向，是关系到人类未来生存境遇的审美取向。生态思维使当代建筑的审美增加了一种新的价值维度。这是与科学信念与环境伦理紧密相关，也是与人类生存智慧增长相关的新维度。

生态思维对塑造建筑造型美的新形态，提供了新的机遇，也带来了新的挑战。作为新的机遇，它可以为塑造具有自然情趣的园林建筑和山水城市，以及具有地域特色的建筑形式，提供了广阔的想像空间和创作灵感，也催生了一批极具当代审美情趣的景观建筑（图7-5）。而作为挑战，是在建筑审美创造中，在寻求建筑美的形式的同时，必须满足节能减排的生态技术的开发与运用，这是当代建筑实践中最为严峻的挑战，这将促使当代建筑审美活动迈入一个革命性的新阶段。

（2）当代城市人居环境问题已成为人类社会面临的又一重大发展问题

当今世界城市化的急速发展，加剧了城市建设的危机感和人们对改善城市人居环境，实现城市环境可持续发展目标的紧迫感。当今世界面对城市发展方式的探索思维，也形成了当代城市建筑审美活动的新思维，从而正在创造出各种城市建筑的新的视觉形式，并使建筑的功能和意涵也在此过程中被当代建筑审美的需求不断修正。建筑艺术与当代各种艺术形态之间所形成的互动渗透关系，正在催生着当代城市建筑审美的整体性的新思维。对城市建设文化意义的追寻，对新型城市文明的思索和对城市人居环境更新的构想，已逐渐融入城市建筑的审美过程中。

诚然，当代城市人居环境发展中正显现着文化上的诸多困惑，诸如：地域文化多样性和特色的逐渐衰败与消失；建筑文化和城市文化的趋同与特色危机等难题正困扰着人们的审美需求；城市人居环境建设中显现的"消费主义"商业文化的蔓延消除了审美的文化深度与意义；时尚化、媚俗文化趣味盛行，建筑形态上的夸张失度与矫揉造作，直接异化着当代建筑的审美文化，表现为一种不断创造，又不断自我消解的审美倾向。然而，在城市化进程中不断产生的新型城镇建筑中，同时也呈现着与当代各种艺术形式间所形成的互联互动、相互渗透的同构关系，丰富着当代城市文化的审美内涵，也增强了城市文化的包容性和开放性，形成了当代城市文化多维度的空间构架和具有丰富人文精神的都市文化生态的新格局。

城市发展的过程是一个不断更新、改造和增长的新陈代谢过程；20世纪工业化过程中，城市的盲目发展产生了种种人居环境恶化的问题和城市特色的消失，随着后工业化时代的到来，世界经济结构的巨大变化，城市中原有地区和建筑的功能、布局及基础设施已不能满足新的发展要求，城市功能面临衰败的危机，促进城市地区的复兴和重构新的城市人居环境成为当今世界普遍存在的挑战。城市更新是一项极为复杂的系统工程，涉及社会、经济、文化、历史和政策法律等多方面的内容，城市更新中包含着对物质空间、人文环境的重新建构，还伴随着对传统人文环境和历史文化环境的继承和保护的复杂问题，这都是当代城市人居环境可持续发展已普遍予以重视、探索和谨慎处理的问题。

（二）审美意识的软化倾向

建筑审美的价值意识的软化倾向，可简称为审美软化。其意是指在建筑造型艺术领域中出现的观念多元化、概念模糊化、情趣市俗化、标准情感化等审美价值判断依据和尺度随机变化的现象和倾向。这种倾向已渗入到城市与建筑设计的各个方面，成为当今建筑审美活动的新课题。

1. 审美软化的社会文化背景与原由

20世纪后段时期，现代主义艺术运动已开始受到了当代意识的质疑与挑战，当代艺术家逐渐使艺术从平面状态和单纯的形式表现转向更为广阔领域。这不但使审美的范围不断扩展，甚至扩展到许多与艺术并不相关的领域，而且也使我们所熟悉的艺术概念和审美观念愈来愈模糊，传统的艺术观，审美与功能的关系被扭曲变形。现代主义艺术运动于是走下艺术的圣坛，开始走进大众，走进生活，走进社会，也走进自然甚至虚无，使当代艺术的表现呈现出惊人的容量。比如，"波普艺术"源于大众传媒和世俗生活艺术的概念化；"偶发艺术"则是艺术家或观众用偶然的行动方式参与艺术活动，使现代主义艺术的几何抽象形式受到挑战。"光效艺术"是艺术与科学技术的有效结合。"概念艺术"则是以行为"过程"与"非形式"或"反形式"，摒弃了传统艺术的珍奇性和永恒性价值，追求艺术的概念化。其他还有所谓"大地艺术"、"视幻艺术"、"身体艺术"等名目繁多的流派和理念，它们在摒弃传统审美表象的背后，所体现的是对当代审美意识本质的反思和追问，使当代审美意识呈现了一种

"软化的"倾向。

当代审美意识"软化"的根源是在于现代科学技术与社会经济等方面的发展与变化。在科学技术发展方面，如果将工业化时代所依重的工程科学，如力学、物理学、化学等称为"硬科学"，那么以人文科学、心理学、行为学为代表的新学科和以系统论、控制论、信息论为标志的各学科的综合成果可称为"软科学"。当今世界已进入后工业化时代或信息化时代，"软科学"的发展已日益受到更大的重视。科学上的绝对主义早已被"相对论"，"模糊数学"和"测不准原理"等相对性思维与概念所替代。以"软"字打头的科学概念的使用也越来越频繁，如计算机的"软件"、社会的"软环境"、文化的"软实力"等。在社会经济发展领域，随着信息社会的到来，发达国家和新兴工业国正在不断调整和提升产业结构。高投入、高耗费、高污染、低附加值的标准化和批量化生产的劳动密集型产品，正在被信息密集型、高附加值的、多样化、集约化定制产品所替代。因此经济学家认为，世界正进入一个"软经济时代"，以信息产业、服务产业和流通产业为代表的"软性"经济部门，已成为当代经济发展强劲动力。

科学技术的"软化"和社会经济结构的"软化"，必然会引导人们价值观念和审美观念的相应变化。从工业化时代以物质为主的消费形式到当今后工业时代的依赖信息的消费形式，使人们从重视追求物质的量，转变为对生活品质的追求，审美活动则是人们追求高品质生活的重要精神需求，这正是建筑审美软化的社会文化基础，也是"后现代主义"、"解构主义"、"新现代主义"等各种建筑流派应运而生的根本背景和原因。在各种艺术流派的创新和个性张扬的表现中，建筑造型的设计技艺和表现风格出现的急剧变化和快速的商业化时尚性的变换，都反映了多元化的审美观念和审美价值意识软化的倾向。

2. 审美软化的内涵与表象

当代建筑的审美软化就是指建筑审美的价值意识的软化。价值意识的核心是审美观念。所谓审美观念包括审美情趣、审美理想和审美标准。在古典建筑的经典美学和现代建筑的机器美学中，都具有一定理性的架构，从而使建筑造型表现为追求概念清晰，讲究逻辑与精确的审美倾向。造型的和谐与完美是共同的审美理想，"真、善、美"是主要的审美标准，美的普遍性和永恒性意义是不变的审美追求。然而在当代的审美观念中，原有的"理性架构"部分正在被非理性的"软组织"所取代，转向追求审美理想的多样化，审美情趣的市俗化和个性化，审美标准的情感化。审美观念的软化，主要反映在审美信息软化和审美时空软化两方面：

(1) 审美信息的软化：这是指建筑视觉形象所传达的审美信息含混不清的倾向

1) 首先表现在信息传达的概念的多义性和模糊性上：传统美学和现代主义的机器美学都把清晰的主题视为艺术作品的基本要求，因而表现出对于作品所传达的审美信息要求纯洁确切，反对含混不清，追求逻辑清晰；反对矛盾折中，崇尚和谐统一，反对杂乱无章，赞赏主次有序。然而，当代许多建筑流派常反其道而行之。如后现代主义提倡的"双重译码"，晚期现代主义的矛盾修辞法，解构主义的"鼓励含义的交织与分散"，都把传统经典作品中清晰的主题和现代主义纯洁的理性原则予以抛弃，并代之以含糊的形象和非定义的审美信息，使设计作品可随审美主体的文化背景不同而产生各异的审美效果。如（日）黑川纪章，从日本传统文化中发掘了"灰色空间"的审美内涵,将空间的"缘"、"空"、"侧"的概念应用于当代建筑设计中，使传统建筑片断与现代建筑构件并置，同时利用不同属性空间的相互穿插与渗透，创造了充满模糊信息的建筑空间环境。晚期现代主义建筑作品朴次茅斯的IBM大厦利用镜面玻璃幕墙，创造了充满现实与虚幻交织的模糊性审美信息的建筑形象。解构主义常以"折散"和"分离"作为建筑形式构思的根据，以"重叠"、"合并"和电影"蒙太奇"等手法作为造型的技艺，建筑形象传达的审美信息不但模糊，简直是混乱难解，如维也纳方德包装厂某屋顶改造工程，其富有动感的金属结构，形似翅膀、或飞行器，又似一把锋利的刀刃或一张金属叶脉标本，给人以

(a) 屋顶改建外观

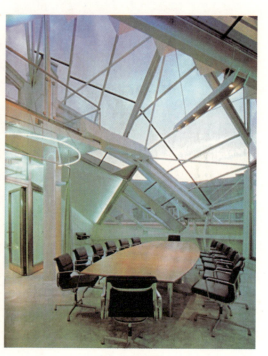
(b) 室内景观

图 7-6 （奥地利）维也纳方德包装厂屋顶改建（1989，库普·希默勃劳）

图 7-7 （日）东京"银色之家"（1984，伊东丰雄）

紊乱的错觉和多义的形象（图 7-6）。

2）信息传达的意涵的暂时性和过程化是审美信息软化的第二个标志：现代主义和传统的理性主义同样认为，世间存在着一个主观先验的、永恒的审美信息传达的模式，并认为它存在于严格的形式结构或形式逻辑的抽象关系中，因而主张在数字关系和几何图式中去寻找审美的永恒性原理与纪念性意义。然而在当代城市与建筑造型的审美观念中，已极大地淡化了这种永恒性与纪念性的审美追求，在设计创作中更多地表现了追求暂时性和过程化的审美倾向。后现代派的作品从传统的非理性哲学和美学中寻求暂时性和流动性的审美源泉，如当代日本建筑师从东方哲学和美学中吸收滋养，伊东丰雄所设计的东京"银色之家"，借移动的光影赋予建筑以时空变化的美感（图 7-7）。原广司设计的"大和国际"，其云母状建筑造型形成多层次的空间效果，创造出不确定的建筑轮廓的视觉形象（图 7-8）。晚期现代派的作品，则注重运用高技术手段，强调建筑的灵活性和适应性，以多样化取代标准化，以轻巧快速的结构形式取代厚重耐久的材料结构。如当代体育场馆的建筑造型普遍采用能代表最新结构技术水平的形式，改变了传统体育建筑纪念性的形象，各国为历届世界奥林匹克运动会所建的场馆建筑都强烈地表达了当代建筑审美的新取向。法国巴黎的蓬皮杜文化中心，则借助外露的自动扶梯，色彩鲜艳的设备管道，结合川流不息的人流，构成富有动态和变化的建筑景观，展示了建筑作品特有的魅力。解构主义作品更是强调审美信息的"过程"性。它把"文本"与意义作为审美过程的"剧本"，

(a) 大厦西侧外景　　　　　　　　　　(b) 四层屋顶平台（游廊为云形顶）

图 7-8 （日）东京大和国际大厦（1987，原广司）

观赏者的"阅读"即是审美体验过程。在此过程中读者不仅是对"文本"意义的读解，而且应是对参与"过程"中审美愉悦的分享。正如典型的解构主义作品巴黎拉维莱特公园的设计者屈米解释说："拉维莱特是一种不断产生、持续变化的词语。它的含义从来不固定，而总是以它所铭刻的含义多元化所延续，变化及非决断性的表达"，他为审美信息的"过程性"的强调提供了理论依据和实践方式。

3）审美信息软化的第三个标志，是信息含义的虚幻性和审美对象非物质化追求的倾向：现代主义建筑为追求永恒的纪念性审美感受，经常采取夸张建筑的物质性与实体感，用沉重的构件材质、庞大的体量和粗糙的表面处理来创造建筑的纪念性的永恒感。但是当代建筑师如（日）伊东丰雄和长谷川逸子的作品中，则在建筑中经常以穿孔金属板、金属格栅、混合织物等轻薄的材料取代厚重的外墙材料，并采用涂刷银灰色的方法使建筑形态进一步虚化，以此获取如雾似霞、暧昧模糊的视觉效果，创造虚幻的意境（图 7-9）。

（2）审美时空形态的软化

审美时空形态的软化是指建筑审美对象中"均质时空形态"的情感化、人性化，以及时空形态中心虚化消失的倾向：

1）"均质时空形态"的人性化、情感化和艺术化：现代主义建筑的功能主义建筑观将建筑理解为是由各向同性的均质空间所构成的，设计中普遍以抽象的"人"作为空间功能的共同尺度，忽视了人的主观感受的情感需求，也无视地域性的民族和文化的差异。然而当代各种建筑流派都对此提出了质疑和实践挑战，使现代主义的均质时空模式发生了人性化的转变，并以情感化和艺术化的时空形态与建筑造型成为对现代主义建筑无个性、非文化、非艺术的平庸的审美意识发起的批判与挑战。如后现代主义作品不仅从地域特征考虑气候、地形与材料等环境的差异，而且从历史、文化和民俗习惯等方面综合考虑人们情感的需求和反映。如（美）格雷夫斯的波特兰市政厅大厦，通过把古典元素平面化和色彩表现的方法，在传统与现代的对立统一中，创造出一种富有张力的新视觉，表现了一种具有历史厚度的形式美和不同于现代主义建筑的人性化的空间。再如（瑞士）马里奥·博塔（Mario Botta）他的许多建筑作品的形象，都以圆柱形的体量进行组合或变形，实际上是来自于当地传统的谷仓的形象。博塔运用这一原理，通过厚重的砖砌墙体与大面积玻璃窗格的构图对比，把传统的地域情思与当代工业文明巧妙地融合在一起。他设计的圆厅住宅（"CaSar Rotonda"，Stabio 1982）（图 7-10）和艾弗利大教堂（Evry. France，1995）（图 7-11），都表达了这种地方主义的乡土情绪和人们对工业文明的厌倦情感。解构主义则企图用空间形态的倾斜、扭曲、畸变、重叠、并置与位移等非理性的构图手段来赋予建筑空间以艺术化的品质，创造富有人情

(a) 沿街外景　　　　　　　　　　　　(b) 中心庭园似梦幻般的意境

图 7-9　（日）神奈川县藤泽市，湘南台文化中心（1989，长谷川逸子）

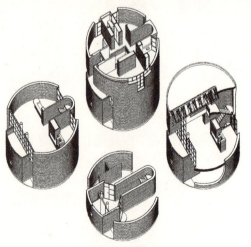

(a) 住宅外景　　　　　　　　　　(b) 环境景观

(c) 平剖轴测图

图 7-10　（瑞士）提奇诺圆厅住宅（1982，马里奥·博塔）

(b) 外观细部

(a) 入口外景

(c) 教堂主厅内景

图 7-11 （法）艾弗利天主教堂（1995，马里奥·博塔）

(a) 临河滨大道立面　　　　　　　(b) 变形的玻璃塔（左）和实体塔（右）

图 7-12 （荷）帕拉哥，尼德兰民族大厦（1996，弗兰克·盖里）

味的时空感受。不过它常常是以一种反文化、反建筑的逆反形式表现的，展示了一种新的审美意识（图7-12）。

2）时空结构的中心虚化：在传统的建筑设计中，无论是居住建筑还是公共建筑，甚至整个城市空间组织中，设计者都会在一栋建筑、一组建筑群或一座城市中安排一个中心，作为一个空间聚焦的核心，以此展示主题也展开审美的时空结构。如居住建筑中以起居厅室作为整套住宅的中心，公共建筑中总是以其主要功能的活动空间作为建筑空间结构的核心和审美的时空中心，而城市则往往以广场和商务中心等作为城市时空结构的中心。古典建筑

(1) 6号住宅（1975）

(2) 10号住宅（1980）

图7-13　（美）俄亥俄州，嘎迪欧拉别墅（1970～1980）

常用轴线、对称等构图手段组织主题性的时空系列。在现代建筑中，这种利用轴线、对称组织的中心式的布局结构仍被广泛应用，最典型的如巴西新首都巴西利亚的城市中心区的规划（图6-65）。它采用了严格对称的平面布局形式，充分显示着崇尚"中心"组织的传统审美取向。然而在当今建筑中，时空结构的中心已受到了新的审美意识的挑战。

后现代主义建筑的部分作品中，吸收了当代艺术中的非理性手法，采用破损的和片断的建筑构件东拼西凑，表现了一种只关注现时的"精神分裂"式的审美取向。如（日）矶崎新设计的筑波中心，建筑采集了各历史时期的形式标记，并以"废墟"式的形象，展现了失去文脉关联的各种建筑历史片断，被布置在椭圆形广场的四周，形成一个虚化的空间结构中心，其下沉式的中心广场和汇交于中心的溪流，取代了传统广场中纪念碑式的中心处理方式，既无时间主线，亦无逻辑线索的各种景物，构筑了一个随机性的审美时空，被人称之为"没有主题的故事"。

解构主义建筑不仅是对完整、和谐的传统审美形式系统的解构，而且也是对传统建筑时空结构中心理论的解构。解构主义建筑旨在打破这种具有中心结构的固定空间思维惯性，代之以更具有前瞻性和富有弹性的空间组织形式。埃森曼的嘎迪欧拉别墅（Gatdiola House）（图7-13），其中住宅6号（House VI）和住宅10号（House X）等就是典型的取消了中心的建筑空间。它们不愿让居住者住进或占据中心空间位置。该别墅位居景色壮观的海边高地上，设计却偏不让居住者在室内观赏美丽的海景，因为朝海的墙面没有设计窗户；本应作为建筑中最佳的中心观景点，却被设计处理成了一个普通的空间。住宅2号则通过模糊室内空间与室外空间的界限，使室内空间感得以淡化。这里不仅取消了空间中心与边缘的差别，而且淡化了室内与室外的差别。另外，大哥伦布会展中心（图4-153）是埃森曼最有影响的建筑作品之一。这座紧邻商业中心的建筑，整座建筑群从立面到屋面没有任何部分能形成平整统一的表面。设计有意在立面上创造了一种凹与凸，正与斜相互冲突的造型，赋予视觉形象以运动感和生命力。内部空间的利用极其灵活，使用者可以随意灵活分割，建筑空间组织依然不设中心结构，但人们可以在此领略到埃森曼式的中心虚化的时空审美效应。

3. 审美软化的社会效应

审美软化作为当代建筑审美意识的一种新趋势，既具有积极的社会意义，也夹带着一些消极的审美效应。从社会文化发展的角度来看，审美范畴的不断扩展，表明了人类精神文明在美学和艺术领域的进步。审美意识的软化倾向，实质是美学和艺术在当代科学技术与社会经济发展的促进下正在不断发展进步的反映。它反映了当代文化艺术的审美活动已更广泛地深入到了人们的日常生活领域，对提高社会的审美意识具有探索性的积极意义。从建筑审美活动的角度来看，审美意识软化的倾向也反映了当代建筑设计为创造更符合当今功能和人们情感要求的空间环境所作的实践探索，因而具有建筑创新的实践意义和开拓性价值。从积极的社会审美效应来说，后现代主义建筑表现了努力发掘含混折中的形式美，从历史传统、民俗文化和地区特点上寻求对人们情感的补偿，使作品的多样性可以顾及不同层次人们的审美需求。晚期现代主义建筑力求运用现代科技进步的成果，采用新材料、新结构创造了适应当代社会高效率、快节奏生活方式的建筑新形式，表现了高科技与高情感相结合的审美追求。解构主义建筑旨在大胆突破经典美学的法则，开创了游离于传统审美观念之外的，以冲突、破碎、扭曲和不平衡为主题的审美取向。当今各种建筑流派所展示的审美思维角度，对我们建筑审美活动的创新发展，无疑提供了有益的启示与借鉴。

但是，在当代建筑审美意识多元化的过程中，不免会出现良莠混杂的格局，并带来某些消极的社会审美效应。如忽视建筑设计的社会责任，不顾实用功能与经济条件而玩弄纯形式游戏的创作态度；一味追逐时尚、怪异、不顾环境条件、历史文化和社会效益的审美思维方式和不健康的审美情趣等，都会对当代建筑审美文化的可持续发展会产生不可低估的消极影响。因此，我们应在建筑审美活动中，学会对各种审美意识的分析、理解和批判，不断更新与提高自身的审美评价能力。

（三）审美评价的歧见与争议

在美学中，审美评价是价值论的一个组成部分。审美价值并不是审美对象固有的属性，而是对象形式所引起的一种审美体验的效用。如果审美对象的形式满足审美需要，能引起审美主体的愉悦感，那么就可据此审美体验（或经验）断定该对象形式具有一定的审美价值。审美评价就是以一定的审美（价值）意识，即主体的审美观念（包括审美趣味、审美理想和审美标准）为衡量尺度，根据审美对象形式实际引起的审美体验，对审美对象所做的有关审美性质与效果的评判。因此审美评价总是应在审美体验发生之后，并以审美体验为前提和依据，没有相应的审美体验，审美评价是无从进行的。简而言之，审美评价是以一定的审美价值标准与尺度，对审美对象引发的审美性质与效果的一种衡量，实质上则是对审美对象引起的审美主体情感表现的一种测定。它是以审美体验（创造与欣赏）为基础而进行的审美鉴赏活动，是审美体验的总结、概括和提升。因此，审美评价存在于人们所有的审美活动中，存在于审美创造与审美接受的全过程中，当然也存在于建筑造型的艺术创作与作品欣赏活动中。

审美评价所依据的审美（价值）意识，即是一种主体既存的审美观念。审美观念是随着社会政治经济和文化艺术的发展变化，随着自然条件与地区、民族传统和审美主体的差异性而变化的。当代建筑造型多样化发展的趋势，正是不同审美观念多元共存格局的必然结果。所谓审美观念，即应由包括审美趣味、审美理想和审美标准意识的综合考察所构成。其一，审美趣味是指人们在审美的欣赏和判断中，对某些视觉对象或对象的某些方面所表现的特殊喜好和偏爱。在美学上，审美趣味被视为主体审美能动发展水平的标志。它与审美主体审美体验的积累背景直接相关。其二，审美理想是指人们审美意识高度发展的理想产物。它反映着人们对美的事物的一种完善形态的追求、憧憬和向往。审美理想对一定时代、一定民族、地区和一定社会群体的艺术欣赏与创造，发挥着能动的指导、调控和规范的作用。其三，审美标准是指审美评价中依据一定审美观念衡量审美对象时，自觉或不自觉地运用的某种相对固定的衡量尺度。它既是鉴别美与丑的标准，也是考量对象审美价值高与低的砝码。审美标准既具主观性和相对性，又具有客观性和绝对性。审美观念作为审美欣赏的标准、审美创造的范型、审美评价的尺度、倾向和依据以及它的形成与人们的世界观、价值观的形成密切相关。实践表明，任何个性突出，主题鲜明、语言逻辑清晰的建筑形象，应该是审美主体在确定的审美观念指导下，从事造型创作活动的价值取向的严肃表达。若要使建筑造型的创作成果取得社会的认同和肯定的评价，就必然要求造型语言的运用与表达的意涵能融入当时当地社会认同的审美观念,表达出最具包容性的审美(价值)意识。

审美观念的差异,必然形成审美(价值)意识的分歧,并会产生迥然不同的审美评价结果。因此,同一个建筑作品经常会有截然不同的社会评价,而且作品的社会影响越大,社会评价产生歧见的悖反与矛盾也越大。以20世纪末期以来的诸多国内外著名建筑作品为例,我们都可以从中同时听到社会对其截然不同评价的声音。分析研究社会审美评价的歧见及其产生的背景,对于如何在建筑创作实践中进行审美(价值)意识的自我调控和构思方式的选择,具有重要的借鉴与指导意义。社会审美歧见所争议的焦点极为多样,其所涉及的实质内涵也十分广泛,可表现在有关建筑功能与形式构成、工程经济与社会效益、生理需求和心理感受等多个层面上。在不同的设计个案中,审美歧见发生的过程与焦点也各不相同,表现形式往往具有戏剧性的意味,仔细品味,深入研析,必有现实的启发意义。

伴随着社会进步与经济增长,必然出现人类建筑活动的繁荣发展。它不仅表现为建设规模的急剧扩张,而且表现为建筑创作意识的空前活跃。20世纪70年代末至80年代中期,美国建筑正处于这样一个全面发展的时期,也是建筑观念多样化演变的重要时期。在这段时期产生了一批对当代建筑发展具有重大国际影响的作品。正是在这批作品的设计创作到建成使用的全过程中,充满了在社会审美评价上的种种歧见与争议,反映了各种建筑新思潮与传统价值观之间的种种矛盾与冲突。下文即选取数例对当代建筑理论与实践发展具有深远影响的,世界级建筑大师的代表性作品,简要介绍该作品在社会审美评价中存在的主要歧见与争议,以便我们能从全方位的视角来观察与解读这些作品所展示的相关审美信息。

1. 纽约电报电话公司总部大楼(1984年)

由菲利浦·约翰逊/伯吉设计事务所设计的美国电报电话公司总部大楼1984年在纽约曼哈顿正式建成使用。该建筑自设计方案在纽约时报上公布之日起就引来了广泛的新闻报道,之所以成为新闻报道的焦点是因为这栋具有古典风格的摩天大楼是由著名的现代主义建筑大师设计,正如评论所说:"这栋现代化的大楼由于设计格调上的戏剧性转变而变得如此著名,这是建筑史上极少见的现象"。因此,最初有关AT&T大楼评论的焦点并非指向设计本身,而主要集中在建筑大师菲利浦·约翰逊设计生涯中为何要作此破格一举的质疑上。因为从20世纪50年代以后,菲利浦·约翰逊一直被认为是美国最重要的国际主义风格建筑的先锋之一,设计了很多有影响的现代主义建筑,如麻省坎布里奇的玻璃住宅(Glass House),纽约西格拉姆大厦四季餐厅、休斯敦共和银行中心大厦等。然而,他在AT&T大楼的设计中却表现了与当时评论家定义为"后现代主义"的流行趋势结盟的意向。这种由现代主义向后现代主义风格的戏剧性转变,激起了对其建筑方案的强烈批评。批评攻击的建筑形式问题背后,实质上针对的是建筑学界的一位显赫人物(图7-14)。

在对AT&T公司总部大楼的建筑形式的批评中,首先集中在大楼顶部山花的造型上。其三角形的山花中央顶部开了一个圆形凹口。被评论家解释为18世纪英国希宾特(Chippendole)高级家具装饰的幽默化放大。质疑此举"是艺术还是聪明的花招?""该山花形式会事与愿违地被简单视同玩具小屋门口的基本细部……",从而批评"该建筑的影响不是来自其创造性或整体性的风格",而是"故意想借此挑起争议以期炒作推销自己作为不断创新者的形象"。批评的矛头直接质疑设计者的职业道德,认为:设计借助古典建筑语汇,采取投机的手段使其向正在迅速流行的模式(指后现代主义风格)主动靠拢,更认为设计者是"自我中心主义者"、"自吹自擂的专家"。批评反对声势之大,曾一度迫使AT&T公司开始重新考虑该大楼顶部山花造型的原始设计方案的可行性。然而,当其他建筑师纷纷向公司呈送了山花的替代方案后,反而使公司肯定了原先设计是最适当的。因为事实上,肯定与赞许的评论始终存在,然而却保证了设计的最终实现。例如,正当反对声浪汹涌而至之时,纽约时报则采访约翰逊报导说:"设计是想利用该山花提高建筑中间部分,以求增强建筑的整体性和统一性,强调建

(a) 楼群中远景　　　　　　　　　(b) 大楼顶部（左）及底部入口拱廊（右）

图 7-14　（美）纽约电报电话公司总部（1984，菲利浦·约翰逊）

筑立面竖直性和对称性。"再者是"用装饰性的山花造型，本意是要与大楼的古典式的整体造型保持一致，并出自于对 19 世纪 80 年代开始出现的砖石结构摩天大楼的兴趣，因为这种砖石结构高层建筑通常皆有古典式锥形尖塔的顶部"。其他赞许的声音也同样认为"断裂的山花可产生一种极其美妙的观赏效果，即将一个奇妙的罗曼蒂克的视觉元素插入了城市景观"，"优美雅致的拱形山花打破了纽约城市天际轮廓线单调乏味的一致性"。

对 AT&T 总部大楼建筑形式的争议，其次集中在总体设计和大楼底部沿街立面的造型上。赞许者认为"这是一个由令人惊奇的建筑师设计的令人惊奇的大楼，城市将会因为同时拥有两者而更加富有……""高耸的入口柱廊和广场的宏大尺度具有一种振奋人心的效应，加之其古典式的特征，给枯燥乏味的现代建筑统治的城市，提供了一种可以理解的'人文风采'"。并认为其整体建筑形式"预示着建筑史上一个新纪元的到来，以刻板的玻璃和钢铁盒子为特征的国际式建筑时代已经过去了"。批评者则认为："大楼整体形式与其选址环境不匹配是设计方案最严重的败笔之一"，"入口处柱廊高大的尺度使来访者感到渺小压抑……其比例失调，与周围充满人情味的环境氛围格格不入……"实际上，

设计形式引起的广泛争议，其核心源自于对其潜在的设计导向性意义的质疑，也正是设计展现的审美意识倾向才触发了来自现代主义建筑流派对其公开果断的批评与攻击。其意义正如当代建筑理论家查尔斯·詹克斯曾评论道："约翰逊在设计中将现代主义和历史主义的要素混合起来，产生了情趣盎然和适宜的综合效果"，"其具有预言意义的创新之举展示了新的建筑学法则，以某种姿态伸出了包容性的双臂，代表了一种激进的，具有挑战性的新导向。"

2. 华盛顿国家美术馆东馆（1978 年）

东馆由贝聿铭事务所设计并指导建造，1978 年向公众开放。建筑基地地形为直角梯形，位于华盛顿中心绿地与宾州大道之间，东临第三大街，西隔第四大街与原国家美术馆相对。作为老馆的扩建工程，设计采用一个全新的空间布局形态，并在视觉形式上取得了与老馆相呼应的效果。东西两侧的新老两馆皆坐落于同一条东西向轴线上，并共同组成设有喷泉和人造小瀑布的广场，建立了新老两馆的对话关系。广场景观中结合喷泉设置的晶体状玻璃采光天窗，不仅加强了新老两馆共同的轴线关系，而且照亮了广场地下设置的连通两馆的公共大厅。大厅中配置有咖啡厅、餐厅、商店等服务设施和其

(a) 展馆全景　　　　　　　　　　　　　　(b) 室内共享大厅

图7-15　（美）华盛顿国家美术馆东馆（1978，贝聿铭）

他辅助空间（图7-15）。

由于该项工程的显著地位和独特的设计形式，使之倍受瞩目。自从向公众开放以后，褒奖与贬抑之声，充斥于各种大众传媒，社会评价各异。一时间，众多评论质疑东馆的空间布局形式，认为设计把公共活动空间凌驾于具有私密性的展示空间之上，对艺术馆的主要功能不合适。但更多的是对东馆建筑出色解决使用功能、尊重城市文脉、建筑风格象征性的好评。不同评价的争议的焦点主要集中在与建筑形式相关的问题上。

评价争议的焦点首先是关于建筑在场地中的总体布局形式问题（图2-23）。由于基地的不规则形状，为与周围建筑的庄重氛围保持协调，要求新馆建筑边界的完整性是对建筑设计的一大挑战。对设计肯定的评价称东馆的处理方式为"大师级的解决方法"，认为它满足了基地要求，提供了最大限度的可利用空间，圆满地解决了梯形基地的设计难题，并认为东馆像贝聿铭大师其他作品一样，宛如从基地上自然生长出来的感觉。但是，随同而来的反面评价却认为"建筑师对场地的处理是一种过分的文脉主义的反应……""这种对场地的处理方式导致了对建筑功能的严重损害"。由于宾州大道与中心绿地林荫大道成20°夹角，设计借此作为方案几何形式构成的主题，在直角梯形的基地上用一条对角线将基地划分为一个等腰三角形和一个直角三角形。等腰三角形作为展览空间，直角三角形作为视觉艺术研究中心使用，满足了新馆的功能要求。展览用等腰三角形的对称轴线恰好与老馆重叠一致。在等腰三角形的三个端部是三个展览塔楼，高110英尺❶，共同围绕一个顶部80英尺❶的中央大厅空间，展览塔四个楼层有楼梯及电梯垂直联系。三个塔楼之间由二层和四层的天桥水平相连。利用直角三角形地块的研究中心高8层，在其第一层与第四层与展览空间相通，周边研究用房围绕着中央6层高的阅览大厅。事实上，新馆功能在空间布局上得到了圆满的安排。然而，由于南北两侧主干道形成的20°夹角，使设计生成了许多颇受争议的建筑元素，如外墙刀锋般的尖角、大理石铺地和大厅顶部格栅的形状，以及展览空间的四面体采光顶棚，都是由此演化而成的同一个几何形母题。批评者对此三角形母题着迷地运用表示了质疑："到处都是锐角和钝角，改变了正常的透视感，使人丧失了常有的尺度感。"对三角形几何母题所带来的空间利用和交通组织上的局限性提出了更尖锐的批评，主要的建筑学术期刊批评指出："三角形是一个强烈的封闭型空间，对一个向公众开放的艺术馆而言，使

---

❶ 1英尺（ft）= 0.3048米（m）。

用封闭空间是不成功的……"甚至认为"三角形空间的局限性以及生硬地滥用几何母题，使东馆失去了应有的重要地位和庄重氛围。"但具有同样社会影响的《国际艺术》杂志，却赞赏地认为三角形空间是极富感染力的空间形式。

其次，对于东馆与其周围建筑间的关系也倍受争议。部分评论认为新馆在材料和尺度的处理上创造了与周邻建筑和谐的环境效果，并妥善地适应了街道空间的节奏，"在华盛顿公共建筑中扮演了一个恰如其分的角色。"另一部分评论则相反，认为三角形构图形式与周围古典主义的建筑形式产生了矛盾。

另外，有关室内空间的评价同样也分歧甚大。赞赏者认为东馆在其室内提供了一个"庆典式的空间"，同时也为人们仔细观赏展品提供了一个"可以沉思冥想的私密性空间"，这正是建筑师想要达到的设计目标。作为展区空间中最重要的中庭空间，产生了优美动人的动态视觉效果，正如建筑大师贝聿铭在谈到这个中庭的设计时表示："这个充满自然采光的中庭，是一个由城市中心绿地的林荫大道延伸过来的室内广场"，并希望设计能使人们在"这个激动人心的中庭空间中，被扶梯、天桥和走廊产生的动感景观所吸引，而能在此多逗留片刻时间"，"我们需要一个令人愉快的空间，中庭正是为熙熙攘攘的动感景观而设计的"。于是相反的评价也随之而来，认为"这样一个充满动态的中庭空间对观展活动是不利的，它破坏了观展所需的宁静氛围"。并认为"中庭空间的心理地位完全压倒了画廊空间应有的地位，有喧宾压主之感"，对展区中画廊空间只占总建筑面积的12%，且感觉展室狭小拥挤，更提出了强烈的疑虑。《进步建筑》杂志还认为，"联系不规则空间的交通流线会令人迷失方向感，交通流线缺乏逻辑性，……"。

对于博物馆的设计师来说，建筑与展品都是重要的问题。在东馆向公众开放的最初阶段表明，是建筑本身而不是展品吸引了人们主要的注意力。东馆建筑本身被作为一个艺术作品而倍受各界瞩目。赞赏的认为它是当代视觉艺术的一个杰作，是国家艺术馆展品的精华，也是一个充满动感魅力的公共空间。然而截然相反的评论认为"它是历史上最丑陋的建筑，对首都华盛顿城市景观是一种粗暴的摧残……"于是东馆建筑的外部形象和形式风格，一时间众说纷纭，有的认为它最成功之处在于设计了一个十分现代的古典建筑，也有认为它的设计是"保守的古典主义的"，"真正的现代主义的"，以及"是晚期现代主义的胜利"等。人们很难为它贴上一个形式风格的标签，也许它的艺术价值只能用这样的评价来解释，就是东馆的建筑形象"代表了当代道地的美国式的审美意识。"

3. 波特兰市波特兰大厦（1982年）

波特兰大厦原名为波特兰市公共服务大楼，大楼由市政投资并将包容众多城市服务设施：零售商店、观众厅、餐厅、会议厅及艺术展厅等等，预算控制十分严格。迈克尔·格雷夫斯建筑工作室经过竞标获准设计该项工程，并在建筑业顾问菲利浦·约翰逊的赞许下得到了设计委托，这是由于其设计较经济，造型处理采用了更具创新活力的后现代形式。然而格雷夫斯具有创新性的且令人惊讶的设计却引起了城市主管部门各成员间的严重对立。著名建筑理论家保罗·格登伯格在方案确定当初就曾称之为"近30年以来最不同寻常、最有争议和最重要的建筑"和"当代最具深远意义的建筑"。正因如此，大多数波特兰市民和几乎每个美国评论家都对该建筑不同寻常的风格发表过看法，当然也不作为怪了（图7-16）。

围绕由纳税人投资建设的波特兰大厦的争议，其实质是针对设计夸张的形式与其作为公共建筑的象征意义之间的矛盾。由于格氏的设计意念涉及范围极广，又具有很强的争议性，自然引起了相关学术期刊、建筑评论界、政治家和社会公众的强烈反应和非议，并使格雷夫斯屡次成为当时国家电视台NBC晚间新闻的采访对象。因为许多市民认为，该建筑形象只是开了一个象征性的玩笑，它向观赏者传达的是这样的信息："我们的政府是坚强的、庄严的，但又是难以接近的……"因此义愤的市民责问道："为什么把它建得像个神庙？"同时，设计方案也引起了当地建筑师的激烈反对，著名建筑师约翰·斯东指责说："这是一个宠物狗式的建筑，是

(b) 鸟瞰街景

(a) 正面外景　　　　　　　　　　　　　　　(c) 背面外景

图 7-16　（美）俄勒冈州，波特兰市波特兰大厦（1982，迈克尔·格雷夫斯）

一只火鸡"，"希望关心这个城市商业区未来发展的人，一起促使城市管理部门把格氏的'大庙'送到东海岸去"。还有一些具有国际声望的建筑师也同样坚决反对，在给市政当局的建议信中批评该设计是"一个放大的自动电唱机，或是一个特大号的色彩鲜艳的圣诞礼盒"，呼吁应把格氏的设计建在其他某些城市，如亚特兰大或拉斯维加斯等。甚至有批评者攻击设计者大脑不正常，"狂妄自大的建筑与精神病学相关"。甚至指责城市管理部门"纵容格雷夫斯用奶糖样的怪物来损毁这个复兴中的城市"。

尽管设计的许多细节，例如四英尺见方的小窗，装饰性的古典建筑符号等都存在非议，但是，随着工程的进展和最后建成使用，人们却开始逐渐转变先前的看法，并开始有点喜欢它的形式了。曾经强烈指责建筑为"大庙"、"火鸡"、"电唱机"或"圣诞礼盒"的一些专业人士也先后改变了反对的态度，有的评论家道歉的表示"正在习惯它，以前做了相反的评论……"

曾作为主要竞标评委的约翰逊宣称，他对继后发生的争议感到遗憾，而这个设计确是这样的经费预算下最好的结果。尽管反对的舆论在向积极方向转变，但对格氏设计的理念仍不能让人理解，"时代"周刊的评论道："用建筑为波特兰市增加点小趣味是可取的，但这种做法也是很危险的，"其所说的"危险"是指"忘记了建筑的责任——由于对建筑周邻环境的不良影响而将威胁建筑今后延续发展"，也指"它将毒害建筑界的新一代"。从而使批评的舆论转向了形式背后的价值意识的评价，指出设计传达的危险信号是"对建筑真理和诚实性的真正挑战，也是对社会道德和传统价值的一个直接威胁"。总之，在一个很长的时期中，人们对其表达的设计理念仍缺乏认同感。不过，让建筑师本身也感到震惊的是，雷格夫斯也因此在其职业生涯中首次接受了美国建筑师协会 AIA 为波特兰大厦颁发的国际设计奖。

波特兰大厦的获得 AIA 奖，实际上是肯定了它的创新之举，也就是肯定了支持它的评论意见："建筑不能只在平民阶层中交流，而更应在受过教育的阶层上交流"，"建筑师应该具有在我们这个时代的人们所不具备的新视点……"社会评论和非议中涉及的问题已超过了建筑本身的形式与风格的问题，不只是建筑的好与坏，令人厌烦或让人喜欢，漂亮或丑陋的问题，因此它更令人值得深思。

从上述几个实例可见，尽管建筑设计方案是经由公开竞赛选定的，也就是由业内专家评审认定的最佳方案，但是绝对相悖的社会评价却总是存在的。评价争议的最初焦点也大多是有关建筑造型与形式的审美理解上，并且争议可以存在于从方案选定直到项目建成甚至使用后若干年的漫长过程中。似乎争议越大，越激烈，该建筑的著名度也越高。因此，社会评价中争议的存在，并非皆是消极的作用，相反却可成为传播和接受设计新观念的积极因素。当然，其间可能是故意制造争议并利用大众传媒扩大社会宣传效应，从中获取商业利益的市场竞争策略与手段却也令人难以分辨。

4. 休斯敦最佳产品展销厅（1978年）

最佳产品公司通过遍布全国的展销厅经营各种产品的销售。这些展销厅广布于城郊的各购物中心广场上，其标准化的建筑规模与形式通常并不引人注目，然而使休斯敦展销厅名声大噪的是它的别出心裁的造型设计。该展销厅是由众所周知的赛特（SITE）设计工作室设计的。该设计工作室当初是由刚进入建筑业界的青年设计师群体

图 7-17 （美）得克萨斯州，休斯敦最佳产品展销厅（1978，赛特设计工作室）

组成。创始人群体中各不相同的兴趣与专长，使赛特工作室的设计作品充满了活力和争议。这个年轻的设计组织所具备的特质，正符合最佳产品公司要为展销厅设计一个"引人注目"的立面造型的要求，于是委托赛特（SITE）设计了一系列非同寻常的展销厅立面造型。休斯敦展销厅其别具一格的立面造型，主要表现在两侧外墙惊人的形态上：外墙破碎的缺口好像正处于坍塌的状态，大堆墙砖堆积在具有防护作用的雨篷上。业主对此极为满意，也被一些思想激进的评论家大加赞赏，然而同时也遭到了社会各方的尖锐的批评和嘲笑。业主满意的是它的造型确实达到了"引人注目"的商业目标，建筑造型似乎表现了在一股潜在的破坏力作用后产生的戏剧性的残留物，公众普遍的感觉则是惊叹其疑似"一次飓风袭击后的效果，或可能是被一架飞机撞毁后的结果"。最佳产品公司甚至认为，花钱建造这个"废墟"式的立面造型非常值得："休斯敦展销厅的立面设计仅花费了总造价的 5%，然而同时却使其营业额创纪录地突破了预定目标"（图 7-17）。

尖锐的批评首先反映在建筑学术界，著名建筑学术期刊《建筑评论》以嘲讽的口吻责问"赛特工作室是因为发觉设计创新的困难，才设法给现代建筑添加新的涵义吗"？其他建筑杂志也质疑设计是"要使建筑沦为新的概念化城市艺术的附属品，然后随着时间的推移而共享荣耀的观念"，《华

盛顿邮报》则尖锐地批评："该设计是对同时代建筑创造的一个讽刺，形似一个建在18世纪花园中的艺术性废墟……""它是赛特设计观念的自我宣传"，总之它的废墟式的视觉形象令人一时难以理解与接受。

然而，当该设计在商业上获得成功后，赛特设计的观念由于依照商业的价值来定位而逐渐被社会各界所接受了。著名建筑学术期刊《建筑实录》评论道："几乎没有哪个商店曾被作为建筑作品讨论过，而且商业建筑也似乎从未吸引过富有想像力的创作"。但是，"最佳产品展销厅"却是空前的创作实例，"它是一个充满生气的好作品，因为它在令人吃惊的造型上同时包含了人们熟悉和不熟悉的因素，……就像在鞋盒子里放了一枚炸弹"。"是对形式追随功能的现代主义建筑理念的严重挑战"；"是对当代愚笨不化的建筑设计现状的极大嘲弄——那些到处可见的愚蠢的建筑设计作品倒是应该全部坍塌掉……"《基督教科学箴言报》则从哲学的角度评论道："赛特建筑设计的工作是对一个只知索取的，高度物质化的美国社会的严肃的艺术信号"，"它作为一个社会政治的宣言书，直指美国的社会生活方式，是对美国社会最终瓦解的一个警告……"

事实上，最佳产品展销厅的立面造型在建成后的若干年中，一直吸引了比当初更多的争议，更多的社会媒体的评论分析，也吸引了更多的参观者。它甚至登入了美国旅游值得观看的景点的名录，成为20世纪七八十年代最有影响力的建筑之列。继而也使赛特设计的工作获得了社会更大的认可，具体反映在它的其他作品和出版物也继之纷纷获得了各种奖项。赛特设计的成功之路，可以用著名建筑学术期刊《建筑实录》1984年刊载赛特设计的五个新作品时所作的评论来理解："只要当前对实现建筑设计意念和涵义的途径尚未形成一致的观念，那么令人注目的'最佳产品展销厅'的立面设计就应在当代有争议的也就是最有活力的建筑作品中占有一席之地"。实际表明，正因为当代建筑思潮的紊乱和建筑观念的多元化，也才为各种"令人注目"的建筑表现提供了空前自由的舞台。

5. 新奥尔良意大利广场（1978年）

位于新奥尔良市历史核心区边缘的商业街区中心的意大利广场，是一项由各种商店，写字间和餐馆组成的复杂艰巨的工程项目，建设工程须分五个阶段来实现。然而仅在只包括广场和喷泉在内的第一阶段工程建成后，就引来了公众空前的批评或褒扬。激烈的诋毁者在媒体中将喷泉比作"丑陋的天鹅"、新奥尔良的"康尼岛"（纽约港的避暑地）和一个"建筑的玩笑"，社会评价从"畸形"、"怪胎"到"杰作"等截然不同看法都有，众口不一，并被重要建筑期刊《进步建筑》称为七八十年代最具争议的建筑之一。其实，相关的争议从设计项目前期策划阶段就开始出现了。首先发生在有关现存旧建筑的弃留问题、选择建筑师和设计方案的计划上。但是，最终还是通过竞赛选择了胜出方案：奥古斯都、佩诺兹和新奥尔良组合，查尔斯·W·摩尔和来自洛杉矶的城市革新组为并列二等奖方案。最终实施方案则是上述胜出方案的综合结果。其中广场设计方案参照了伊斯库和海德提供的圆形方案，而不是查尔斯·W·摩尔的椭圆形方案。然而，围绕广场按同心圆排列的拱门是按摩尔的建议实现的。环形拱门组成的柱廊代表着五种罗马柱式。塔斯干、爱奥尼、科林斯、多立克和组合柱式。在半圆形柱廊的圆心处，围合成一块神圣的空间，作为意裔美国人过圣约瑟夫节时的祭坛。地面用大理石和鹅印石砌成意大利半岛的地图，西西里岛位置正处于这个空间的几何中心。因为大多数新奥尔良市意大利裔市民的祖籍是在西西里岛，以此作为纪念性的标志。水流设计在地图的缩尺模型上分为三股，分别代表奥诺阿、普欧河和台伯河，水流最后汇流到两个容器里，分别代表第勒尼安海和亚得里亚海（图7-18）。

然而随着广场中各种活动的展现，人们开始变得越来越喜欢这个场所了。意裔美国市民社团在此热心地用作社区活动的纪念中心，将喷泉的美景形容为"视觉震撼"和"触及人的灵魂"的地方，认同广场是一个享受故乡美食和进行温馨交谈的地方。建筑造型展现了意大利传统和现代美国设计文

七、当代建筑造型的审美格局

(a) 广场中心景观

(b) 夜景

(c) 设计模型

图 7-18 （美）路易斯安那州新奥尔良意大利广场（1978，查尔斯·摩尔）

化的生动结合。媒体评价的赞许声逐渐压倒了批评和诋毁的声音。1984 年《进步建筑》首先作出了赞扬的专业评论道："伟大的建筑可以激发人们的赞美、尊敬、敬畏等庄严肃穆的情感，但是很少有建筑会让参观者心中激起浪漫、温馨、欢悦和挚爱的情感，然而意大利广场却是一个为数不多的例外之一"。"意大利广场代表了当代建筑中仍沿用古典建筑题材的最完满的表现，……并将深厚的情感倾注于所用的古典建筑语汇中。""意大利广场的幽默是对人的价值和现实生活的反映，是对生活愉悦而不是乌托邦式理想的表达，应该可以相信建筑远远不止是一种社会职责……"美国新闻界也开始大加赞赏，《新闻周刊》评论指出："该建筑是对国际式建筑的反叛，也是对现代主义崇尚的乌托邦式的光洁，理性和高效建筑的反叛"。《纽约时报》更肯定地认为："这个纪念性的建筑是近代美国建筑史上最有意义的城市空间之一，广场自身功能具有一种教育性，观赏者可以从中学到关于当代、现代和各历史时代有关的建筑知识……"

尽管市民在参与广场中各种活动的过程中改变了社会评论普遍的倾向，但对于一般建筑设计从业者来说，一时还难以改变既有的建筑观念，他们所持负面的评价依然存在于各种媒体中。负面的评价将广场形容为畸形的、丑陋的、粗俗的和肤浅的后现代主义的做"秀"。认为"它的陈腐和华丽的虚空效果是故意为之的诙谐，是对美国迪斯尼精神的拙劣模仿"。并将设计者视作建筑的喜剧演员。然而职业的评论家和建筑理论家已逐渐清醒地认识到了社会评价的真实反应。对于意大利广场受到社会公众广泛赞许的客观现象，著名建筑理论家查尔斯·詹克斯的分析将有助我们理解其中深层的原因。他指出："意大利广场代表了后现代主义建筑的实质性的特征，……它作为后现代建筑的成功实例，表现在多方面，……各式各样的人会因为各自不同的理由而欣赏和理解这个纪念性的建筑物。建筑历史学家可以因为它能使人回忆起古罗马皇帝的海上剧院而欣赏这个广场，并借此理解由文艺复兴定制的有关精确比例的古典柱式。意大利人和意裔美国人也会欣赏它，那是因为广场引用的像古罗马式的喷泉，它的含有拉丁文字的雕刻以及在地面上复制的意大利地图。对现代主义者的吸引力则体现在它对现代技术和新型材料的独特应用上，如拱形柱廊上抛光的不锈钢柱身和富丽华美的意大利大理石墙面等……"

6. 华盛顿越战退伍军人纪念碑（1982年）

美国越战退伍军人纪念碑建设过程中发生的种种争议，比近年来所能想到的任何建筑作品所产生的社会争议都要多。因为有关该纪念碑建设方案的争议已不只是单纯与建筑形式相关的审美观念问题，而是涉及政治态度的更为广泛的社会意识形态的问题。争议的影响面波及社会各界，包括退伍军人组织、建筑师协会、联邦政府的立法机构以及参与争辩的每个国民。纪念碑建设确是一个令人着迷的争辩过程，整个过程反映了建筑设计及其延伸的社会意义，反映了纯粹形式与政治的联想，也反映了政治意识的参与及妥协。整个过程是一篇各部分利益集团之间的相互指控和反指控的生动记载，其结果则是一个属于广大公众的纪念碑的建成。自纪念碑于1982年揭幕落成以来，它已成为华盛顿参观人数最多的景点。总而言之，它已成为一个成功的建筑创作实例。回顾其跌宕起伏的建设过程，可以启发我们对社会审美评价意义的深层思考。

1979年4月由一个越战退伍老兵发起而创立了越战退伍军人纪念碑基金会（VVMF），致力于纪念碑建设的筹备工作。经过近一年的筹划后，向国会提出了在首都西北角制宪花园约两英亩的基地上建碑的申请。选择该地点是因为它邻近象征国家安定的林肯纪念堂。申请很快获得参议院的批准，然而却在众议院遇到了阻力，要求由内政部负责选择碑址，揭开了整个建碑过程中众多利益争斗和政治冲突的序幕。1980年6月参众两院最终达成共同议案，议案规定任何由VVMF选择的设计方案必须经过联邦内政部、杰出艺术家委员会（CFA）和国家首都规划委员会（NCPC）的批准。这个议案由卡特总统正式颁布时，很难预料到将会发生的方案选定的复杂局面。

1980年11月由越战退伍军人基金会（VVMF）正式发布方案设计竞赛通告和相关说明，竞赛参加对象面向18岁以上的所有美国公民。竞赛说明指出，纪念碑应赞扬在越战中服役的所有美国军人，包括已牺牲的、下落不明的和仍能活着回家的美国军人。纪念碑应能表现出国家的尊严和意志。设计方案不限任何形式，只要求纪念碑应具有个性特色，并与用地相邻的林肯纪念堂和华盛顿纪念碑相协调，同时要求纪念碑体必须能列出全部57661名牺牲者和约2500名下落不明者的姓名。竞赛说明还强调纪念碑方案的非政治性，旨在赞扬牺牲精神，唤起人们对失踪者和越战老兵的记忆，而不是对战争本身。要求纪念碑的形式应能安抚战争所带来的灾难与创伤。共计有1420个参赛者呈送了设计方案，成为美国与欧洲有史以来规模最大的设计竞赛活动。1981年3月由18个成员组成的评审团，经过审慎筛选，最终一致选定耶鲁大学建筑系四年级学生林樱（Maya Yinglin）的1026号作品为优胜方案（图7-19）。

林樱设计的方案是一个V字形平面的墙面，V字形每边长200英尺❶，用黑色花岗石饰面，在墙面上刻着越战死难者及失踪者的姓名。墙身顶部与地面相平齐，墙身底部由V字上端两角向下端交角处逐渐沿坡下沉，交角处墙面高度为10英尺❶。V字形平面东端指向一英里外的华盛顿纪念碑，西端指向约600英尺❶处的林肯纪念堂。墙面上的姓名按战士的死亡时间顺序排列，排列行数随墙面高度由起始的一行逐渐增加。评审团在给越战退伍军人纪念碑基金会（VVMF）的总结报告中对中选方案作了热情的赞扬："在所有提交的方案中，该方案最能体现所需要的精神，是一个深思熟虑的方案，与它所处的基地环境极为和谐，设计可让参观者免受城市交通噪声干扰，开敞的空间形式可促使人们能随时随意接近纪念碑。碑体形式和材料简洁大方，刻满名字的纪念墙成为一个可供人们静

---

❶ 1英尺（ft）= 0.3048米（m）。

七、当代建筑造型的审美格局

(a) 远观全景

(b) 参观人流

(c) 纪念碑近景（尽端指向独立纪念碑）

(d) V 形碑体交汇处

图 7-19 （美）华盛顿越战退伍军人纪念碑（1982，玛雅·林璎）

思和令人慰藉的地方，这是属于我们这个时代的纪念碑，是别的时代和地点所不曾有过的纪念碑。设计创造了一个用于心灵交流的空间，与天、地和熟悉的名字间的直接对话，可给想要知道一切的人提供相关信息"。VVMF欣然接受了评审团最终的评审结果，并为获得了这个简洁的设计形式而感到兴奋。

最初对该设计方案的反映大多是愉快的，是支持评审团的选择结果的。但过后不久，在新闻媒体上就出现了越战老兵的不满声音，认为设计只是赞扬了死者，而忽视了幸存者。指责将越战军人当作纯粹的牺牲品，没有给他们的经历赋予任何价值和意义。同时，也有建筑评论认为设计采取了不适宜的现代形式，将会脱离美国公众。尽管不同的评论已开始出现,但设计仍受到首都规划委员会（NCPC）和杰出艺术家委员会（CFA）的热情支持。直到半年后，公众舆论开始变得严峻起来，政治倾向保守的《国家评论》期刊首先发表了反对该纪念碑设计方案的评论，称它是"国家的耻辱，对勇敢精神的侮辱和对死亡的纪念"，并认为纪念碑的黑色是表现了反战情绪，平面V字形设计是反战运动的标志。媒体的这一评论激起了更多幸存的越战老兵响应的反对行动。于是，越战老兵代表在CFA的会议上提出要求重新考虑对设计方案的批准。他们认为没有越战军人参与的设计竞赛评审团有这样的反战情绪是不可避免的。并指出，由于设计者只是从生活中了解战争的感觉，所以才会认为用一直陷到沟里的黑色墙面更适合表现这个国家的政治性战争。他们尤其反对纪念碑黑色的墙面，称它是"羞辱的、降低人格的沟渠，一个令人悲愤的黑色裂缝"，要求建立白色的纪念碑。接着在《华盛顿邮报》公开发表了反对意见，并建议更改形式以赞扬尚还活着的越战老兵，而不是强调死亡的悲伤。要求设计将墙改为白色，并升到地面以上，在墙的顶点树立美国国旗，作为表彰忠于国家的贡献和体现荣誉的标志。此时一个曾资助VVMF发起设计竞赛的金融家，也在反对中选设计方案中扮演了重要的角色。《美国艺术》期刊披露了这一情况，并让设计者感到此人将会散布关于她和某些评委是共产主义者的流言。后来，流言的传播也确实发生了，VVMF被迫发表声明予以澄清，称他们中绝大多数是越战老兵，没有一个共产主义者及反战分子。竞赛评委们也以最佳职业判断方式选择方案，仔细排除任何政治偏见，"不会让任何一个反战反美的设计方案通过"。而且说明了越战老兵在评委资格审查中的重要作用，现任评委中就有四个评委曾是在别的战争中的退役军人，还对采用黑色花岗石墙面的优点和墙上名字排列方式作了详细解释。同时VVMF也宣布了一项设计修改决定，以安抚那些认为没有赞扬他们幸存者的老兵。修改决定在墙面碑文前雕刻"谨以此纪念美国军队在越战中献身和失踪者……"并在碑文最后再刻上"我们的国家钦佩这种勇气、牺牲和对国家职守的忠诚"的赞扬之辞，同时还宣布决定增加设置美国国旗，以提升褒奖意义。同时，在《华盛顿邮报》上刊登了设计者的解释，在《纽约时报》、《时代周刊》等众多专栏评论中也都为林樱的设计方案作了辩解，赞扬其纪念碑形式的非政治性，认为越战老兵要求的更具英雄主义的纪念碑将会具有政治性，这是不必要的，甚至是具欺骗性的。原先持反对意见的《国家评论》杂志，也开始转变态度，承认当初作了"不成熟的评论"，于是社会舆论出现了有利的变化。美国建筑师协会（AIA）给设计者颁发了特别奖，并称赞"她是在别人呐喊时发出柔和的音调"，表彰设计者"能发现表现悲伤情绪的相应形式，悲痛就是表现战争的基调"。于是，设计方案获得了首都规划委员会的同意，纪念碑实施计划向前迈进了一步，并计划于1982年2月举行奠基仪式。

尽管建碑计划得到了新闻界、建筑界的广泛支持和政府相关部门的批准，但是，方案反对者仍没停止斗争。在首都规划委员会（NCPC）批准决定后的第四天，越战老兵们结集发起舆论抗议，宣称林樱的设计方案具有侮辱性，坚持要求将碑面颜色改为白色，将墙体升到地面上，要设置一面美国国旗。新闻专栏也发表评论支持越战老兵的要求，强烈批评设计意象表现了左翼的反战的政治倾向。继后，老兵事务委员会在国会山组织了五十个议员联合签名反对实施方案，并将信呈送给里根总统和内政部长。信中指出："我们感到这个设计具有羞辱色彩，而非对国家的光荣、勇气、爱国主义和人们贡献的表彰，应考虑重新建立方案评审团"，此信被转发内政部办理。据新闻披露，由于内政部长原来就不喜欢该设计方案，称它是"一个叛逆的行为"，并出于对他的选民中反对者的安抚和对强烈不满的越战老兵可能发生阻止纪念碑建设事件的担忧，内政部改变了原来的态度，要求设计作出修改，否则不会同意该设计方案。VVMF为尽快完成纪念碑建设，召集了由支持者和反对者同时参加的会议，双方经过激烈辩论，总算在一位美国海外驻军将军的建议下达成了一项协议。协议同意按原定方案建碑，但要增加两项内容：美国国旗和战士群雕像。这样才使内政部·CFA和NCPC很快同意了纪念碑正式开工建设，但保留了最后审批权，直至两项修改最后建成落实。

然后对实施方案的争议并未因此结束，有关国旗和雕像的位置却成了下一轮争议转移的焦点。支持者和反对者对其设置位置又展开了新的交锋。首先，设计者对增加国旗和雕像的修改决定提出抗议，指责VVMF破坏了设计竞赛程序，修改破坏了设计的完整性，觉得加上旗杆好像高尔夫球场。竞赛评委也表示失望，美国建筑师协会（AIA）也反对给获奖方案作任何修改，指称任何修改都将破坏原方案的精神。对此指控，越战老兵愤慨回应："这不是林樱的纪念碑，也不是雕塑家的纪念碑。它是美国人民为越战军人建造的纪念碑——不管在艺术上有何冲突"。接着当雕像作品完成展示时，雕像本身未带来多少评论，却再度引起了对修改的争议。《纽约时报》概括争议的核心是认为雕像的设置不仅破坏竞赛的公正性，也将毁损纪念碑的中立性，而产生政治性倾向。同时，AIA 也向 CFA 指出方案的任何改变都会侵蚀初始方案的特点。然后，CFA 在批准雕像的构思和旗杆的设置时，否定了 VVMF 对设置地点的选择方案，就是将旗杆立于 V 字形墙顶点后 40 英尺❶处，雕像设置在墙顶点前 170 英尺❶的树丛中。CFA 建议将雕像和国旗一起设在人流主通道一端，形成纪念碑的入口区，这样能同时满足设计者和 AIA 维护原来方案设计完整性的要求。但是因此激怒了要求修改设计的支持者，他们扬言如果不把雕像与碑墙靠得足够近，他们将另行择地另建纪念碑。就在对国旗和雕像的安置地点还在争论不休之时，完全按原设计实施的纪念碑在 1982 年底正式建成开放。舆论对纪念碑几乎是一片赞扬之声，人们被感动得久久站在纪念碑前，轻轻抚摸墙面甚至深情地亲吻它。然而，反对初始方案的人仍不满意，并发起了抵制 CFA 建议的修改方案的行动。AIA 主席向国会提交了公开信，要求全体议员不要再支持反对者而使设计政治化，于是在众议院还是通过了反对 CFA 修改建议的议案。但是参议院完全驳回了这一议案，使争议演变成了政治性事件。

VVMF 疲于各种政治性干扰，迫切希望早日完成纪念碑建设，敦促内政部向 CFA 呈送由各方提出的三个方案：VVMF 的雕像、国旗与碑墙顶点成一字排开的方案，CFA 的将雕像、国旗集中设于入口一侧的方案。和 AIA 提出的将旗杆设于入口处而雕像设在纪念碑与林肯纪念堂之间的树丛中的方案，VVMF 表示他们可以同意其中任一个方案。1983 年 2 月 CFA 举行关于地点选择的协商会，各方展开了激烈的辩论。AIA 提出的方案被完全否定，争论集中在 VVMF 的成排方案与 CFA 的入口方案上。由于几个国外战争的老兵、越战老兵和哈佛大学建筑规划系主任都认为入口方案更为可取。会议最后决定支持 CFA 的入口方案，越战老兵应放弃 VVMF 提出的方案。认为将雕像置于碑墙前会削弱碑的影响，同时降低雕塑的空间作用，国旗置于墙后将对草地平静的地平线及碑墙的崇高性构成侵害。相反，如果国旗和雕像同设在入口处，不仅使国旗相当明显，而且使雕像得益于树丛的衬托而比例适度，如雕像越靠近纪念碑则会越显得矮小。接着首都规划委员会（NCPC）也通过了 CFA 的入口方案，最后提交内部政批复，终于结束了争论了几乎两年的纪念碑形成问题。

分析引起争论的根本原因，美学理论界提出了两种诠释：一种认为是社会精英阶层与普通公众在审美观念上的矛盾，就是指竞赛评审团的现代审美观与广大公众的传统审美观间的矛盾。即在这些精英们看来，很顺眼的现代纪念碑形式，在不习惯的公众看来，只会觉得是传统葬礼使用的形式。另一种不同的诠释认为是因为政治性的根本分歧。正如《华盛顿邮报》分析指出"由于战争本身的原因，国家仍对越战老兵和军事指挥的评价存在严重分歧……"并暗示林樱的设计方案既有反战的一面，也有宣扬战争的另一面，不同政治倾向者只注意到了相反的一面，尽力想在设计中找出他们认为缺少而必须的东西。只是在争议各方感到疲于永无休止的相互指责时，以模糊策略达到妥协才成为唯一可行的选择。尽管纪念碑的建成结束了争议各方社会力量的交锋但并未结束社会评价的现实分歧。

建筑审美领域普遍存在的社会歧见与争议，不仅强烈地表现在美国当代建筑发展的历程中，而且也同样出现在当前我国建筑发展的进程中。20 世纪 90 年代后，我国社会经济的迅猛发展，社会意识形态氛围日渐宽松与开放的相应变化，不仅使我国广阔的建设领域形成了世界上规模最大的建筑市场，而且也为建筑艺术创作的繁荣发展提供了空前有利的社会环境。同时，随着众多国外设计机构的进入国内市场，国外新奇多元的建筑思潮也相继登台亮相。我国众多重大建筑项目的设计招标活动，成了

---

❶ 1 英尺（ft）= 0.3048 米（m）。

标志性建筑项目——国家剧院工程、2008奥运会主要设施，以及2010上海世博会工程等重大建筑项目的国际性招投标活动中，皆有不同的表现。其中最为引人关注的是国家大剧院建筑方案的国际征集活动，社会有关各界在实施方案的选择与评价过程中产生的严重分歧和复杂的争议，已给人们留下深刻的历史记忆。可以认为，这是我国建筑设计市场向世界开放后，首次出现的一次公开的、涉及面最广的有关建筑评价的大争论，对我国建筑评论活动的发展颇具里程碑意义。在此回顾相关争议，显然具有重要的理论与实践意义。

7. 北京·国家大剧院（2007年）

国家大剧院的建设从20世纪50年代起就已开始筹划，几经论证与策划，历时40余年，直至1997年中央最终决心由国家投资在北京天安门广场、人民大会堂西侧兴建国家大剧院。为了能将该工程建成国际一流的艺术殿堂，政府决定举行设计方案的国际竞赛，以求征得最佳设计方案。在16个月的时间里，经过两轮竞赛三次修改，多次评选和论证，才产生出最终实施方案——法国巴黎机场ADP保尔·安德鲁（PAUL ANDREU）提供的方案（图7-20）。对此评选结果，起初并未公开报导，但在知情的两院院士和北京一些建筑专家中已引起了强烈的反对和批评。认为该设计不科学、不合理，先后上书中央，要求对设计重新审议，并容许建筑界展开讨论。对法国建筑师安德鲁方案的不同评价与争议，由此逐渐公开在网页上、专业杂志和港台媒体上，国内新闻媒体似乎采取回避态度。国内建筑学核心期刊载文披露"对安德鲁方案存在截然不同的两种评价"。一种为业主委员会所赞赏并坚持实施的意见。认为设计的造型前卫、新颖，对天安门广场及长安街的改造，对北京乃至全国建筑设计的创新，将产生积极影响。它将成为我国一定历史时期文化建筑的里程碑，并公开宣称它是"北京21世纪的标志性建筑"……它独特而有创造力，是充满诗意和浪漫的建筑……它的意义超过了建筑审美的范围，给中国建筑界带来一种创新的风气，可能会成为中国未来的一个符号。另一种是以建筑专家

(a) 鸟瞰

(b) 透视

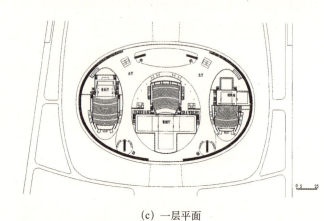

(c) 一层平面

图7-20 北京国家大剧院（2000~2007）（1）——（法）巴黎机场公司方案（保尔·安德鲁）

国际建筑师争相展示设计水平和最新设计理念的广阔舞台。众多具有国家性象征意义的重大建筑项目，也相继采用了由国际著名建筑大师和设计机构提供的设计方案。这不仅对我国建筑业界与学界形成了强大的冲击和挑战，而且因为中外设计观念和审美文化的根本性差异，而引发了在审美评价上的巨大分歧和剧烈争议。这种分歧与争议在具有重大社会影响的建筑项目中表现尤为突出。如在重要城市的

七、当代建筑造型的审美格局

(a) 清华大学建筑设计院第二轮方案

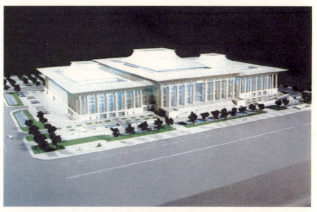
(b) 北京市建筑设计院方案

(c) 原建设部建筑设计院方案

(d) 清华大学建筑设计院第二轮第三次修改方案

图 7-20　北京国家大剧院（2000～2007）（2）——主要国内设计机构参赛方案

评委中多数委员会为代表，并由给中央上书的49位两院院士和114名建筑及工程专家一致提出的意见。认为该设计方案严重不科学、不合理，造价超一流而功能仅是二三流，脱离中国实际，无视中国传统文化，是典型的形式主义的作品。严重破坏北京古城中心的历史风貌，给我国建筑设计方向带来不良影响。同样持批评态度的意见也纷纷出现在香港和国外新闻媒体上。香港《南华早报》登载道："美籍华裔建筑大师贝聿铭指出这个剧院太大了，不如在不同地方建2～3个小一点的可以为普通百姓服务，也节省造价。"《明报》刊载意大利评论家来稿称："安德鲁设计彻底破坏了古都的庄严肃穆，喧宾夺主，严重损害了中国文化的最高象征，伤害了中国人民的民族感情。"竞赛评委之一，加拿大著名建筑师科尔克兰德(M.Kirkland)也来信批评道："大剧院实施方案无论从形式和实效方面都表现出排斥的特性。将自身同城市和公众隔离开来，破坏了北京城古老的以及正在逐渐形成的现有空间体系。为建造一个现代、前卫的建筑，拒绝与中国传统建立任何关系的设计是愚蠢的。如在他们自己国家建造也将会受到指责。"法国媒体批评也集中在它的设计形式与中国的环境、中国首都的特色极不协调方面。法国著名建筑评论家爱德曼在《世界报》批评安德鲁匪夷所思的海蜇式的歌剧院"是近半个世纪各种建筑中最令人惊愕的作品之一。它与贝聿铭设计的卢浮宫玻璃金字塔不可同日而语"。国际权威建筑杂志《建筑评论》——《A·R》在一篇题为"无法无天"的社论中尖锐地批评指出："这个设计形式与北京城市中心和其他任何现有建筑完全不协调。安氏用他的奇才创造了一条水下100m长的隧道，人们得先钻下去再钻上来。其实一个桥会更直接更方便，但是他怕那样会捅破他那个完美的粪团（BLOB 美俚语）。人们进入这个建筑后，会被机场大厅式的空间所包围，没有方向感，不知身在何处，更不用说各个剧院的自我特色或个性了"。

安德鲁设计的中国国家大剧院，其建筑面积约 26 万 m^2，占地 11.89 公顷。按设计任务书要求，内部包括歌剧院（2500 座）、话剧院（1200 座）、音乐厅（2000 座）和小剧院（500 座）四个剧场，全部罩在一个长 218m，宽 164m，高 46m 的钛合金骨架的密闭玻璃外壳中。其周围是 3.40 公顷的水面及 100m 长的水下入口通道。他在首轮提交方案中即提出了"城市中的剧院、剧院中的城市"为创作主题。他在向媒体介绍时认为，他的设计不但外形很美而且内部功能齐全，像个城市，有许多街区，在漂亮的屋顶下各个建筑能够相互补充，从而形成一个微型城市。当国内外各种反对意见纷纷提出后，他自信地认为他的方案绝不会被修改，并得意地列举埃菲尔铁塔、悉尼歌剧院、蓬皮杜文化与艺术中心、卢浮宫玻璃金字塔来说明创新就是打破传统秩序，创新的设计在开始时总会被人们反对的，建成后就会成为传世之宝。"我坚信多年以后它会被大家接受的，即使是现在反对的人"。他还非常自负地说："贝聿铭在法国巴黎市中心设计了卢浮宫的玻璃金字塔，我也在中国北京市中心设计了大剧院，这是一种对称的感觉"。他在给《世界建筑》杂志的短文中坦陈："每个设计项目都是一个新的冒险，充满着想不到的激情和喜悦"。

面对国内外业界人士的各种批评，安德鲁有关设计方案所作的陈述与辩解，自然也得到了国内一些赞赏者和合作者的支持。他们通过比较分析 69 个参赛方案（国外 37 个，国内 32 个）中，国内方案与国外方案的明显差异，认为评价产生分歧与争议的根本原因是东西方文化的巨大差异。不同的文化产生不同的设计观念，不同的设计观念产生的设计思路也自然不同。同时认为，这种差异性自然也反映在东西方评委身上。可以说整个方案评选过程都是在东西方不同文化、不同观念的交锋中进行的。中国评委们大多把体现中国传统文化，要求与周围环境在形式上协调及反映中国建筑文脉等问题看得十分重要。西方评委们则更注意设计面向未来，重视设计创新和突破，强调设计是时代的产物。然而，这种赞赏西方创新文化，贬斥中国守旧文化的理论说辞，更激怒了一批持反对意见的业内人士。他们在国内核心学术期刊《建筑学报》上撰文予以驳斥，在《我们为什么这样强烈反对法国建筑师设计的国家大剧院方案》一文中，正式公布了 114 位国内权威建筑专家联名建议撤销安德鲁设计方案的事件和反对的重要理由。这是新中国成立以来，首度为一个国家级建筑设计方案所发生的争议事件。该文中简要陈述了五个重要的反对理由：

（1）从总体的空间组合上，是绝对的形式主义设计。加拿大评委科克兰德认为"这种形式主义的设计在西方无论是政府或私营私业主都不会允许它实施。如果在中国钻了空子，万一不幸实现了，将是现代建筑史上最荒谬的大笑话，我们也可以烧掉所有建筑学的教科书了"。

（2）从教育背景上可以认定安德鲁没有资格来设计如此庞大和复杂的建筑。安德鲁的大学基本教育是公路桥梁工程专业，没有学过建筑师必备的基本学科，如何能把握好建筑设计中的各种复杂的功能、美学、文化与环境协调的问题。

（3）方案的选择不是中西文化冲突。这种说法是在暗指反对者都是保守的中国老古板。中西文化在高端应是互通相融的，只有西方不是上流的文化才会与中国正统主流文化相冲突。迷信西方《未来派》是对中国文化认识和信心不足的表现。

（4）安德鲁对设计的辩解和得意的比喻是十分牵强的。以埃菲尔铁塔、悉尼歌剧院、蓬皮杜文化与艺术中心，以及卢浮宫的玻璃金字塔为例，说明创新设计在开始时总会遭人反对，建成后却会成为传世之宝，并以此为由驳斥反对者是没有根据的"以此类推"。

（5）欧洲城市因文脉强劲而显美，北京城市文脉却正在淡化消失，如果再建一个安氏"未来派"的外星"粪团"，那将是给北京业已衰弱的城市文脉雪上加霜。是与建筑师职业道德格格不入的犯罪行为。

与这篇强烈反对安氏方案文章同时发表的还有《我读国家大剧院实施方案》一文，却对安氏设计方案大加赞扬，似乎还从实施方案中发掘出了连安德鲁先生自己都未想到的许多设计妙处。文章称："保罗·安德鲁创造的大剧院室内外空间充满了智慧与诗意，是理念与浪漫的高度结合"，"大剧院的外部形象与人民大会堂的内部空间都有一个'水天一色'的相同内涵……也许是一种新观念与旧传统的某种关联吧"，作者并认为对于其外部形象"将其比作明珠落玉盘更为妥当"。由此看来，对于安氏的设计方案，我国建筑界人士的感受与评价同样存在如此巨大的差异。究竟该如何评价安德鲁设计的方案？方案展示的国家大剧院的形象将会给国人怎样的感受？是像外星降落的"粪蛋"，还是奇异精美的"珍珠"呢？还是等待事实说明吧。

有关设计的审美评价一时难以取得一致的认同，迫于建设周期既定，国家大剧院工程如期开工建设，业内人士的剧烈争议也至此终告结束。2007年12月，人们期待已久的国家大剧院经过七年余的紧张施工，终于可向公众开放了。这座由钛合金与玻璃构成外壳的宏伟建筑，其巨大的穹顶在湖水环抱映照下，熠熠生辉，宛若一颗精美的珍珠，又好似初升的太阳，这正是法国设计师试图营造的浪漫景象，也博得了极大的社会赞誉和正面的评价。然而，其独特的形象并不能给所有的人们以同样完美的印象。领导者与公众，赞赏者与批评者各自的感受与评价往往相去甚远。许多来自各地的游客中有的感觉它不过像是"热水中煮着的鸡蛋"，也有网民在博客中评论道："如果不告诉你这是国家大剧院，可能会以为这是个大油罐或大仓库"。这种感觉倒还不算太糟，更糟的还是正合当初反对者所言中的像是外星飞来的"大粪蛋"，甚至嫌恶地指称它像一团风干开裂的"驴粪蛋"……。这类贬损的形象比喻，尽管过于夸大丑化，但是在特定的季节和时段，确实会让人也产生同样不悦的联想。总之，对国家大剧院建成后的形象，赞美有之，贬斥者也有之。这种评价的局面依然存在，也许还将长期存在下去。由于人们对它寄托了太多的期望，处于不同生活境遇、不同教育背景、不同实时情态中的人们在感受所期望中的景象时，自然会有满足或失望的千差万别。然而，国家大剧院的建成毕竟圆了国人50年来的同一个梦想，向世界展现了北京作为国际经济与文化中心的重要地位，展现了中华民族伟大复兴的全新风貌。应该可以认同的，是国家投资兴建国家大剧院的最重要的标志性意义确实实现了。

8. 北京·国际奥林匹克运动会同期重要建筑（2008年）

自国家大剧院建筑开始，我国具有重大社会影响的国家级建筑项目，普遍采取了组织国际招标公开征集方案的方式，以求得最佳实施方案。然而，绝大部分国际方案竞标结果皆被国外建筑师或设计集团获得最终胜出，这种状况引起了业内人士的普遍忧虑和全面深思，而且再也没有发生像国家大剧院当初曾经发生过的那种公开化的剧烈争议。但是，这并不说明国人已完全适应了种种外来的建筑创新文化，只能说明当代建筑评论在我国还未形成适宜的发展环境。尽管国内新闻媒介还不善于及时反映社会公众的评价，但是社会舆论环境的进步和互联网技术的普及应用，仍然使原本只限于业内人士关心的建筑艺术议题，逐渐开始吸引了越来越多的社会公众的关注与参与。当今在互联网的博客上或在城市出租车的驾乘途中，往往已成为民间建筑评论传播与发展的空间。人们经常依据自身的感受给著名建筑取个形象的"绰号"，已成为反映国内公众真实感受的颇为有趣的建筑评论方式，也为业界全面了解真实的社会评价，提供了生动的参考。从广为传播的绰号中，我们可从中体味出所包含的赞赏、批评或质疑，领会出肯定、否定或冷漠的评价。例如北京2008年奥运会主体育场——国家体育场，被誉为瑞士建筑师雅克·赫尔佐格和皮埃尔·德梅隆的杰作。该设计由密集而扭曲的钢梁构成独特的外部造型，仿佛是由银灰色的树枝搭成的鸟巢。于是，人们给这座宏伟的国家体育场及其相邻的国家游泳中心取了两个好听的名字：国家体育场被称为"鸟巢"，国家游泳中心被称为"水立方"。喻义金凤归巢和冰清玉洁，都含吉祥与高尚之意（图7-21）。同样，为北京奥运会配套的首都机场3号航站楼（图7-22），由英国著名建筑师诺曼·福

(a) 整体外景

(b) 体育中心总体鸟瞰

(c) 场内景观

图7-21 北京国际奥林匹克运动会国家体育中心（2008，瑞士雅克·赫尔佐格、皮埃尔·德梅隆）(1)——国家体育场"鸟巢"

(a) 中心鸟瞰全景

(b) 外墙构造及LED照明

图7-21 北京国际奥林匹克运动会国家体育中心（2008，瑞士雅克·赫尔佐格、皮埃尔·德梅隆）(2)——国家游泳中心"水立方"

(a) 候机楼一侧鸟瞰

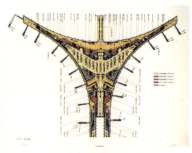

(b) 二层平面

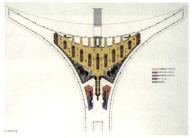

(c) 四层平面

图7-22 北京首都机场3号航站楼（2008，（英）诺曼·福斯特）

七、当代建筑造型的审美格局

(a) 外景透视

(b) 总体鸟瞰

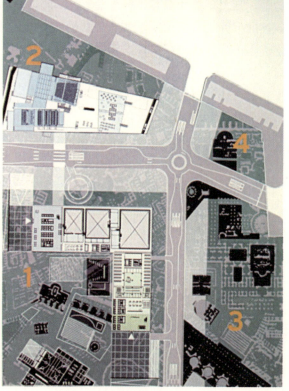

(c) 总平面规划

图 7-23　北京中央电视台 CCTV 总部大楼
(2008,（荷）雷姆·库哈斯、（德）奥勒·舍伦)

斯特设计，其建筑规模举世无双，总建筑面积约98.6万 m^2，耗资270亿元，2007年12月竣工。人们将其称为"巨龙"。这是一个令人崇敬的传统形象的比拟，象征至高无上权威的绰号，表达了人们的赞美与自豪之情。其实设计者并无有意象征展翅飞翔的"巨鸟"或翱翔长空的中国"巨龙"，而是源自机场功能组织以及飞机和旅客流线的安排，是建筑形态构成的理性结果。不过这种无意而为的象征，却符合了中国民众的自然联想，给航站楼建筑形象增加了地域和传统的涵义。与此同时，给建筑取个贬损低俗的绰号，以表达对该建筑形式不悦和质疑的实例也屡见不鲜。例如，由国际著名建筑公司OMA的荷兰建筑师雷姆·库哈斯和德国设计师奥勒·舍伦共同设计完成的中央电视台CCTV总部大楼（图7-23）。其有违建筑结构力学常理的建筑形象引起了社会公众普遍的不悦和质疑，人们给这座54层、高约230m，总造价达50亿元的大楼取了一个十分不雅的绰号，称呼它叫"大裤衩"，以此形容其在半空中连接的两座倾斜的塔楼所构成的造型，反映了公众对其建筑造型形象的普遍不满和风趣的批评。然而，国内公众对"鸟巢"与"大裤衩"绝然不同的评价，在国外媒体中却恰好相悖。国外对"鸟巢"形象的评价却表现平淡，反而对其结构形式的合理性提出了质疑。然而同时，对我国民众多有贬辞的CCTV总部大楼却情有独钟，大加赞赏。有国外评论认为它是"自长城建造以来最为雄心勃勃的建筑计划将变成现实，……它在建筑史上位居最为复杂的建筑之列"，对其被公众贬称为"大裤衩"的建筑造型，也相反地认为"大楼造型具有令人羡慕和震惊的视觉冲击力，独树一帜的风格"。相对于国内民众自发、分散和弱势的评论方式，截然不同的西方评论观念却强有力地影响着我国建筑教育界和理论界，尤其是年青一代建筑师的设计理念，这是当代中国建筑发展中必须深思的现实问题。建筑发展的历史告知，我国建筑艺术的繁荣发展需要依靠中国建筑师走自主创新的道路。因此，也迫切需要建筑评论的相应发展和支持，以形成高水平的强有力的和可持续的社会评价机制，促进我国建筑造型艺术的健康发展。

在人们日常生活中，建筑造型艺术比其他艺术具有更为广泛的影响，它可以给人们的机体以舒适，给视觉以愉悦，心灵以激荡。总之生活离不开建筑，它能使人们的生活意义更加充实。建筑艺术的健康发展也永远离不开人们的生活实践，因为它是需要人们广泛参与的社会公共艺术。当今我国建筑艺术的发展，正处于前所未有的大好历史时期，继2008年北京奥运建筑的重大影响之后，为2010年上海世博会的举办所进行的大规模的场馆建筑工程，又再次为我国建筑艺术的创新与发展提供了绝佳的历史机遇。我们应有充分的理由，以极大的热情期待着当代中国建筑艺术的再度辉煌，并为人们带来更多的愉悦、自豪和鼓舞（图7-24～图7-29）。

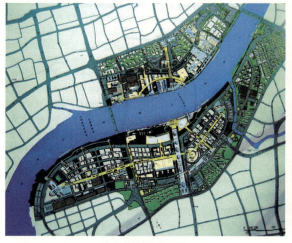

(a) 规划总平面图

(b) 世博轴核心区鸟瞰

图 7-24　中国 2010 年上海世博会，园区总体规划
园区一轴四馆的总体布局与生态技术的应用给建筑形式的创新带来了新思维。

(a) 东北侧透视

(b) 世博轴鸟瞰

(c) 屋面意象和墙面绿化

图 7-25　中国 2010 年上海世博会主题馆
采用光电建筑一体化的太阳能屋面，其造型构思源自上海传统里弄住宅的屋顶所展现的城市肌理和历史元素。同时采用了垂直绿化墙面，表达了"城市绿篱"的意象。

283

(a) 东北侧透视

(b) 主入口外景

图 7-26　中国 2010 年上海世博会，世博中心
其大气端庄的建筑形态与周边的绿地和江水交相辉映、和谐共生，实现了现代风格与自然形态的完美过渡。

(a) 文化中心近景

(b) 文化中心夜景

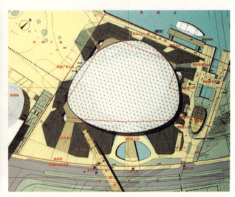
(c) 总平面规划

图 7-27　中国 2010 上海世博会文化中心
建筑造型呈飘浮的碟型，它是基于周边环境因素、内部功能和结构体系三者高度统一与结合的创新作品。

七、当代建筑造型的审美格局

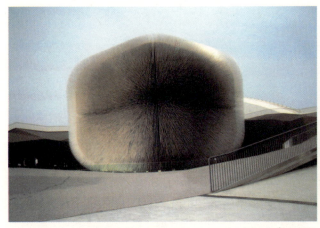
(a) 英国馆。外观似毛茸茸的建筑造型，由 6 万根 7.5m 长的发光软管材料组成，每根形似触须的软管中还都装有能成活的植物种子，因此该建筑创意又被称为"种子圣殿"。

(b) 法国馆。建筑表皮为白色的纤维混凝土网状结构，座落于内院池水之上，造型清丽浪漫、脱俗并充满现代生活气息。

(c) 德国馆。建筑由 4 个扭曲变形的体块、交错组成一个和谐平衡的整体造型，既阐释了"和谐城市"的主题，又体现了严谨理性的德国民族个性和建国风格。

(d) 俄罗斯馆。建筑由 12 座红、金、白三色镶嵌的塔楼组成，是俄罗斯民间舞服饰的建筑化表现，其红、金、白三色分别代表美丽、繁荣和纯洁，展现了浓郁的俄罗斯风情。

(e) 意大利馆。从空中俯视，其建筑造型像一个长方体被玻璃线条分割成多个独立而可任意组合的模块，方便组装和拆卸。内部空间组合犹如一座微型的未来城市景观。

(f) 西班牙馆。外墙采用可以利用自然通风与采光的环保材料，建筑造型犹如柳条编织的精巧的篮筐。

图 7-28　中国 2010 年上海世博会，外国展馆选例（1）

285

(g) 瑞典馆。整体由 4 个体块构成的形态塑造了十字主题的空间造型，隐喻了瑞典国旗。外墙多孔钢板后的夜间灯光，映射出似在空中俯视其首都街区夜景的图像。

(h) 阿联酋馆。该馆似"沙丘"命题构思，其造型意象取自该国代表性的地貌特征。设计创意与建筑绿色低碳主题取得了高度的和谐统一。

(i) 沙特馆。建筑造型形似"丝路宝船"，喻义由海上丝绸之路联结起来的中阿两大文明和传统友谊。

(j) 韩国馆。以该国文字结构为建筑造型元素，表达了文字在国际文化交流中的重要意涵。

(k) 新加坡馆。设计以流水和花园两大元素组成音乐盒形的造型，令人进入其中犹如共赏优美的"城市交响曲"。

(l) 印度尼西亚馆。建筑主体被绿色层层包围，四周由水景环绕。立面格栅装饰和半开敞的展示空间，传达了印尼建筑自然通畅的空间特点。

图 7-29　中国 2010 年上海世博会，外国展馆选例（2）

主要参考文献

1. Jencks Charles. 《The Lanquage of Post-Modern Architecture》. London Academy Edition. 1977.
2. Jencks Charles. 《Late Modern Architecture and Other eassays》. London Academy Edition. 1980.
3. Venturi Robert. 《Complexity and Contradition in Architecture》. MMA. 1966.
4. Norberg Schulz Christian. 《Roots of Modern Architecture》. Rizzoli. 1985.
5. Alexander Christopher. 《Apattern Langquage》. Oxford University Press. 1978.
6. Tod A. Marder. 《The Critical Edge》. The MIT Press. 1990.
7. [意] 布鲁诺·赛维著，席云平等译，《现代建筑语言》，北京：中国建筑工业出版社，1988.
8. [德] 鲁道夫·阿恩海姆著，滕守尧译，《视觉思维——审美直觉心理学》，北京：北京日报出版社，1986.
9. [德] 鲁道夫·阿恩海姆著，滕守尧译，《艺术与视知觉》，成都：四川人民出版社，1988.
10. [美] 苏珊·朗格著，刘大基等译，《情感与形式》，北京：中国社会科学出版社，1987.
11. [英] 科林伍德著，何兆武等译，《艺术原理》，北京：中国社会科学出版社，1987.
12. 朱狄著，《当代西方美学》，北京：人民出版社，1992.
13. 周宪著，《20世纪西方美学》，南京：南京大学出版社，1997.
14. 刘叔成等著，《美学基本原理》，上海：上海人民出版社，1995.
15. 相恩寰著，《审美心理学》，北京：人民出版社，1991.
16. 汪正章著，《建筑美学》，北京：人民出版社，1991.
17. 邓焱著，《建筑艺术论》，合肥：安徽教育出版社，1991.
18. 段茂南等著，《艺术学基本原理》，南京：江苏文艺出版社，1992.
19. 戴志中等编著，《建筑创作构思解析》，北京：中国计划出版社，2006.
20. 尹青著，《建筑设计构思与创意》，天津：天津大学出版社，2002.
21. 陈伯冲著，《建筑形式论》，北京：中国建筑工业出版社，1996.
22. 刘永德著，《建筑空间的形态、结构、涵义、组合》，天津：天津科学技术出版社，1998.
23. 辛华泉编著，《形态构成学》，杭州：中国美术学院出版社，2001.
24. 任仲泉著，《空间构成设计》，南京：江苏美术出版社，2002.
25. 金剑平编著，《立体构成》，武汉：湖北美术出版社，2002.
26. 史春珊等编著，《建筑造型与装饰艺术》，沈阳：辽宁科学技术出版社，1988.
27. 赵巍岩著，《当代建筑美学意义》，南京：东南大学出版社，2001.
28. 程世丹编著，《现代世界百名建筑师作品》，天津：天津大学出版社，1993.
29. 吴焕加编著，《20世纪西方建筑名作》，郑州：河南科学技术出版社，1996.
30. 王受之著，《世界现代建筑史》，北京：中国建筑工业出版社，2000.
31. 宗国栋等编译，《世界建筑名家名作》，北京：中国建筑工业出版社，1991.
32. 李华东主编，《高技术生态建筑》，天津：天津大学出版社，2002.
33. 胡仁禄编著，《休闲娱乐建筑设计》，北京：中国建筑工业出版社，2001.
34. 李雄飞，巢元凯主编，《快速建筑设计图集》，北京：中国建筑工业出版社，1993.
35. 李雄飞，巢元凯主编，《建筑设计信息图集》，天津：天津大学出版社，1995.
36. 文世华主编，《建筑方案设计图集》，沈阳：辽宁科学技术出版社，1996.
37. 陈新生等编著，《建筑设计资料图典》，合肥：安徽科学技术出版社，2006.
38. [美] 奥斯卡·R·奥赫达编，马鸿杰等译，《当代国外著名建筑师作品精选》，北京：中国建筑工业出版社，2000.
39. KPF建筑师事务所，刘衡译，《世界建筑大师优秀作品集锦》，北京：中国建筑工业出版社，1998.
40. 诺曼·福斯特，林箐译，《世界建筑大师优秀作品集锦》，北京：中国建筑工业出版社，1998.
41. [西班牙] 帕高·阿森西奥编著，侯正华等译，《生态建筑》，南京：江苏科学技术出版社，2001.
42. 《建筑学报》、《世界建筑》，期刊2000～2009年相关资料．